高等职业教育 土建施工类专业教材

GAODENG ZHIYE JIAOYU TUJIAN SHIGONG LEI ZHUANYE JIAOCAI

建筑工程安全技术与管理

JIANZHU GONGCHENG
ANQUAN JISHU YU GUANLI

主 编■李 冕 马联华

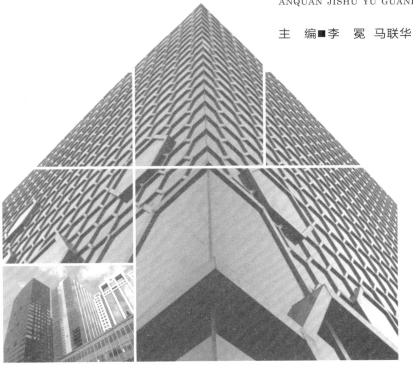

重庆大学出版社

内容提要

本书从安全员岗位实际出发,结合现行国家法律法规、标准规范,基于建筑施工企业安全员岗位的工作过程以及职业资格考试要求,将安全员典型工作任务划分为 3 个模板:安全员常识、通用安全技术与管理、专项安全技术与管理。本书配套了课程思政教学案例资源、贴合工作环境的技能实践项目以及新技术应用拓展资源,有助于相关从业人员掌握安全员岗位必要的知识体系、岗位职业能力和基本职业道德要求。

本书可作为高等职业教育建筑工程技术及其相关专业的教材,也可作为建筑工程施工现场安全员及与安全相关的技术、管理人员的参考用书。

图书在版编目(CIP)数据

建筑工程安全技术与管理/李冕,马联华主编. --
重庆:重庆大学出版社,2023.9
高等职业教育土建施工类专业教材
ISBN 978-7-5689-4139-6

Ⅰ.①建… Ⅱ.①李… ②马… Ⅲ.①建筑工程—安全管理—高等职业教育—教材 Ⅳ.①TU714

中国国家版本馆 CIP 数据核字(2023)第 159900 号

建筑工程安全技术与管理

主 编 李 冕 马联华
策划编辑:林青山
责任编辑:文 鹏 版式设计:林青山
责任校对:关德强 责任印制:赵 晟

*

重庆大学出版社出版发行
出版人:陈晓阳
社址:重庆市沙坪坝区大学城西路 21 号
邮编:401331
电话:(023)88617190 88617185(中小学)
传真:(023)88617186 88617166
网址:http://www.cqup.com.cn
邮箱:fxk@ cqup.com.cn(营销中心)
全国新华书店经销
重庆永驰印务有限公司印刷

*

开本:787mm×1092mm 1/16 印张:17 字数:437 千
2023 年 9 月第 1 版 2023 年 9 月第 1 次印刷
印数:1—2 000
ISBN 978-7-5689-4139-6 定价:49.00 元

前　言

深入学习贯彻党的二十大精神,加快构建新安全格局……"人民至上,生命至上,筑牢国家安全基石。"以习近平总书记为核心的党中央高度重视安全问题。2021年新修订的《中华人民共和国安全生产法》提出全民安全生产责任制,强化了安全生产的范围和重要性。建筑业事关民生住和行、支撑人民对美好生活的向往,但建筑业受体量大、周期长、施工环境复杂等因素的影响,危险性高,易发生安全事故,建筑安全形势严峻,这对施工现场的安全管理人员提出了更高的要求。

施工现场安全员,作为具体安全管理工作的实施者,肩负现场安全管理的重要职责,是保障施工现场安全生产的重要因素。一名合格的安全员,应具备足够的安全知识,具有评价风险、排查隐患、落实整改和事故应急与处置的能力,以及遵章守法的规范意识、安全不容懈怠的警觉意识和严谨科学、认真务实的工作精神等素质。

"建筑工程安全技术与管理"是高等职业院校建筑工程技术专业的一门专业核心课程,懂安全技术、会安全管理是施工现场安全人员的必备核心技能。重庆安全技术职业学院建筑工程技术教研室联合重庆工程职业技术学院、中冶建工集团有限公司等,总结多年校企合作经验,结合现行国家规范,分析行业企业特点,参考相关图书资料,在建筑施工企业安全员岗位工作过程基础上充分考虑职业资格考试要求,整理典型工作任务,从安全员常识、通用安全技术与管理、专项安全技术与管理3个方面编写了本书。本书配套了课程思政教育教学典型案例、贴合工作环境的技能实践项目以及新技术应用拓展资源,涵盖了安全员岗位所必需的知识体系、岗位职业能力和基本职业道德要求。

重庆安全技术职业学院是我国西南地区第一所安全类高职院校,具有深厚的安全底蕴和安全文化特色。本书由重庆安全技术职业学院李冕、马联华担任主编,重庆安全技术职业学院王凤、孙益星、程芳、刘超琼、重庆工程职业技术学院游普元担任副主编,中冶建工集团胡立新担任主审。具体编写情况如下:模块一安全员常识由马联华、李冕、游普元编写,模块二通用安全技术由王凤、马联华编写。模块三专项安全技术与管理由李冕、孙益星、程芳、刘超琼编写。重庆安全技术职业学院李冕负责全书的统稿与校对,重庆工程职业技术学院游普元教授负责思政内容、中冶建工集团安全总监胡立新对全书进行审核并提供了丰富的案例资源和图片并参与实训内容的编写。

本书可与重庆市职业教育精品在线课程"建筑工程安全技术与管理"配套使用,是重庆市应急救援技术专业教学资源库配套教材,具有丰富的思政案例和数字资源,欢迎任课教师和学生登录学银在线课程平台(网址:https://www.xueyinonline.com/detail/238107992)选择"建筑工程安全技术与管理"课程在线学习。

本书主要编写依据是现行法律法规、标准规范,在编写过程中亦参考了大量的图书资料、视频网络资源等,在此一并感谢。由于编者水平和经验有限,书中难免存在疏漏和不足之处,恳请读者提出宝贵意见。

编　者

课程介绍

目　　录

模块一 安全员常识

【导读】

在新时代背景下,建设工程项目呈现大型化和复杂化的趋势,规模越来越大、技术难度越来越高、牵涉面越来越广,内在规律也越来越难以把握。管理对象、环境、目标和组织结构等都变得错综复杂,新技术和新理念层出不穷增加了施工的难度,为施工现场管理提出了新的挑战。工程项目一般工期长、交叉作业多,建筑材料种类繁多,整体作业环境较差。特别是与工人相关的法规和制度仍不健全,承包商惯用做法是削减安全管理方面的费用来降低成本,现阶段普遍存在重生产、轻安全的思想,建筑卖方市场的现实导致安全生产环境和条件常常难以达标,容易造成施工现场潜在的安全隐患。建筑施工现场工作环境的特殊性和管理的复杂性注定了建筑安全问题首当其冲。安全是建筑行业稳步发展的基石,是实现建设发展和保证经济效益的前提。一旦发生重特大安全事故,往往会给个人和项目带来无法挽回的后果和不可估量的损失。

【学习目标】

知识目标:
    (1)了解本课程的基本概念及相关法律法规;
    (2)掌握施工单位安全责任;
    (3)掌握安全员岗位的岗位职责。
技能目标:
    (1)能对本课程的学习进行计划;
    (2)能结合实际案例分析施工单位安全责任和安全员履职情况。
素质目标:
    (1)培养学生解决实际问题的能力;
    (2)提升学生的安全意识。

项目 1.1 安全员岗位概述

【导入】

建筑业是劳动密集型产业,事故所造成的人员伤亡也一直位于各行业的前列,并直接干扰了建筑业的正常平稳发展。从业人数众多,工人工作技能和水平差异较大,导致施工企业是安全事故发生最频繁的企业之一,安全事故一直保持在较高的水平。2019年,我国房屋市政工程生产安全事故发生起数和死亡人数比 2018 年均有所上升,安全生产形势严峻复杂。2019 年 4 月,河北省衡水市某项目建筑工地发生施工升降机轿厢(吊笼)坠落事故,造成 11 人死亡的重大安全责任事故,导致直接经济损失 1 800 万元。2019 年 5 月,上海长宁发生厂房坍塌事故,导致 12 人死亡。2019 年 9 月,成都市金牛区某商业楼基坑发生坍塌,造成 3 人死亡,20 人被严肃处理。2020 年 8 月,山西临汾市襄汾县发生房屋坍塌事故,造成 29 人遇难,7 人重伤。和其他行业相比,建筑业安全事故的发生次数和事故死亡人数在各行业中位于第三,仅次于煤矿行业和交通运输业。建筑行业风险系数较高,由于涉及人员范围和地点相对单一,远小于交通行业,从死亡人数与事故量比来看,建筑行业潜在危险程度居于各个行业之首,整体安全形势仍然严峻复杂。

表 1.1.1　2018—2022 年房屋市政工程生产安全事故情况统计表

年份	死亡人数/人	事故起数/起	较大及以上事故起数/起	较大及以上事故死亡人数/人
2018 年	841	735	22	87
2019 年	916	784	23	107
2020 年	694	797	22	89
2021 年	815	730	16	68
2022 年	624	550	11	49

数据来源:住建部全国工程质量安全监管信息平台公共服务门户。

【理论基础】

安全员岗位概述

1.1.1　本课程基本概念

①安全:在生产系统中人员、财产不受威胁,没有危险,不出事故。

②安全生产:采取一系列措施使生产过程在符合规定的物质条件和工作秩序下进行,有效消除或控制危险和有害因素,无人身伤亡和财产损失等生产事故发生,从而保障人员安全与健康、设备和设施免受损坏、环境免遭破坏,使生产经营活动得以顺利进行的一种状态。

③生产安全事故(简称事故):在生产过程中,造成人员伤亡、财产损失或者其他损失的意外事件。

④隐患:未被事先识别或未采取必要的风险控制措施,可能直接或间接导致事故的根源。

⑤安全管理:围绕企业安全业务进行计划、组织、协调和控制等一系列管理活动的总称。

⑥安全技术:一门为控制或消除生产劳动过程中的危险因素,防止发生人身事故和财产损失而研究与应用的技术。

⑦安全技术措施:以保障职工安全、防止伤亡事故为目的,在技术上所采取的措施。

⑧安全防护装置:配置在施工现场及生产设备上,起保障人员和设备安全作用的所有附属装置。

⑨安全员:在建筑工程施工现场,协助项目经理,从事施工安全管理、检查、监督和施工安全问题处理等工作的专业人员。

⑩危险性较大的分部分项工程:在施工过程中存在的、可能导致作业人员群死群伤或造成重大不良社会影响的分部分项工程。

⑪高处作业：凡在坠落高度基准面2 m以上（含2 m）有可能坠落的高处进行的作业。

⑫特种作业：容易发生事故，对操作者本人、他人的安全健康及设备、设施的安全可能造成重大危害的作业。

⑬施工用电（临时用电）：由施工现场提供，工程施工完毕即行拆除，并专用于工程施工的电力线路与电气设施。

⑭季节施工：在冬期、夏季、雨季及台风季节所进行的建筑工程施工。

⑮保证项目：检查评定项目中，对施工人员生命、设备设施及环境安全起关键性作用的项目。

⑯一般项目：检查评定项目中，除保证项目以外的其他项目。

⑰公示标牌：在施工现场的进出口处设置的工程概况牌、管理人员名单及监督电话牌、消防保卫牌、安全生产牌、文明施工牌及施工现场总平面图等。

1.1.2　施工单位安全责任

①施工单位从事建设工程的新建、扩建、改建和拆除等活动，应当具备国家规定的注册资本、专业技术人员、技术装备和安全生产等条件，依法取得相应等级的资质证书，并在其资质等级许可的范围内承揽工程。

②施工单位主要负责人依法对本单位的安全生产工作全面负责。施工单位应当建立健全安全生产责任制度和安全生产教育培训制度，制定安全生产规章制度和操作规程，保证本单位安全生产条件所需资金的投入，确保安全生产费用的有效使用，设立安全生产管理机构，配备专职安全生产管理人员，对所承担的建设工程进行定期和专项安全检查，并做好安全检查记录。

③施工单位应当在施工组织设计中编制安全技术措施和施工现场临时用电方案，对达到一定规模、危险性较大的分部分项工程编制专项施工方案，并出具安全验算结果，经施工单位技术负责人、总监理工程师签字后实施，由专职安全生产管理人员进行现场监督。对涉及深基坑、地下暗挖工程、高大模板工程的专项施工方案，施工单位还应当组织专家进行论证、审查。

④施工单位应当遵守有关环境保护法律、法规的规定，在施工现场采取措施，防止或者减少粉尘、废气、废水、固体废物、噪声、振动和施工照明对人和环境的危害和污染。在城市市区内的建设工程，施工单位应当对施工现场实行封闭围挡。

⑤施工单位应当在施工现场建立消防安全责任制度，确定消防安全责任人，制定用火、用电、使用易燃易爆材料等各项消防安全管理制度和操作规程，设置消防通道、消防水源，配备消防设施和灭火器材，并在施工现场入口处设置明显标志。

⑥施工单位应当向作业人员提供安全防护用具和安全防护服装，并书面告知危险岗位的操作规程和违章操作的危害。

⑦施工单位采购、租赁的安全防护用具、机械设备、施工机具及配件，应当具有生产（制造）许可证、产品合格证，并在进入施工现场前进行查验。施工现场的安全防护用具、机械设备、施工机具及配件必须由专人管理，定期进行检查、维修和保养，建立相应的资料档案，并按照国家有关规定及时报废。

⑧施工单位在使用施工起重机械和整体提升脚手架、模板等自升式架设设施前，应当组

织有关单位进行验收,也可以委托具有相应资质的检验检测机构进行验收;使用承租的机械设备和施工机具及配件的,由施工总承包单位、分包单位、出租单位和安装单位共同进行验收,验收合格后方可使用。

《特种设备安全监察条例》规定的施工起重机械,在验收前应当经有相应资质的检验检测机构监督检验合格。

⑨施工单位应当自施工起重机械和整体提升脚手架、模板等自升式架设设施验收合格之日起30日内,向建设行政主管部门或者其他有关部门登记。登记标志应当置于或者附着于该设备的显著位置。

⑩施工单位的主要负责人、项目负责人、专职安全生产管理人员应当经建设行政主管部门或者其他有关部门考核,合格后方可任职。

⑪施工单位应当对管理人员和作业人员每年至少进行一次安全生产教育培训,其教育培训情况记入个人工作档案。安全生产教育培训考核不合格的人员,不得上岗。

⑫施工单位在采用新技术、新工艺、新设备、新材料时,应当对作业人员进行相应的安全生产教育培训。

⑬施工单位应当制订本单位生产安全事故应急救援预案,建立应急救援组织或者配备应急救援人员,配备必要的应急救援器材、设备,并定期组织演练。施工单位应当根据建设工程的特点、范围,对施工现场易发生重大事故的部位、环节进行监控,制订施工现场生产安全事故应急救援预案。实行施工总承包的,由总承包单位统一组织编制建设工程生产安全事故应急救援预案,工程总承包单位和分包单位按照应急救援预案,各自建立应急救援组织或者配备应急救援人员,配备救援器材、设备,并定期组织演练。

⑭施工单位发生生产安全事故的,应当按照国家有关伤亡事故报告和调查处理的规定,及时、如实地向负责安全生产监督管理的部门、建设行政主管部门或者其他有关部门报告;特种设备发生事故的,还应当同时向特种设备安全监督管理部门报告。

发生生产安全事故后,施工单位应当采取措施防止事故扩大,保护事故现场。需要移动现场物品时,应当做出标记和书面记录,妥善保管有关证物。

⑮施工单位应当为施工现场从事危险作业的人员办理意外伤害保险。意外伤害保险费由施工单位支付,实行施工总承包的,由总承包单位支付意外伤害保险费。意外伤害保险期限自建设工程开工之日起至竣工验收合格之日止。

⑯施工单位应当在施工现场入口处、施工起重机械、临时用电设施、脚手架、出入通道口、楼梯口、电梯井口、孔洞口、桥梁口、隧道口、基坑边沿、爆破物及有害危险气体和液体存放处等危险部位,设置明显的安全警示标志。安全警示标志必须符合国家标准。

⑰施工单位应当根据不同施工阶段和周围环境及季节、气候的变化,在施工现场采取相应的安全施工措施。施工现场暂时停止施工的,施工单位应当做好现场防护,所需费用由责任方承担,或者按照合同约定执行。

⑱施工单位应当将施工现场的办公区、生活区与作业区分开设置,并保持安全距离;办公、生活区的选址应当符合安全性要求。职工的膳食、饮水、休息场所等应当符合卫生标准。施工单位不得在尚未竣工的建筑物内设置员工集体宿舍。

施工现场临时搭建的建筑物应当符合安全使用要求。施工现场使用的装配式活动房屋应当具有产品合格证。

⑲施工单位对因建设工程施工可能造成损害的毗邻建筑物、构筑物和地下管线等,应当采取专项防护措施。

1.1.3　安全员的岗位职责

安全员的工作内容主要包括项目安全策划、资源环境安全检查、作业安全管理、生产安全事故处理、安全资料管理五个方面。安全员的岗位职责主要有以下内容:

①认真贯彻并执行有关的建筑工程安全生产法律、法规,坚持安全生产方针,在职权范围内对各项安全生产规章制度的落实以及环境及安全施工措施费用的合理使用进行组织、指导、督促、监督和检查。

②参与制订施工项目的安全管理目标,认真进行日常安全管理,掌控安全动态并做好记录,健全各种安全管理台账,当好项目经理安全生产方面的助手。

③协助制订安全与环境计划。

④参与建立安全与环境管理机构和制定管理制度。

⑤协助制订施工现场生产安全事故应急救援预案。

⑥参与开工前安全条件自查。

⑦参与材料、机械设备的安全检查,参与安全防护设施、施工用电、特种设备及施工机械的验收工作。

⑧负责防护用品和劳保用品的安全符合性审查。

⑨负责作业人员的安全教育和特种作业人员资格审查。

⑩参与危险性较大的分部分项工程专项施工方案及一般施工安全技术方案的编制,并对其落实情况进行监督和检查。

⑪参与施工安全技术交底。

⑫负责施工作业安全检查和危险源的防控,对违章作业和安全隐患进行处置。

⑬负责施工现场文明施工管理和环境监督管理。

⑭参与生产安全事故的调查、分析以及应急救援。

⑮负责安全资料的编制、检查、汇总、整理和移交。

⑯有权制止违章作业,有权抵制并向有关部门举报违章指挥行为。

1.1.4　安全员基本素质要求

安全是施工生产的基础,是企业取得效益的保证。一个合格的安全员应当具备下列素质:

1)良好的职业道德素质

①树立"安全第一"和"预防为主"的高度责任感,本着"对上级负责、对职工负责、对自己负责"的态度做好每一项工作,为做好安全生产工作尽职尽责。

②严格遵守职业纪律,以身作则,带头遵章守纪。

③实事求是,作风严谨,不弄虚作假,不姑息任何事故隐患的存在。

④坚持原则,办事公正,讲究工作方法,严肃对待违章、违纪行为。

⑤胸怀宽广,不怕讽刺中伤,不怕打击报复,不因个人好恶影响工作。

⑥按规定接受继续教育,充实、更新知识,提高职业能力。

2）良好的业务素质

①掌握国家有关安全生产的法律、法规、政策及有关安全生产的规章、规程、规范和标准知识。

②熟悉工程材料、施工图识读、施工工艺、项目管理、建筑构造、建筑力学与结构等专业基础知识。能够对施工材料、设备、防护设施与劳保用品进行安全符合性判断。

③熟悉安全专项施工方案的内容和编制方法。能够编制安全专项施工方案。

④熟悉职业健康安全与环境计划的内容和编制方法。能够编制项目职业健康安全与环境计划。

⑤掌握安全管理、安全技术、心理学、人际关系学等知识，具有一定的写作能力和计算机应用能力。能够编制安全技术交底文件，并实施安全技术交底。

⑥能够实施项目作业人员的安全教育培训。

⑦能够进行项目文明工地、绿色施工的管理工作。

⑧掌握施工现场安全事故产生的原因和防范措施及救援处理知识。能够识别施工现场安全危险源，并对安全隐患和违章作业进行处置。能够编制生产安全事故应急救援预案。能够进行生产安全事故的救援处理、调查分析。

⑨能够编制、收集、整理施工安全资料。

3）良好的身体素质和心理素质

①安全管理是一项既要脑勤又要腿勤的管理工作。只要有人上班，安全员就得工作，检查事故隐患，处理违章现象。显而易见，没有良好的身体素质就无法做好安全工作。

②良好的心理素质包括意志、气质、性格三个方面。安全员在管理中会遇到很多困难，面对困难和挫折不畏惧、不退缩，不赌气撂挑子，需要坚强的意志。气质是一个人的"脾气"和"性情"，安全员应性格外向，具有长期的、稳定的、灵活的气质特点。安全员必须具有豁达的性格特征，工作中做到巧而不滑、智而不奸、踏实肯干、勤劳能干。

③具备正确应对突发事件的素质。建筑施工安全生产形势千变万化，即使安全管理再严，手段再到位，网络再健全，也仍然会遭遇不可预测的风险。作为基层安全员，必须具备突发事件发生时临危不乱的应急处理能力，反应敏捷，无论在何时、何地，遇到何种情况，事故发生后都能迅速反应，及时妥善处理，把各种损失降到最低。

【技能实践】

制作调研问卷，寻找身边的安全员

知识拓展：《中华人民共和国安全生产法》立法沿革

1. 技能训练目标

①了解安全员岗位的职业基础知识和基本技能；

②了解安全员的基本职业道德；

③培养与人沟通的能力。

2. 技能训练任务

每组制作完成一份调研问卷或调研提纲，教师推荐施工企业安全员电话，学生积极主动完成调研问卷或调研提纲的内容。

3.技能训练流程

①学生分组,下发任务书和企业安全员联系电话;

②小组合作,根据自己的兴趣点,制作以"认识安全员岗位"为主题的调研问卷或调研提纲;

③与企业安全员电话沟通交流,记录自己想了解的内容;

④课堂分享,教师点评。

4.任务评价

评价要点评价得分	评价标准
任务态度	(25分)小组合作有序,全程参与,积极主动联系企业安全员
任务技能	(50分)调研问卷或提纲编制得当
任务表现	(25分)课堂分享表现得体,展示大方,有自己的思考

【阅读与思考】

最美建筑工匠:"运"筹帷幄脚步稳,他是追求卓越的安全总监

中国建筑第二工程局有限公司华东公司安全总监、安监部经理丛绍运,历经数十载的安全管理工作,使他掌握了充足的安全技术知识,积累了丰富的经验,在解决安全管理关键问题的同时,积极开展对安全管理人员的传、帮、带的工作。

初心易得,始终难守。丛绍运时刻牢记初心使命与责任担当。"安全无小事,成败在细节"是他常挂在嘴边的话,"严于律己,追求卓越"是他一直践行的座右铭。

2020年,他牵头成立上海市建设工程事故应急处置综合演练工作组,带头组织编写策划,做到了贴近实战、注重实效。在演练中,他带领全体人员不畏高温、勇斗酷暑、处置得当、密切配合,充分展示了建设工程应急队伍良好的精神风貌和专业素养。他数年如一日地扎实开展各项安全活动,开展在施项目安全管理智能化应用的调研活动,推动公司在安全智能化应用上的普及。在全国"安全生产月"活动期间,他组织开展"安全生产学习专题月"全员线上培训考核活动,公司荣获"最佳安全教育优胜单位"称号。

打铁还需自身硬,丛绍运不断学习安全生产管理理论知识,多次参加关于安全生产的法律法规、规范和安全生产技术操作规程的相关培训。依照国家规章、规范、标准等文件,结合公司实际,组织编制《安全生产管理办法》等多项公司安全管理制度,为公司及项目的安全管理提供了正确指导方向和指导依据。

道虽迩,不行不至;事虽小,不为不成。他用实际行动坚守企业安全生产红线,运用"党建+安全生产"工作模式,以党建引领安全生产,狠抓公司安全管理的同时,提升安全,打造公司安全技术管理标杆。

"千淘万漉虽辛苦,吹尽狂沙始到金",在他的努力下,项目"标准化文明工地"创建及组织各级观摩成效显著,2021年完成8个国家级"建设工程项目施工安全生产标准化工地"的创建,组织开展9次省市级安全观摩。公司连续多年获得"上海市安全先进企业"的荣誉称号,他带领的安全生产监督管理部也连续获得"上海市建设施工安全先进集体"。

"荣誉是美德的影子",丛绍运始终坚持以党员标准要求自己,虽没有惊天动地的事迹,但有着持之以恒的信念,在奉献中实现价值,在拼搏中体现自我,扎实工作,为公司高质量发展做出更大的贡献。实干守初心,坚守安全"生命线"。他用十八载的坚守耕耘,筑牢安全防线,坚持原则、守好底线、抵御风险,与公司同发展共进步。

【安全小测试】

1. 从安全生产的角度看,(　　)是指可能造成人员伤害、疾病、财产损失、作业环境破坏或其他损失的根源或状态。

A. 危险 　　　　　B. 事故隐患 　　　　　C. 危险源 　　　　　D. 重大危险源

2. (　　)泛指生产系统中可能导致事故发生的人的不安全行为、物的不安全状态和管理缺陷。

A. 危险 　　　　　B. 事故隐患 　　　　　C. 危险源 　　　　　D. 重大危险源

3. (　　)是安全生产的灵魂。

A. 安全文化 　　　B. 安全投入 　　　　C. 安全法制 　　　　D. 安全责任心

4. 专职安全生产管理人员负责对施工现场的安全生产进行监督检查,发现违章指挥、违章操作的,应当(　　)。

A. 马上报告有关部门 　　　　　　　　　B. 找有关人员协商

C. 立即制止 　　　　　　　　　　　　　D. 通知项目负责人

5. 在施工现场,(　　)是施工项目安全生产的第一责任者。

A. 项目经理 　　　　　　　　　　　　　B. 施工员

C. 专职安全生产管理人员 　　　　　　　D. 企业法定代表人

项目 1.2　建筑安全组织设计

【导入】

2020 年 3 月 7 日 19 时 14 分,位于福建省泉州市鲤城区的欣佳酒店发生坍塌事故,造成 29 人死亡、42 人受伤,直接经济损失达 5 794 万元。建筑物坍塌后现场图如图 1.2.1 所示。

事故调查发现,建设单位违反了《中华人民共和国安全生产法》《生产安全事故报告和调查处理条例》等有关法律法规,未按照相关要求编制专项施工方案,也没有相关的安全技术措施和安全技术交底。

探索与思考:

①专项施工方案包括哪些内容?

②施工现场安全技术措施如何实施?

③安全技术交底是什么?怎么做?

【理论基础】

1.2.1　专项施工方案

为加强对危险性较大的分部分项工程进行安全管理,明确安全专项施工方案编制内容,规范专家论证程序,确保安全专项施工方案实施,积极防范和遏制建筑施工生产安全事故的发生,中华人民共和国住房和城乡建设部 2021 年 5 月依据《建设工程安全生产管理条例》及相关安全生产法律法规制定了《危险性较大的分部分项工程安全管理办法》。该办法适用于

建筑安全
组织设计

房屋建筑和市政基础设施工程(以下简称"建筑工程")的新建、改建、扩建、装修和拆除等建筑安全生产活动及安全管理。

图1.2.1　建筑物坍塌后现场图

危险性较大的分部分项工程(以下简称"危大工程")是指建筑工程在施工过程中存在的、可能导致作业人员群死群伤或造成重大不良社会影响的分部分项工程。危险性较大的分部分项工程安全专项施工方案(以下简称"专项方案"),是指施工单位在编制施工组织(总)设计的基础上,针对危险性较大的分部分项工程单独编制的安全技术措施文件。

建设单位在申请领取施工许可证或办理安全监督手续时,应当提供危险性较大的分部分项工程清单和安全管理措施。施工单位、监理单位应当建立危险性较大的分部分项工程安全管理制度。施工单位应当在危险性较大的分部分项工程施工前编制专项方案;对于超过一定规模的危险性较大的分部分项工程,施工单位应当组织专家对专项方案进行论证。危险性较大及超过一定规模的危险性较大的分部分项工程范围见表1.2.1。

表1.2.1　危险性较大及超过一定规模的危险性较大的分部分项工程范围表

	危险性较大的分部分项工程范围	超过一定规模的危险性较大的分部分项工程范围
一、基坑工程	(1)开挖深度超过3 m(含3 m)的基坑(槽)的土方开挖、支护、降水工程; (2)开挖深度虽未超过3 m,但地质条件、周围环境和地下管线复杂,或影响毗邻建、构筑物安全的基坑(槽)的土方开挖、支护、降水工程	(1)开挖深度超过5 m(含5 m)的基坑(槽)的土方开挖、支护、降水工程; (2)开挖深度虽未超过5 m,但地质条件、周围环境和地下管线复杂,或影响毗邻建筑物

续表

	危险性较大的分部分项工程范围	超过一定规模的危险性较大的分部分项工程范围
二、模板工程及支撑体系	(1)各类工具式模板工程:包括滑模、爬模、飞模、隧道模等工程; (2)混凝土模板支撑工程:搭设高度5 m及以上,或搭设跨度10 m及以上,或施工总荷载(荷载效应基本组合的设计值,以下简称设计值)10 kN/m² 及以上,或集中线荷载(设计值)15 kN/m及以上,或高度大于支撑水平投影宽度且相对独立无联系构件的混凝土模板支撑工程; (3)承重支撑体系:用于钢结构安装等满堂支撑体系	(1)各类工具式模板工程:包括滑模、爬模、飞模、隧道模等工程; (2)混凝土模板支撑工程:搭设高度8 m及以上,或搭设跨度18 m及以上,或施工总荷载(设计值)15 kN/m² 及以上,或集中线荷载(设计值)20 kN/m及以上; (3)承重支撑体系:用于钢结构安装等满堂支撑体系,承受单点集中荷载7 kN及以上
三、起重吊装及起重机械安装拆卸工程	(1)采用非常规起重设备、方法,且单件起吊重量在10 kN及以上的起重吊装工程; (2)采用起重机械进行安装的工程; (3)起重机械安装和拆卸工程	(1)采用非常规起重设备、方法,且单件起吊重量在100 kN及以上的起重吊装工程; (2)起重量300 kN及以上,或搭设总高度200 m及以上,或搭设基础标高在200 m及以上的起重机械安装和拆卸工程
四、脚手架工程	(1)搭设高度24 m及以上的落地式钢管脚手架工程(包括采光井、电梯井脚手架); (2)附着式升降脚手架工程; (3)悬挑式脚手架工程; (4)高处作业吊篮; (5)卸料平台、操作平台工程; (6)异型脚手架工程	(1)搭设高度50 m及以上的落地式钢管脚手架工程; (2)提升高度在150 m及以上的附着式升降脚手架工程或附着式升降操作平台工程; (3)分段架体搭设高度20 m及以上的悬挑式脚手架工程
五、拆除工程	可能影响行人、交通电力设施、通信设施或其他建、构筑物安全的拆除工程	(1)码头、桥梁、高架、烟囱、水塔或拆除中容易引起有毒有害气(液)体或粉尘扩散、易燃爆事故发生的特殊建、构筑物的拆除工程; (2)文物保护建筑、优秀历史建筑或历史文化风貌区影响范围内的拆除工程
六、暗挖工程	采用矿山法、盾构法、顶管法施工的隧道、洞室工程	采用矿山法、盾构法、顶管法施工的隧道、洞室工程

续表

	危险性较大的分部分项工程范围	超过一定规模的危险性较大的分部分项工程范围
七、其他	（1）建筑幕墙安装工程； （2）钢结构、网架和索膜结构安装工程； （3）人工挖孔桩工程； （4）水下作业工程； （5）装配式建筑混凝土预制构件安装工程； （6）采用新技术、新工艺、新材料、新设备可能影响工程施工安全，尚无国家、行业及地方技术标准的分部分项工程	（1）施工高度50 m及以上的建筑幕墙安装工程； （2）跨度36 m及以上的钢结构安装工程，或跨度60 m及以上的网架和索膜结构安装工程； （3）开挖深度16 m及以上的人工挖孔桩工程； （4）水下作业工程； （5）重量1000 kN及以上的大型结构整体顶升、平移、转体等施工工艺； （6）采用新技术、新工艺、新材料、新设备可能影响工程施工安全，尚无国家、行业及地方技术标准的分部分项工程

1）专项方案编制、审核、审批

施工单位应当在危大工程施工前组织工程技术人员编制专项施工方案。实行施工总承包的，专项施工方案应当由施工总承包单位组织编制。危大工程实行分包的专项施工方案可以由相关专业分包单位组织编制。

专项施工方案应当由施工单位技术负责人审核签字、加盖单位公章，并由总监理工程师审查签字、加盖执业印章后方可实施。

危大工程实行分包并由分包单位编制专项施工方案的，专项施工方案应当由总承包单位技术负责人及分包单位技术负责人共同审核签字并加盖单位公章。专项方案编制流程如图1.2.2所示。

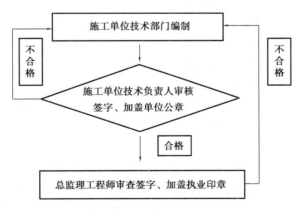

图1.2.2　专项方案编制流程

2）专项方案主要内容

①工程概况：危大工程概况和特点，施工平面布置，施工要求和技术保证条件；

②编制依据：相关法律、法规、规范性文件、标准、规范及施工图设计文件、施工组织设计等；

③施工计划：施工进度计划、材料与设备计划；

④施工工艺技术：技术参数、工艺流程、施工方法、操作要求、检查要求等；

⑤施工安全保证措施：组织保障措施、技术措施、监测监控措施等；

⑥施工管理及作业人员配备和分工：施工管理人员、专职安全生产管理人员、特种作业人员、其他作业人员等；

⑦验收要求：验收标准、验收程序、验收内容、验收人员等；

⑧应急处置措施；

⑨计算书及相关施工图纸。

3）专家论证、方案评审

超过一定规模的危大工程，施工单位应当组织召开专家论证会对专项施工方案进行论证。实行施工总承包的，由施工总承包单位组织召开专家论证会。专家论证前，专项施工方案应当通过施工单位审核和总监理工程师审查。专家论证会后，应当形成论证报告，对专项施工方案提出通过、修改后通过或者不通过的一致意见。专家对论证报告负责并签字确认。

专项施工方案经论证需修改后通过的，施工单位应当根据论证报告修改完善后，专项施工方案应当由施工单位技术负责人审核签字、加盖单位公章，并由总监理工程师审查签字、加盖执业印章后方可实施。

专项施工方案经论证不通过的，施工单位修改后应当按照本规定的要求重新组织专家论证。专家论证及方案评审流程如图1.2.3所示。

4）参会人员

下列人员应当参加专家论证会：

①专家组成员；

②建设单位（项目）负责人或技术负责人；

③监理单位项目总监理工程师及相关人员；

④施工单位分管安全的负责人、技术负责人、项目负责人、项目技术负责人、专项方案编制人员、项目专职安全生产管理人员；

⑤勘察、设计单位项目技术负责人及相关人员。

专家组成员应当由5名及以上符合相关专业要求的专家组成。本项目参建各方的人员不得以专家身份参加专家论证会。

5）论证内容

超过一定规模的危大工程专项施工方案，专家论证的主要内容应当包括：

①专项施工方案内容是否完整、可行；

②专项施工方案计算书和验算依据、施工图是否符合有关标准规范；

③专项施工方案是否满足现场实际情况，并能够确保施工安全。

专项方案应当由施工单位技术部门组织本单位施工技术、安全、质量等部门的专业技术人员进行审核。经审核合格的，由施工单位技术负责人签字。实行施工总承包的，专项方案应当由总承包单位技术负责人及相关专业承包单位技术负责人签字。不需专家论证的专项方案，经施工单位审核合格后报监理单位，由项目总监理工程师审核签字。

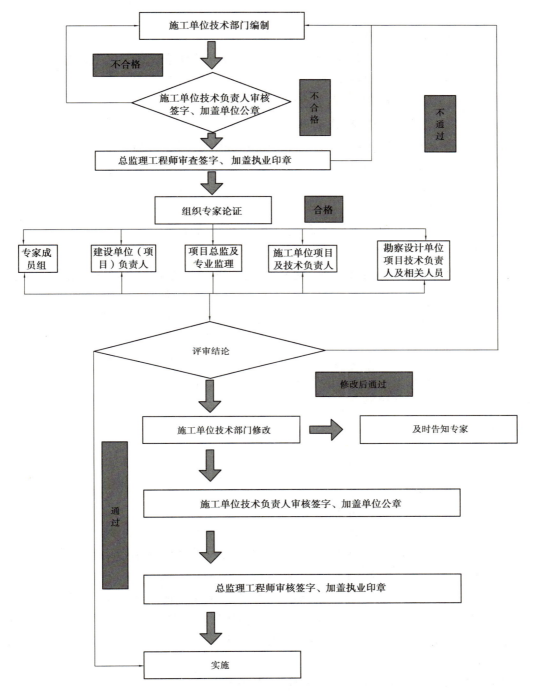

图 1.2.3　专家论证及方案评审流程图

1.2.2　安全技术措施

1）安全技术措施的实施

凡所属工程项目,在施工组织设计或施工方案中,必须编制安全技术措施。安全技术措施内容要全面、有针对性,根据工程特点、施工方法、劳动组织和作业环境等具体情况提出具体的内容要求。

2）安全技术措施编制的依据

这包括国家和行业主管部门颁发的安全生产劳动保护法规、条例、标准；项目需要解决的保证人身安全和生产安全的措施项目。

3）编制《施工安全技术措施》的主要内容

①工程内容：写明工程主要工作内容。

②现场概况：写明施工地点、现场和周围环境、现场技术条件、装备等。

③施工技术要求：写明工程主要涉及的技术参数要求。

④施工作业方法及工艺。

⑤各工序施工质量标准。

⑥施工需要的主要设备、工器具、材料的规格、性能、数量要求。

⑦各工序施工操作要求。

⑧现场主要危险源辨识情况及采取的相应安全技术措施：主要包括防火、防毒、防爆、防洪、防尘、防雷击、防触电、防坍塌、防物体打击、防机械伤害、防溜车、防高空坠落、防交通事故、防寒、防暑、防疫、防环境污染等方面的安全措施，如安全防护装置、保险及信号装置等。以改善劳动条件，减轻劳动强度，预防职业病和职业中毒为目的的劳动保护技术措施，如通风、防毒、除尘、防暑降温和消除噪声等。劳动保护科研、劳动卫生检测、安全宣传教育等设施，如编写安全技术教材、举办安全培训班及购置安全图书、仪器、设备等，以及监测监控管理、运输、机电、供排水管理等。

⑨灾害预防及避灾路线。

⑩职业卫生要求。

⑪现场文明及质量标准化要求。

⑫其他方面的要求。

4）安全技术措施的编制和审批程序

①各单位在进行项目工程施工、安装、检修前均应编制《施工组织设计及安全技术措施》（以下简称《措施》），《措施》应包括安全费用的投入、安全防护装置使用、劳动保护措施、安全宣传教育措施等内容，要针对不同工程的结构特点和不同的施工方法，针对施工场地及周边环境等，从防护上、技术上和管理上提出相应的安全措施。所有安全技术措施都必须明确、具体，能指导施工。一般工程安全技术措施及方案由生产单位技术人员编制，生产单位技术负责人审批。专业分包工程安全技术措施及方案由专业分包单位负责编制，专业分包单位技术负责人审核，报生产单位备案。

②《措施》编制完成后，经审批后方可组织进行施工。

③《措施》经审批后，必须遵照执行，不得随意变更。如遇特殊情况需要变更时，应由编制人出具变更通知书，经相关部门、领导审批后方可生效。

1.2.3 安全技术交底

1)安全技术交底概述

（1）安全技术交底的定义

施工负责人在生产作业前对直接生产作业人员进行该作业的安全操作规程和注意事项的培训，并通过书面文件方式予以确认。分部（分项）工程在施工前，项目部应按批准的施工组织设计或专项安全技术措施方案，向有关人员进行安全技术交底。

（2）安全技术交底的作用

安全技术交底是施工管理中的重要组成部分。安全技术交底是相对建筑业而言的，其隶属于安全技术管理的范畴，它是指导作业人员安全施工的技术措施，是专项施工方案的具体落实，是作业人员认知施工风险和掌握风险应对技能的重要途径，对施工安全、人身安全起到关键性的保障作用。

（3）安全技术交底内容

安全技术交底主要包括两个方面的内容：一是在施工方案的基础上按照施工工艺的要求，对施工方案进行细化和补充；二是要将操作者的安全注意事项讲清楚，保证作业人员的人身安全。

安全技术交底工作完毕后，所有参加交底的人员必须履行签字手续，施工负责人、生产班组、现场专职安全管理人员三方各留执一份，并记录存档安全技术交底的资料。

2)安全技术交底的对象及内容

按照单位的相互关系，交底人和被交底人的不同，安全技术交底包含：项目法人交底、设计交底、施工交底、班组交底。

（1）项目法人交底

交底的组织者为项目法人，被交底的对象为各参建单位。

交底的内容：落实保证安全生产措施方案进行全面系统的布置，明确各参建单位的安全生产责任。

（2）设计交底

交底的组织主体为项目法人，交底人为设计单位，被交底的对象为各参建单位。

交底的内容：工程的外部环境、工程地质、水文条件对工程的施工安全可能构成的影响，工程施工对当地环境安全可能造成的影响，以及工程主体结构和关键部位的施工安全注意事项等。

（3）施工交底

此处所讲的施工交底主要为工程总承包单位向分包单位进行安全技术交底。

主要内容：施工部位、内容和环境条件；分包单位、施工作业班组应掌握的相关现行标准规范，安全生产、文明施工规章制度和操作规程；资源的配备及安全防护、文明施工技术措施；动态监控以及检查、验收等相关要求；与之衔接、交叉的施工部位、工序的安全防护、文明施工技术措施；潜在事故应急措施及相关注意事项。

（4）班组交底

技术人员向班组长和作业人员进行安全技术交底，班组长每天应根据当天作业的施工要求、作业环境等，分部位、分工种向工人进行工（班）前安全技术交底。

班组安全技术交底应突出以下内容：告知施工过程中的作业危险点、重大危险源及危害因素;针对危险点和重大风险源制订具体的预防措施;作业过程中应注意的安全事项;特殊工序的操作方法和相应的安全操作规程和标准要求;发生事故后应采取的自救方法、紧急避险和紧急救援措施等。

针对采用新工艺、新技术、新设备、新材料施工的特殊项目,需结合建筑施工有关安全防护技术进行单独交底。

3)安全技术交底的形式

安全技术交底的形式主要包含会议交底、口头交底、书面交底、样板交底、操作示范交底、岗位交底等类别,不管何种形式的交底,均应保留由交底双方和专职安全生产管理人员共同签字确认的书面交底记录。

(1)会议交底

安全技术交底通常采用的交底形式是会议交底。交底者事先充分准备好技术交底的资料,在会议上进行技术性介绍与交底,将工程项目的施工组织设计或施工方案作专题介绍,提出实施办法和要求,再对施工方案中的重点细节作详细说明,提出具体要求(包括施工进度要求),并对施工质量与安全技术措施作详细交底。被交底者对技术交底中不明确或在实施过程中有较大困难的可提出问题,包括施工场地、施工机械、施工进度安排、施工部署、施工流水段划分、劳动力安排、施工工艺等方面的问题,会议对技术性问题应逐一给予解决,并落实安排。会议交底通常应由交底人在会议交底结束后,汇集各方面的意见形成交底纪要或记录,施工完毕后作为技术资料进行归档。

(2)口头交底

施工班组在施工前以召开班前会、电话等形式进行口头交底,此种方式在特殊情况下采用较为常见,交底与被交底双方应录音履行责任追溯确认手续。

(3)书面交底

目前通常采用的交底形式是书面交底。项目技术负责人按规程规范的有关技术规定、质量标准、安全要求及施工质量通病防治措施要求,结合工程的实际情况,按不同的分项工程内容向各作业班组长和工人进行技术交底。安全技术交底记录由交底人与被交底人签名确认并作为施工档案留存。

(4)样板交底

样板交底是采用实物进行安全技术交底的一种形式。所谓样板交底,就是根据设计图纸的技术要求、具体做法,按照施工工艺及优质工程参观学习达到优质标准的样板实物模型,使其他工人知道和了解整个施工过程中使用新技术、新结构、新工艺、新材料的特点、性能及其不同点,掌握操作要领,熟悉施工工艺操作步骤、质量标准。

(5)岗位交底

施工企业制订管理岗位责任制和操作工种的责任制。根据施工现场的具体情况,以书面形式对安全员、施工员、质检员、材料员、预算员、资料员等管理岗位及电工、电焊工、架子工等特殊操作技工随时进行岗位交底,提出具体的安全技术要求。

交底人应督促被交底人严格遵照执行,对交底实施情况进行跟踪检查,对没有想到的或新出现的情况及时进行补充交底,对违反交底要求的及时制止、纠正。项目安全员应加强巡查,项目技术负责人也应定期巡视,项目经理在现场时也应对常识性、通用性安全交底内容进行抽查。

4）安全技术交底记录

①交底人进行书面交底后应保存安全技术交底记录,交底人与所有接受交底人员必须亲自签字。

②安全技术交底完成后,由安全员负责整理归档。

③交底人及安全员应在施工生产过程中随时对安全技术交底的落实情况进行检查,发现违章作业应立即采取相应措施。

④安全技术交底记录应一式三份,分别由交底人、安全员、接受交底人留存。

5）施工安全技术交底的编制

（1）安全技术交底编制原则

安全技术交底要依据施工组织设计中的安全措施,结合具体施工方法,结合现场的作业条件及环境,确定操作性、针对性强的安全技术交底书面材料。

（2）安全技术交底主要内容

安全技术交底的主要内容包含:工程概况;工程项目和分部分项工程的危险部位;针对危险部位采取的具体防范措施;作业中应注意的安全事项;作业人员应遵守的安全操作规程和规范;安全防护措施的正确操作;发现事故隐患应采取的措施;发现事故后应及时采取的躲避和急救措施;其他需要说明的情况。

（3）安全技术交底基本要求

①实行逐级交底:施工总承包单位向项目部、项目部向施工班组、施工班组长向作业人员分别进行交底;

②安全技术交底内容要全面、具体、针对性强;

③安全技术交底要按不同工程的特点和不同的施工方法,针对施工现场和周围的环境,从防护上、技术上,提出相应的安全措施和要求;

④安全技术交底必须是以书面形式进行,交底人、接底人、专职安全员要严格履行签字手续;

⑤各工种安全技术交底一般与分部分项工程安全技术交底同时进行。施工工艺复杂、技术难度大、作业条件危险的工程项目,可单独进行工种交底。

（4）分部分项工程安全技术交底基本项目

①基础工程:包括挖土工程、回填土工程、基坑支护等。

②主体工程:包括砌筑工程、模板工程、钢筋工程、混凝土工程、楼板安装工程、钢结构及铁件制作工程、构件吊装工程等。

③屋面工程:包括钢筋混凝土屋面施工、卷材屋面施工、涂料防水层施工、瓦屋面施工、玻璃钢型屋面施工等。

④装饰工程:内外墙装饰等。

【技能实践】

知识拓展:基于BIM技术的项目施工安全管理

实训项目:高处作业安全技术交底

1. 实训目的

①明确安全技术要求;

②提高安全生产意识和素质,落实安全责任;

③做好安全工作,防止发生事故;

④搞好安全目标管理,实现安全生产(施工)。

2.实训准备

高处模拟现场准备、仪器设备准备、表格准备、分组准备。

3.实训内容

根据高处作业防护措施,完成表1.2.2。

4.实训评价

①小组互评。小组之间互评点评方案并指出优点与不足。

②教师总结评价

教师进行点评并总结问题。

表1.2.2 高处作业安全技术交底记录表

安全技术交底记录		编号	
工程名称		交底日期	
施工单位		接受交底班组	
交底提要		高处作业安全防护措施	

凡在坠落高度基准面在2 m以上(含2 m)有可能坠落的在高处进行的作业,均称为高处作业。

进行高处作业时,应注意以下的要求:

(1)凡参加高处作业的人员必须经医生体检合格,方可进行高处作业。患有精神病、癫痫病、高血压、视力和听力严重障碍的人员,一律不准从事高处作业。

(2)登高架设作业(如架子工、塔式起重机安装拆除工等)人员必须进行专门培训,经考试合格后,持劳动安全监察部门核发的《特种作业安全操作证》上岗作业。

(3)凡参加高处作业人员,应在开工前进行安全教育,并经考试合格。

(4)参加高处作业人员应按规定要求戴好安全帽、扎好安全带,衣着符合高处作业要求,穿软底鞋,不穿带钉易滑鞋,并要认真做到"十不准":①不准违章作业;②不准工作前和工作时间内喝酒;③不准在不安全的位置上休息;④不准随意往下面扔东西;⑤不准严重睡眠不足者进行高处作业;⑥不准打赌斗气;⑦不准乱动机械、消防及危险用品用具;⑧不准违反规定要求使用安全用品、用具;⑨不准在高处作业区域追逐打闹;⑩不准随意拆卸、损坏安全用品、用具及设施。

(5)高处作业人员随身携带的工具应装袋,精心保管,较大的工具应放好、放牢,施工区域的物料要放在安全不影响通行的地方,必要时要捆好。

(6)施工人员要坚持每天下班前清扫制度,做到工完料净场地清。

(7)吊装施工危险区域,应设围栏和警告标志,禁止行人通过和在起吊物件下逗留。

(8)夜间高处作业必须配备充足的照明。

(9)尽量避免立体交叉作业,立体交叉作业要有相应的安全防护隔离措施,无措施时严禁进行施工。

(10)高处作业前应进行安全技术交底,作业中发现安全设施有缺陷和隐患必须及时解决,危及人身安全时必须停止作业。

(11)在高处吊装施工时,密切注意季节气候变化,遇有暴雨,6级及以上大风,大雾等恶劣气候,应停止露天作业,并做好吊装构件、机械等设施的稳固工作。

(12)盛夏做好防暑降温工作。

(13)高空平台应满铺脚手板,四周有栏杆和踢脚板。脚手板不应使用有腐朽、变质、虫蛀、裂纹、扭曲、大节疤的木材。

续表

（14）高处作业必须有可靠的防护措施。如悬空高处作业所用的索具、吊笼、吊篮、平台等设备设施均需经过技术鉴定或检验后方可使用。无可靠的防护措施绝不能施工。特别在特定的、较难采取防护措施的施工项目，更要创造条件保证安全防护措施的可靠性。在特殊施工环境中，如安全带没有地方挂，这时要想办法使防护用品有处挂，并要安全可靠。

（15）高处作业中所用的物料必须堆放平稳，不可堆放在临边或洞口附近，对作业中的走道、通道板和登高用具等，必须随时清扫干净。拆卸下的物料、剩余材料和废料等都要加以清理及时运走，不得任意乱掷或向下丢弃。各施工作业场所内凡有可能坠落的任何物料，都要一律先行撤除或者加以固定，以防跌落伤人。

（16）实施现场交接班制度，前班工作人员要向后班工作人员交待清楚有关事项，防止盲目作业发生事故。

（17）遇有雷电、暴雨、严寒、浓雾和六级以上大风情况时，不得从事高空或露天作业。

（18）严禁从高空向下抛掷任何物品。高空向下吊运物品时，其物品必须系牢，由专人负责指挥，下面设置围栏警戒区。

审核人		交底人		安全员	
接受交底人					

【阅读与思考】

青海省西宁市××公司边坡支护工程施工现场曾发生一起坍塌事故，造成 3 人死亡、1 人轻伤，直接经济损失 60 万元。

根据事故调查，施工地段地质条件复杂，事故发生地点位于河谷区与丘陵区交接处，北侧为黄土覆盖的丘陵区，南侧为河谷地 2 级及 3 级基座阶地。上部土层为黄土层及红色泥岩夹变质沙砾，下部为黄土层黏土。局部有地下水渗透，导致地基不稳。施工单位在没有进行地质灾害危险性评估的情况下，盲目施工，也没有根据现场的地质情况采取有针对性的防护措施，违反了自上而下分层修坡、分层施工工艺流程。施工单位没有对劳务人员进行安全生产教育和安全技术交底，在山体地质情况不明、没有采取安全防护措施的情况下冒险作业。

施工单位应认真吸取事故教训，根据地质灾害危险性评估报告，制定并落实符合法定程序的施工组织设计、专项安全施工方案，严格按照相关标准全面落实各项安全措施。明确安全职责，强化监督管理。监理单位应认真履行监理职责，严格审查、审批施工组织设计、安全专项方案及专家论证等相关资料。

因此，有严格的专项安全施工方案、合法的落实施工组织设计，才能确保施工安全，减少人员伤亡；规范施工程序，保证工程质量；增加施工效率，控制施工成本。

【安全小测试】

1. 施工单位应当在下列哪些危险性较大的分部分项工程施工前编制专项方案？（　　　）

A. 开挖深度超过 2 m（含 2 m）的基坑（槽）的土方开挖、支护、降水工程

B. 开挖深度虽未超过 3 m，但地质条件、周围环境和地下管线复杂，或影响毗邻建、构筑物安全的基坑（槽）的土方开挖、支护、降水工程

C. 采用非常规起重设备、方法，且单件起吊重量在 9 kN 及以上的起重吊装工程

D. 搭设高度 10 m 及以上的落地式钢管脚手架工程

2. 专项方案主要内容包括哪些？（　　　）

A.工程概况

B.编制依据

C.施工计划

D.施工工艺技术

3.超过一定规模的危险性较大的分部分项工程专项方案应当由施工单位组织召开专家论证会。下列哪些人员应当参加专家论证会?(　　　)

A.专家组成员

B.建设单位项目负责人或技术负责人

C.监理单位项目总监理工程师及相关人员

D.勘察、设计单位项目技术负责人及相关人员

4.按照单位的相互关系,交底人和被交底人的不同,安全技术交底包含哪些?(　　　)

A.项目法人交底

B.设计交底

C.施工交底

D.班组交底

项目 1.3　安全教育与活动

【导入】

未进行安全教育和培训,员工违规操作被埋压致死

2021年5月27日16时30分许,在大涌镇悦新路中山市中心组团黑臭(未达标)水体整治提升工程的土石方工程施工工地上,工程分包单位深圳市×××建筑工程有限公司的施工人员陈某在截污管道沟槽回填过程中协助拆卸挡土板时,沟槽侧壁土体突然发生坍塌,导致陈某当场被埋。后经消防等部门全力救援,陈某被救出后经抢救无效死亡。

1)事故原因

①未采取安全管理防护措施。在沟槽未完成回填的情况下,作业人员站在沟槽内协助拆卸沟槽侧壁挡土板时,未采取相应的安全管理防护措施。

图 1.3.1　事故坍塌现场

②未及时消除事故隐患。未发现暴雨后沟槽侧壁土体含水率饱和随时会导致塌方的重

大事故隐患。

③违反操作规程。施工人员陈某违反了深圳市×××建筑工程有限公司制定的《截污管道沟槽开挖与支护工程安全专项方案沟槽挡土板拆除安全操作规程》中关于"拆除沟槽范围1.5m内不得堆载或站人"的规定。

④企业安全生产主体责任落实不到位。分包单位深圳市×××建筑工程有限公司未教育和督促施工人员陈某严格执行本单位的安全生产规章制度和安全操作规程;检查施工现场安全隐患点时,未及时发现暴雨后沟槽土体含水率饱和会随时导致塌方的重大事故隐患。

分包单位深圳市×××建筑工程有限公司主要负责人任某友未督促、检查本单位的安全生产工作,及时消除生产安全事故隐患。总包单位中国一冶集团有限公司检查施工现场安全隐患点时,未及时发现暴雨后沟槽土体含水率饱和会随时导致塌方的安全隐患;未认真落实安全生产主体责任,未强化施工作业人员的安全生产培训教育,未加大力度对各作业点隐患进行排查治理。

⑤监理单位履职不到位。监理单位广东省××工程顾问有限公司对严重危及人员安全的作业,未及时发出局部停工指令。

2)事故追责

①中山市住房和城乡建设局责令总包单位中国一冶集团有限公司承接的位于中山市大涌镇悦新路中山市中心组团黑臭(未达标)水体整治提升工程(项目三)土石方工程停止施工作业。

②中山市应急管理局依据《中华人民共和国安全生产法》对专业分包工程施工单位深圳市×××建筑工程有限公司及其主要负责人任某友的违法行为进行行政处罚。

③中山市大涌镇人民政府对总承包单位中国一冶集团有限公司、分包单位深圳市×××建筑工程有限公司、监理单位广东省××工程顾问有限公司的违法违规行为依法作出处理。

3)事故反思

分析生产安全事故发生的根源,从业人员违规操作行为所导致的生产安全事故在事故总数中占比较大。人是生产经营活动的第一要素,生产经营活动最直接的承担者就是从业人员,如果每个岗位从业人员的具体生产经营活动安全了,整个生产经营单位就得到了保障。对从业人员进行安全生产教育培训,控制人的不安全行为,对减少生产安全事故极为重要。有些从业人员存在文化素质较低、安全意识较差,缺乏防止和处理事故隐患及紧急情况的能力等问题,极易违章作业、违反劳动纪律。

通过对员工进行多层次的安全生产教育和培训,可以促使从业人员按章办事,严格执行安全生产操作规程,认识生产中的危险因素和掌握生产安全事故的发生规律,并正确运用科学知识加强治理和预防,及时发现和消除事故隐患,从而保证生产安全。

【理论基础】

安全教育与
安全活动

1.3.1　安全教育

1)安全教育培训内容

安全教育的内容概括为3个方面,即思想政治教育、安全知识教育和安全技能教育。不同工种、不同阶段进行的安全教育培训,内容有所差异,具体选择时要结合实际来定。

(1)思想政治教育

思想政治教育包括安全思想教育、劳动纪律教育、法制教育。这是提高各级领导和广大职工的政策认识水平、建立安全法治观念的重要手段,是安全教育的一项重要内容。

（2）安全知识教育

安全知识包括安全管理知识和安全技术知识两大方面。安全管理知识教育包括安全生产方针政策、安全管理体制、安全组织结构及基本安全管理方法等。这是企业各级领导和管理人员应该掌握的。安全技术知识分为一般性和专业性安全技术知识。一般性安全技术知识是全体职工均应了解的;专业性安全技术知识是指进行各具体工种操作所需的安全技术知识。

（3）安全技能教育

安全技能教育主要是指在工人掌握安全知识后,在实际操作中对从事各种作业的工人进行的安全技术教育。包括岗位安全操作训练,特殊工种的操作培训,新技术、新设备、新设施的使用操作,岗位自救互救应急操作等安全教育。

2）安全教育培训形式

在安全教育培训中,既要重视过程又要注重结果,避免形式主义。要克服一成不变地照本宣科,力求内容鲜活性、形式多彩,进而激发员工主动参与的热情,活跃教育培训气氛,提高教育培训的质量。安全教育培训的形式主要有以下几种形式。

①讨论式。通过安全专题讨论,使大家在相互启发中思想得到统一,认识得到提高,缺点得到纠正,安全知识得到充实。如班前班后会、安全技术交底、各种安全会议、事故分析会等。

②答题竞赛式。把安全管理规定、岗位操作规程、现场应急处置等应知应会内容,以填空、简答、选择、判断等题型结合手机、网络等便于操作和整理的形式发给职工,辅以相关激励措施,促使员工完成答卷并评估反馈,这样能提高大家学习安全理论的积极性,并起到相互督促的作用。也可通过个人赛、师徒结伴赛、班组团体赛等多种形式,增强教育培训的趣味性,调动员工的学习进取心。

③讲授式。结合安全培训受众特点,分析培训目的,邀请行业、企业、政府、相关机构专家学者进行集中式授课培训。如举办劳动保护讲座、安全法治讲座、各类安全生产业务培训班等。

④观影式。影像教育直观,视听效果好,职工一般都比较乐于接受。要经常组织一些安全教育音像片让大家收看,通过反面典型警醒,通过正面典型教育,从中吸取营养。

⑤活动式。举办安全演讲比赛、作业技能大比武、安全知识竞赛、安全文艺演出、现场应急演练等。通过员工广泛参与,参加活动,增强培训效果。

⑥体验式。体验式安全教育以员工亲身体验的形式,将施工常见的不安全行为和状态具体化、实物化,以更具冲击力的方式,让员工通过视觉、听觉、触觉来感受不安全行为带来的严重后果。如一些建设单位将安全帽撞击体验、触电体验、安全带使用体验、消防设施使用体验、洞口坠落体验等内容引入教育现场,增添教育培训的吸引力,进而提高培训质量。

⑦见缝插针式。企业连续性生产的特点,决定了不可能用大量的整块时间来开展安全教育培训活动,必须充分利用职工上下班、倒班、轮休、班前班后会时间,见缝插针进行,做到长流水不断线,保持教育培训的经常化。常见做法有设置安全警示标志(安全色)、安全宣传标语、安全宣传栏等。

3）安全教育培训对象

（1）管理人员

施工单位的主要负责人、项目负责人、专职安全生产管理人员应当经建设行政主管部门或其他部门考核合格后方可任职。施工单位须对管理人员每年至少进行一次安全生产教育并考核合格方可上岗。

要定期培训企业各级领导干部和安全干部,其中,施工队长、工长(施工员)、班组长是安全教育培训的重点。

(2)特种作业人员

建筑电工、焊工、起重信号司索工、架子工、起重机械司机等特种作业人员除进行一般性安全教育外,还要经过本工种的安全技术教育,经建设主管部门考核合格,取得建筑施工特种作业人员操作资格证,方可上岗从事对应作业。

(3)新入场和调换工种的职工

对新入场工人和调换了工种的人员,建筑施工企业必须按规定对其进行安全教育和培训,经考核合格,持证上岗。

4)常见的安全教育要求

(1)三级安全教育(表1.3.1)

新进公司职工(包括新调入人员、实习生、代培人员等)及新入场工人必须进行三级安全教育,并经考试合格后方可上岗。

表1.3.1　三级安全教育一览表

级别	公司级安全教育	项目级安全教育	班组级安全教育
时间	≥15 h	≥15 h	≥20 h
内容	(1)职业安全卫生有关知识。 (2)国家有关安全生产法令、法规和规定。 (3)本公司和同类型企业的典型事故及教训。 (4)本公司的性质、生产特点及安全生产规章制度。 (5)安全生产基本知识、消防知识及个体防护常识。	(1)本单位概况,施工生产或工作特点,主要设施、设备的危险源和相应的安全措施和注意事项。 (2)本单位安全生产实施细则及安全技术操作规程。 (3)安全设施、工具、个人防护用品、急救器材、消防器材的性能和使用方法等。 (4)以往的事故教训及易发事故的应急预案和演练、自救互救方法和技能。	(1)本岗位(工种)安全操作规程。 (2)发现紧急情况时的急救措施及报告方法。 (3)本岗位(工种)的施工生产程序、工作特点和安全注意事项。 (4)本岗位(工种)设备、工具的性能和安全装置、安全设施、安全监测、监测仪器的作用,防护用品的使用和保管方法。 (5)预防本岗位(工种)事故和职业危害的措施。
注意事项	(1)三级安全教育、考试、考核情况,要逐级填写在三级安全教育卡片上,建立安全教育档案。 (2)三级安全教育完毕,经公司安全管理部门审核后,方可发放劳动保护用品和享受本工种享受的劳保待遇。 (3)未经三级安全教育或考试不合格,不得分配工作,否则由此而发生的事故由分配及接受其工作的单位领导负责。 (4)班组级安全教育:由班长或班组安全员负责教育,可采取理论了解和实际操作相结合的方式进行,新工人经班组安全教育考核合格后,方可指定师傅带领进行工作或学习。		

（2）特种作业人员安全培训（表1.3.2）

表1.3.2　特种作业人员安全培训一览表

特种作业人员安全培训		
基本条件	考核与发证	复审
1.年满十八周岁。 2.初中以上文化程度。 3.工作认真负责,遵章守纪。 4.身体健康,无妨碍从事本工种作业的疾病和生理缺陷。 5.按上岗要求的技术业务理论考核和实际操作技能考核成绩合格。	1.经考核成绩合格者,发给"特种作业人员操作证";不合格者,允许补考一次,补考仍不合格者,应重新培训。 2.考核与发证工作,由特种作业人员所在单位负责组织申报,地、市级劳动行政主管部门负责实施。 3.离开特种作业岗位一年以上的特种作业人员,需重新进行安全技术考核,合格后方可从事原作业。 4.考核内容更严格按照《特种作业人员安全技术培训考核大纲》进行。考核包括安全技术理论考试与实际操作技能考核,以实际操作技能考核为主。	1.劳动行政主管部门及特种作业人员所在单位,均须建立特种作业人员的管理档案。 2.取得"特种作业人员操作证"者,每两年进行一次复审。未按期复审或复审不合格者,其操作证自行失效。复审由特种作业人员所在单位提出申请,由发证部门负责审验。 3.项目部将已培训合格的特种作业人员登记造册,并报公司。特种作业和机械操作人员的安全培训,由分公司企管部负责。从业人员参加专业性安全技术教育和培训,经考核合格取得市级以上劳动行政主管部门颁发的"特种作业操作证"后方可独立上岗作业。

（3）外包单位及人员安全教育

对外包单位的安全教育由使用单位安全部门负责,受教育时间不得少于8 h,并在工作中指定专人负责管理和检查。

对外借人员的安全教育,由用工单位负责,考核合格后,方可允许进入现场施工。

外包人员入场作业前必须接受入场安全教育,经考核合格后方可入场。安全教育内容主要包括本单位施工生产特点、入场须知,所从事工作性质、注意事项和事故案例教训等。

对进入施工现场参观人员的安全教育由项目负责人负责,其教育内容主要包括项目的安全规定及安全注意事项,并安排专人陪同。

（4）经常性安全生产宣传教育

经常性安全生产宣传教育目的主要包括以下方面:

①宣传安全生产经验,树立安全生产的信心。

②宣传"安全生产、人人有责",提高全体员工安全责任感,树立"安全第一"的思想。

③宣传党和政府重视劳动保护和安全生产的态度,体现党和政府对劳动者的关怀,激发职工的工作积极性。

④宣传安全生产在政治、经济、社会上的重大意义,宣传"生产必须安全,安全为了生产"的关系,使每个职工能时刻重视安全生产工作。

⑤教育员工克服麻痹大意思想,消除不安全心理。

经常性安全生产宣传教育内容可从以下几点考虑:

①安全技术标准、制度。

②常见事故急救处理。

③防尘、防毒、防电光伤眼等基本知识。

④安全法治知识教育,增强安全法治观念,严格按章办事,消除"三违"。

⑤高处作业防坠落知识。

⑥起重伤害事故预防基本知识。

(5)季节性教育及节假日特殊安全教育

①季节性安全教育。由项目部结合季节特征,凡遇自然条件变化,如大风、大雪、暴雨、冰冻或雷雨天气,应抓住气候变化特点进行安全教育。

②节假日特殊安全教育。节假日前后,员工容易疏忽大意,放松安全生产,应抓住主要环节,进行安全教育。主要内容如下:

a.宿舍内严禁使用电加热器,严禁使用明火与电炉。

b.节日期间,如果动用明火,要严格按照动火升级审批制度进行审批。

c.加班加点期间,要集中思想,遵守安全制度和纪律,严格执行交接班工作制度。

d.对长期不使用的机械设备及电气设备,应切断电源、电箱上锁;移动电具、危险物品应严格保管。

e.节后复工前,应认真对机具设备、机动车辆、周围环境、现场设施进行检查,确认正常后方可施工,并做好相应台账。

f.对节假日期间必须使用的机动车辆、机械设备、现场设施等生产工具设备,应组织专业人员进行一次技术状况检查,确认良好才能使用。

(6)其他形式的安全教育

①新技术、新工艺、新设备、新材料使用前,相关主管部门要针对新制订的安全制度和安全操作规程,对岗位和有关人员进行安全教育,告知新的防护装置使用注意事项。经考试合格后,方可从事新入岗位工作。

②对严重违纪违章员工,由所在单位安全部门进行单独再教育,经考查认定合格后,再回岗工作。

③对脱岗(如产假、病假、学习、外借等)六个月以上,重返岗位操作者,应进行岗位复工教育。

④对参加特殊区域、高危场所作业(如附着脚手架、施工升降机、塔吊、高支撑模板等)的人员,在作业前,必须进行专项安全教育。

⑤职工在公司内调动工作岗位变动工种(岗位)时,接收单位应对其实行二、三级安全教育,经考试合格后,方可从事新岗位工作。

5)未按规定进行安全教育培训的法律责任

(1)安全教育培训相关要求

①《中华人民共和国安全生产法》对安全教育培训的规定。

《中华人民共和国安全生产法》第二十五条第一款指出:"生产经营单位应当对从业人员进行安全生产教育和培训,保证从业人员具备必要的安全生产知识,熟悉有关的安全生产规章制度和安全操作规程,掌握本岗位的安全操作技能,了解事故应急处理措施,知悉自身在安全生产方面的权利和义务。未经安全生产教育和培训合格的从业人员,不得上岗作业。"

②《建设工程安全生产管理条例》对安全教育培训的规定。

a.《建设工程安全生产管理条例》第三十七条规定:作业人员进入新的岗位或者新的施工

现场前,应当接受安全生产教育培训。未经教育培训或者教育培训考核不合格的人员,不得上岗作业。施工单位在采用新技术、新工艺、新设备、新材料时,应当对作业人员进行相应的安全生产教育培训。

b.《建设工程安全生产管理条例》第三十六条规定:施工单位的主要负责人、项目负责人、专职安全生产管理人员应当经建设行政主管部门或者其他有关部门考核合格后方可任职。施工单位应当对管理人员和作业人员每年至少进行一次安全生产教育培训,其教育培训情况记入个人工作档案。安全生产教育培训考核不合格的人员,不得上岗。

③《生产经营单位安全培训规定》对安全教育培训的规定。

《生产经营单位安全培训规定》第六条规定:生产经营单位主要负责人和安全生产管理人员应当接受安全培训,具备与所从事的生产经营活动相适应的安全生产知识和管理能力。

(2)不按规定进行安全教育培训的法律责任

①《中华人民共和国安全生产法》第九十四条第(三)项指出,"未按照规定对从业人员、被派遣劳动者、实习学生进行安全生产教育和培训,或者未按照规定如实告知有关的安全生产事项的",责令限期改正,可以处五万元以下的罚款;逾期未改正的,责令停产停业整顿,并处五万元以上十万元以下的罚款,对其直接负责的主管人员和其他直接责任人员处一万元以上二万元以下的罚款:

②《建设工程安全生产管理条例》第六十二条指出,"施工单位的主要负责人、项目负责人、专职安全生产管理人员、作业人员或者特种作业人员,未经安全教育培训或者经考核不合格即从事相关工作的",责令限期改正,逾期不改正,将责令停业整顿,并依照《中华人民共和国安全生产法》的有关规定处以罚款;如果造成重大安全事故,构成犯罪,将对直接责任人员依照刑法有关规定追究刑事责任。

③《建筑施工企业主要负责人、项目负责人和专职安全生产管理人员安全生产管理规定》第二十九条指出,"建筑施工企业未按规定开展'安管人员'安全生产教育培训考核,或者未按规定如实将考核情况记入安全生产教育培训档案的,由县级以上地方人民政府住房和城乡建设主管部门责令限期改正,并处 2 万元以下的罚款"。

1.3.2　施工现场安全活动

1)日常安全会议

①公司每年末召开一次安全工作会议,总结一年来安全生产上取得的成绩和不足,对本年度的安全生产先进集体和个人进行表彰,并布置下一年度的安全工作任务。

②公司每季度召开一次安全例会,由公司质安部主持,公司安全主管经理、有关科室负责人、项目经理、分公司经理及其职能部门(岗位)安全负责人参加,总结上一季度的安全生产情况,分析存在的问题,对下一季度的安全工作重点作出布置。

③各项目部每月召开一次安全例会,由其安全部门(岗位)主持,安全分管领导、有关部门(岗位)负责人及外包单位负责人参加。传达上级安全生产文件、信息;对上月安全工作进行总结,提出存在问题;对当月安全工作重点进行布置,提出相应的预防措施。推广施工中的典型经验和先进事迹,以施工中发生的事故教育班组干部和施工人员,从中吸取教训,由安全部门做好会议记录。

④各项目部必须每周开展一次安全日活动,以项目全体、职能岗位、班组为单位,每次时

间不得少于2 h,不得挪作他用。

⑤各班组每天班前会上要进行安全讲话,预想当前不安全因素,分析班组安全情况,研究布置措施。做到"三交一清"(即交施工任务、交施工环境、交安全措施和清楚本班职工的思想及身体情况)。

2)每周安全日活动

工人必须参加每周的安全活动日活动,各级领导及部门有关人员须定期参加基层班组的安全日活动,及时了解安全生产中存在的问题。每周安全活动日和班前安全讲话的活动要做到有领导、有计划、有内容、有记录,防止走过场,主要包含以下内容:

①检查安全规章制度执行情况和消除事故隐患。

②结合本单位安全生产情况,积极提出安全合理化建议。

③学习安全生产文件、通报,安全规程及安全技术知识。

④开展反事故演习和岗位练兵,组织各类安全技术表演。

⑤针对本单位安全生产中存在的问题,展开安全技术座谈和攻关。

⑥分析典型事故,总结经验、吸取教训,找出事故原因,制订预防措施。

⑦总结上周安全生产情况,布置本周安全生产要求,表扬安全生产中的好人好事。

⑧参加公司和本单位组织的各项安全活动。

3)班前安全活动

班前安全活动是班组安全管理的一个重要环节,是提高班组安全意识、做到遵章守纪、实现安全生产的途径。建筑工程安全生产管理过程中必须做好此项活动。

①每个班组每天上班前15 min,由班长认真组织全班人员进行安全活动,总结前一天安全施工情况,结合当天任务,进行分部分项的安全交底,并做好交底记录。

②对班前使用的机械设备、施工机具、安全防护用品、设施、周围环境等要认真进行检查,确认安全完好,才能使用和进行作业。

③对新工艺、新技术、新设备或特殊部位的施工,应组织作业人员对安全技术操作规程及有关资料进行学习。

④班组长每月25日前要将上个月安全活动记录交给安全员,安全员检查登记并提出改进意见之后交资料员保管。

4)班前讲话记录

各作业班组长于每班工作开始前必须对本班组全体作业人员进行班前安全活动交底,其内容应包括:本班组安全生产须知和个人应承担的责任,以及本班组作业中的危险点和相应的安全措施等。

【技能实践】

知识拓展:VR技术在安全培训中的应用

安全教育培训方案编制

某房屋建筑工程,建筑面积10 000 m²,总建筑高度24 m,现正需对新入场工人开展三级安全教育培训,如果你是现场安全负责人,你将如何组织开展新入场工人三级安全教育培训?请分析项目部级的安全教育培训重点,并学习编制项目部级的安全教育培训方案。

1.技能训练目标

①掌握安全教育培训方案编制的方法。

②能够根据培训类型,编制简单安全教育培训方案。

2.知识要点

①三级安全教育培训的内容。

②安全教育培训的形式。

表 1.3.3　技能训练效果评价表

技能要点	评价关键点	分值	自我评价（20%）	小组互评（30%）	教师评价（50%）
安全教育培训内容	掌握安全教育培训的内容	10			
安全教育培训形式	了解安全教育培训的形式	10			
安全教育培训对象	管理人员	5			
	特种作业人员	5			
	新入场和新调换工种人员	5			
常见的安全教育要求	三级安全教育	10			
	特种作业人员安全教育	10			
	经常性安全生产宣传教育	10			
	季节性教育及节假日安全教育	10			
	其他形式的安全教育	5			
未按规定进行安全教育培训的法律责任	安全教育培训相关法律要求	10			
	不按规定进行安全教育培训的法律责任	10			
总得分		100			

【阅读与思考】

安全员的一天

对生命的敬畏有多种颜色

警察蓝,是和谐安宁的保护

天使白,是救死扶伤的呵护

安全红,是捍卫生命的守护

安全工作任重道远,是一项只有起点而没有终点的工作。尤其是作为一名建筑安全员,每日工作更是"丰富多彩"。

每天——你走遍现场每个角落,不放过一丝安全隐患;

每天——你认真交代安全注意事项,把好项目施工现场安全关。

安全员的一天平凡而有意义。

某公司一名安全员记录了自己一天的工作日常

①召开早班会。天刚蒙蒙亮,组织项目及分包管理人员开展早班会。对当日施工作业进行风险辨识,提出安全防控措施及要求。

②危险源公示。早班会后,对当日前五项危险作业内容、作业区域、相关安全防控措施、责任人进行公示。

③安全联合巡查。上午,各分包安全员开展现场巡查、根据项目施工情况重点对当日危险作业、作业人员安全行为以及临边洞口防护等进行巡查。巡查发现的安全隐患立即安排整改。

④行为安全管理。安全巡查中对作业人员违章行为及时制止并现场教育,告知其违章可能造成的后果。

⑤安全之星表彰。对行为规范的作业人员发放"行为安全之星"表彰卡,以资鼓励。

⑥危险作业旁站下午,有危险作业施工,全程旁站监督,做好旁站记录;同时,督促作业人员规范行为,施工严格按照方案执行。

⑦临电检查。危险作业施工结束后,检查责任电工是否按时巡查,现场用电是否一机一漏保,接线是否符合规范要求,箱体有无破损等。

⑧吊索吊具检查。检查吊索吊具是否安全有效,钢丝绳有无断丝、断股,料斗是否有变形等。

⑨安全巡查碰头会。组织分包安全员、施工员等开展安全碰头会,对当日安全巡查中存在的问题进行梳理,分析出现原因及后期改进措施。

⑩日志填写、资料记录归档。施工人员都下班后,填写安全员日志、对当日安全资料完善、整理并归档。

【安全员小测试】

1. 作业人员进入新的岗位或者新的施工现场前,应当经过(　　　),未经教育培训或者教育培训考核不合格的人员,不得上岗作业。

A. 登记手续　　　　　B. 领导同意　　　　　C. 安全生产考试培训

2. (　　　)应当经建设行政主管部门或者其他有关部门考核合格后方可任职。

A. 施工单位主要负责人和项目负责人　　　B. 项目负责人和安全员

C. 专职安全生产管理人员　　　　　　　　D. A 和 C

3. 国家规定:施工单位应在(　　　)限内对管理人员和作业人员至少一次安全生产教育培训。

A. 3 个月　　　　　B. 半年　　　　　C. 1 年　　　　　D. 2 年

4. 建筑施工企业应当建立(　　　),制订年度培训计划,每年对"安管人员"进行培训和考核,考核不合格的,不得上岗。

A. 安全生产教育考核制度　　　　　B. 安全生产教育培训制度

C. 安全生产教育考试制度　　　　　D. 安全生产教育评价制度

5. 某建筑工程建筑面积 3 万平方米,按照住建部关于专职安全生产管理人员配备的规定,该建筑工程项目应当至少配备(　　　)名专职安全生产管理人员。

A. 1　　　　　B. 2　　　　　C. 3　　　　　D. 4

模块二 通用安全技术与管理

【导读】

加强安全生产,防止职业危害是国家的一项基本政策,是发展社会主义经济的重要条件,是企业管理的一项基本原则,具有重要的意义。安全生产是关系到国家和人民群众切身利益的大事;安全生产技术与管理最根本的目的是保护人民的生命和健康,安全生产是对企业的最根本要求,安全技术是控制事故发生重要手段,是保障人民生命财产的根本途径。本模块针对各行业不同工程项目(房屋建筑项目、市政工程项目、道路工程项目、桥梁工程项目、水利工程项目等)通用的安全技术和安全管理进行学习,主要包含:安全文明施工,高处作业安全技术与管理,临时用电安全技术与管理,消防工程安全技术与管理,建筑职业卫生健康与工伤管理等内容。

【学习目标】

知识目标:
  (1)了解施工现场文明施工具体做法;
  (2)熟悉安全色和安全标志的具体含义;
  (3)熟悉高处作业的定义、分级分类;
  (4)掌握临边、洞口、攀登、悬空作业的安全防护要求;
  (5)熟悉有关消防法规,消防安全制度和保障消防安全的操作规程;
  (6)了解 TN-S 系统、三级配电系统、两级漏电保护;
  (7)掌握排除用电安全隐患的方法;
  (8)了解建筑业职业病现状及防治方法,工伤事故处理流程。

技能目标:
  (1)初步具备指导施工现场安全文明施工标准化具体做法的能力;
  (2)能做好施工现场安全教育与培训;
  (3)能协助企业做好安全文化建设;
  (4)具备运用有关消防设施、灭火器材防范施工现场火灾的能力;
  (5)能进行高处作业安全检查并指导高处作业安全隐患的整改;
  (6)能依照国家法律结合企业相关具体规定进行施工现场工伤事故的处理。

素质目标:
  (1)培养学生团队意识和一定的人际沟通能力;
  (2)培养一丝不苟、严谨细致的工作作风。

项目 2.1　安全文明施工

【导入】

　　"文明施工"是指保持施工场地整洁、卫生,施工组织科学,施工程序合理的一种施工活动。一个工地的文明施工水平是该工地乃至所在企业各项管理工作水平的综合体现。"文明施工"涵盖内容广泛,不仅要着重做好现场的场容管理工作,还要做好现场材料、设备、安全、技术、保卫、消防和生活卫生等方面的管理工作,因此,某些施工现场往往理不清头绪,不知道如何去具体实施以及实施到什么程度才算是实现"文明施工"。近年来,全国各地争创文明城市,这是提升城市管理水平、市民素质的重要举措,您所在的城市是否也参与到这项活动中来了呢? 城市文明建设是每个市民的责任,工地文明也属于城市文明的一部分,大到文明施工,小到一面围挡,主管部门、工地建设方应把它做好,树立安全卫生、整洁有序的建设工地形象,让干净的工地成为美好城市建设的加分项。作为学生,净化校园,是大家共同的责任! 大家行动起来,弯下腰,捡起脚下的废纸,决不随手乱丢一片废纸,以实际行动建设美丽校园。

图 2.1.1　施工现场

【理论基础】

施工现场
文明施工

2.1.1　文明施工的基本条件与要求

　　1)文明施工的概念

　　工程建设实施过程中,应保持施工现场良好的作业环境、卫生环境和工作秩序。施工现场文明施工的管理范围既包括施工作业区的管理,也包括办公区和生活区的管理。

　　文明施工主要包括以下几个方面的内容:

①规范施工现场的场容,保持作业环境的整洁卫生。

②科学组织施工,使生产有序进行。

③减少施工对周围居民和环境的影响。

④保证职工的安全和身体健康。

2)文明施工的基本条件

①有整套的施工组织设计(或施工方案)。

②有健全的施工指挥系统及岗位责任制度。

③工序衔接交叉合理,交接责任明确。

④有严格的成品保护措施和制度。

⑤大小临时设施和各种材料、构件、半成品按平面布置堆放整齐。

⑥施工场地平整,道路畅通,排水设施得当,水电线路整齐。

⑦机具设备状况良好,使用合理,施工作业符合消防和安全要求。

3)文明施工基本要求

①工地主要入口要设置简朴规整的大门,门旁必须设立明显的标牌,标明工程名称、施工单位及工程负责人姓名等内容。

②施工现场建立文明施工责任制,划分区域,明确管理负责人,实行挂牌制度,做到现场清洁整齐。

③施工现场场地平整,道路坚实畅通,有排水措施,基础、地下管道施工完后应及时回填平整,清除积土。

④现场施工临时水电要有专人管理,不得有长流水、长明灯。

⑤施工现场的临时设施,包括生产、办公、生活用房、料场、仓库、临时上下水管道以及照明、动力线路,要严格按照施工组织设计确定的施工平面图布置、搭设或埋设整齐。

⑥工人操作地点及周围必须清洁整齐,做到工完场清,及时清除在楼梯、楼板上的杂物。

⑦砂浆、混凝土在搅拌、运输、使用过程中,要做到不撒、不漏、不剩,使用地点盛放砂浆、混凝土应有容器或垫板。

⑧要有严格的成品保护措施,禁止损坏污染成品,堵塞管道。高层建筑要设置临时便桶,禁止在建筑物内大小便。

⑨建筑物内清除的垃圾渣土,要通过临时搭设的竖井或利用电梯井或采取其他措施稳妥下卸,禁止从门窗向外抛掷。

⑩施工现场不准乱堆垃圾及余物,应在适当地点设置临时堆放点,并定期外运。清运渣土垃圾及流体物品,要采取遮盖防漏措施,运送途中不得遗撒。

⑪根据工程性质和所在地区的不同情况,采取必要的围护和遮挡措施,并保持外观整齐清洁。

⑫针对施工现场情况,设置宣传标语和黑板报,并适时更换内容,切实起到表扬先进、促进后进的作用。

⑬施工现场禁止居住家属,严禁居民、家属、小孩在施工现场穿行、玩耍。

⑭现场使用的机械设备,要按平面布置规划固定点存放,遵守机械安全规程,经常保持机身及周围环境的清洁,机械的标记、编号明显,安全装置可靠。

⑮清洗机械排出的污水要有排放措施,不得随地排放。

⑯在用的搅拌机、砂浆机旁必须设有沉淀池,不得将浆水直接排放到下水道及河流等处。

⑰塔机轨道按规定铺设整齐稳固,塔边要封闭,道渣不外溢,路基内外排水要畅通。

⑱施工现场应制订不扰民措施,针对施工特点设置防尘和防噪声设施,夜间施工必须有当地主管部门的批准。

2.1.2　文明施工管理的内容

1)现场围挡

①施工现场必须采用封闭围挡,并根据地质、气候、围挡材料进行设计与计算,确保围挡的稳定性、安全性。

②围挡高度不得低于1.8 m,建造多层、高层建筑的,还应设置安全防护设施。在市区主要路段和市容景观道路及机场、码头、车站广场设置的围挡高度不得低于2.5 m,在其他路段设置的围挡高度不得低于1.8 m。

③施工现场的施工区域应与办公、生活区划分清晰,并应采取相应的隔离措施。

④围挡使用的材料应保证围挡坚固、整洁、美观,不宜使用彩布条、竹笆或安全网等。

⑤市政工程现场,可按工程进度分段设置围栏,或按规定使用统一的连续性围挡设施。

⑥施工单位不得在现场围挡内侧堆放泥土、砂石、建筑材料、垃圾和废弃物等,严禁将围挡做挡土墙使用。

⑦经批准临时占用的区域,应严格按批准的占地范围和使用性质存放、堆卸建筑材料或机具设备等,临时区域四周应设置高于1 m的围挡。

⑧在有条件的工地,四周围墙、宿舍外墙等地方,应张挂、书写反映企业精神、时代风貌及人性化的醒目宣传标语或绘画。

⑨雨后、大风后以及冻融季节应及时检查围挡的稳定性,发现问题及时处理。

2)封闭管理

①施工现场进出口应设置固定的大门,且要求牢固、美观,门头按规定设置企业名称或标志(施工现场的门头、大门,各企业应统一标准,施工企业可根据各自的特色,标明集团、企业的规范简称)。

②门口要设置专职门卫或保安人员,并制订门卫管理制度,来访人员应进行登记,禁止外来人员随意出入,所有进出材料或机具要有相应的手续。

③进入施工现场的各类工作人员应按规定佩戴工作胸卡和安全帽。

3)施工场地

①施工现场的主要道路必须进行硬化处理,土方应集中堆放。集中堆放的土方和裸露的场地应采取覆盖、固化或绿化等措施。

②现场内各类道路应保持畅通。

③施工现场地面应平整,且应有良好的排水系统,保持排水畅通。

④制订防止泥浆、污水、废水外流以及堵塞排水管沟和河道的措施,实行三级沉淀、二级排放。

⑤工地应按要求设置吸烟处,有烟缸或水盆,禁止流动吸烟。

⑥现场存放的油料、化学溶剂等易燃易爆物品,应按分类要求放置于专门的库房内,地面应进行防渗漏处理。

⑦施工现场地面应经常洒水,对粉尘源进行覆盖或其他有效遮挡。

⑧施工现场长期裸露的土质区域,应进行力所能及的绿化布置,以美化环境,并防止扬尘现象。

4）材料堆放

①施工现场各种建筑材料、构件、机具应按施工总平面布置图的要求堆放。

②材料堆放要按照品种、规格堆放整齐,并按规定挂置包含名称、品种、产地、规格、数量、进货日期等内容及状态(已检合格、待检、不合格等)的标牌。

③工作面每日应做到工完料清、场地净。

④建筑垃圾应在指定场所堆放整齐并标出名称、品种,并做到及时清运。

5）职工宿舍

①职工宿舍要符合文明施工的要求,在建建筑物内不得兼作员工宿舍。

②生活区应保持整齐、整洁、有序、文明,并符合安全、消防、防台风、防汛、卫生防疫、环境保护等方面的要求。

③宿舍应设置在通风、干燥、地势较高的位置,防止污水、雨水流入。

④宿舍内应保证有必要的生活空间,室内净高不得低于2.4 m,通道宽度不得小于0.9 m,每间宿舍居住人员不得超过16人。

⑤施工现场宿舍必须设置可开启式窗户,宿舍内的床铺不得超过2层,严禁使用通铺。

⑥宿舍内应设置生活用品专柜,有条件的宿舍宜设置生活用品储藏室。

⑦宿舍内严禁存放施工材料、施工机具和其他杂物。

⑧宿舍周围应当搞好环境卫生,按要求设置垃圾桶、鞋柜或鞋架,生活区内应提供为作业人员晾晒衣物的场地。

⑨宿舍外道路应平整,并尽可能使夜间有足够的照明。

⑩冬季,北方严寒地区的宿舍应有保暖和防止煤气中毒措施;夏季,宿舍应有消暑和防蚊虫叮咬措施。

⑪宿舍不得留宿外来人员,特殊情况必须经有关领导及行政主管部门批准可留宿,并报保卫人员备查。

⑫考虑到员工家属的来访,宜在宿舍区设置适量、固定的亲属探亲宿舍。

⑬应当制订职工宿舍管理责任制,安排人员轮流负责生活区的环境卫生和管理,或安排专人管理。

6）现场防火

①施工现场应建立消防安全管理制度、制订消防措施,施工现场临时用房和作业场所的防火设计应符合规范要求。

②根据消防要求,在不同场所合理配置种类合适的灭火器材;严格管理易燃、易爆物品,设置专门仓库存放。

③施工现场主要道路必须符合消防要求,并时刻保持畅通。

④高层建筑应按规定设置消防水源,并能满足消防要求,坚持安全生产"三同时"。

⑤施工现场防火必须建立防火安全组织机构、义务消防队,明确项目负责人、其他管理人员及各操作人员的防火安全职责,落实防火制度和措施。

⑥施工现场需动用明火作业的,如电焊、气焊、气割、黏结防水卷材等,必须严格执行三级

动火审批手续,并落实动火监护和防范措施。

⑦应按施工区域或施工层合理划分动火级别,动火必须具有"二证一器一监护"(焊工证、动火证、灭火器、监护人)。

⑧建立现场防火档案,并纳入施工资料管理。

7)现场治安综合治理

①生活区应按精神文明建设的要求设置学习和娱乐场所,如电视机室、阅览室和其他文体活动场所,并配备相应器具。

②建立健全现场治安保卫制度,责任落实到人。

③落实现场治安防范措施,杜绝盗窃、斗殴、赌博等违法乱纪事件发生。

④加强现场治安综合治理,做到目标管理、职责分明,治安防范措施有力,重点要害部位防范措施到位。

⑤与施工现场的分包队伍须签订治安综合治理协议书,并加强法制教育。

8)施工现场标牌

①施工现场入口处的醒目位置,应当公示"五牌一图"(工程概况牌、管理人员名单及监督电话牌、消防保卫牌、安全生产牌、文明施工牌和施工现场总平面布置图),标牌书写字迹要工整规范,内容要简明实用。标志牌规格:宽 1.2 m、高 0.9 m,标牌底边距地高为 1.2 m。

②《建筑施工安全检查标准》对"五牌"的具体内容未作具体规定,各企业可结合本地区、本工程的特点进行设置,也可以增加应急程序牌、卫生须知牌、卫生包干图、管理程序图、施工的安民告示牌等内容。

③在施工现场的明显处,应有必要的安全内容的标语,标语尽可能地考虑使用人性化的语言。

④施工现场应设置"两栏一报"(即宣传栏、读报栏和黑板报),应及时反映工地内外各类动态。

⑤按文明施工的要求,宣传教育用字须规范,不使用繁体字和不规范的词句。

9)生活设施

(1)卫生设施

①施工现场应设置水冲式或移动式卫生间。卫生间地面应作硬化和防滑处理,门窗应齐全,蹲位之间宜设置隔板,隔板高度不宜低于 0.9 m。

②卫生间大小应根据作业人员的数量设置。高层建筑施工超过 8 层以后,每隔 4 层宜设置临时卫生间,卫生间应设专人负责清扫、消毒,防止蚊蝇孳生,化粪池应及时清理。

③淋浴间内应设置满足需要的淋浴喷头,可设置储衣柜或挂衣架,并保证 24 h 的热水供应。

④盥洗设施设置应满足作业人员使用要求,并应使用节水用具。

(2)现场食堂

①现场食堂必须有卫生许可证,炊事人员必须持身体健康证上岗。

②现场食堂应设置独立的制作间、储藏间,门扇下方应设不低于 0.2 m 的防鼠挡板。

③现场食堂应设在远离卫生间、垃圾站、有毒有害场所等污染源的地方。

④制作间灶台及其周边应贴瓷砖,所贴瓷砖高度不宜低于 1.5 m,地面应作硬化和防滑处理。

⑤粮食存放台与墙和地面的距离不得小于0.2 m。

⑥现场食堂应配备必要的排风和冷藏设施。

⑦现场食堂的燃气罐应单独设置存放间,存放间应通风良好并严禁存放其他物品。

⑧现场食堂制作间的炊具宜存放在封闭的橱柜内,刀、盆、案板等炊具应生熟分开,食品应有遮盖,遮盖物品正面应有标识。

⑨各种食用调料和副食应存放在密闭器皿内,并应有标识。

⑩现场食堂外应设置密闭式泔水桶,并应及时清运。

(3)其他要求

①落实卫生责任制及各项卫生管理制度。

②生活区应设置开水炉、电热水器或饮用水保温桶,施工区应配备流动保温水桶。

③生活垃圾应有专人管理,分类盛放于有盖的容器内,并及时清运,严禁与建筑垃圾混放。

10)保健急救

①施工现场应按规定设置医务室或配备符合要求的急救箱,医务人员对现场卫生要起到监督作用,定期检查食堂饮食卫生情况。

②落实急救措施和急救器材(如担架、绷带、夹板等)。

③培训急救人员,掌握急救知识,进行现场急救演练。

④适时开展卫生防病和健康宣传教育,保障施工人员身心健康。

11)社区服务

①制订并落实防止粉尘飞扬和降低噪声的方案或措施。

②夜间施工除应按当地有关部门的规定执行许可证制度外,还应设置安民告示牌。

③严禁现场焚烧有毒、有害物质。

④切实落实各类施工不扰民措施,消除泥浆、噪声、粉尘等影响周边环境的因素。

2.1.3 施工现场环境保护

环境保护也是文明施工的主要内容之一,是按照法律法规、各级主管部门和企业的要求,采取措施保护和改善作业现场环境,降低现场的各种粉尘、废水、废气、固体废弃物、噪声、振动等对环境的污染和危害。

1)大气污染的防治

(1)产生大气污染的施工环节

①土方施工及土方堆放过程中的扬尘。

②搅拌桩、灌注桩施工过程中的水泥扬尘。

③建筑材料(砂、石、水泥等)堆场的扬尘。

④混凝土、砂浆拌制过程中的扬尘。

⑤脚手架和模板安装、清理和拆除过程中的扬尘。

⑥木工机械作业的扬尘。

⑦钢筋加工、除锈过程中的扬尘。

⑧运输车辆造成的扬尘。

⑨砖、砌块、石等切割加工作业的扬尘。

⑩道路清扫的扬尘。

⑪建筑材料装卸过程中的扬尘。

⑫建筑和生活垃圾清扫的扬尘等。

⑬某些防水涂料施工过程中的污染。

⑭有毒化工原料使用过程中的污染。

⑮油漆涂料施工过程中的污染。

⑯施工现场的机械设备、车辆的尾气排放的污染。

⑰工地擅自焚烧废弃物对空气的污染等。

（2）防止大气污染的主要措施

①施工现场的渣土要及时清理出现场。

②施工现场作业场所内建筑垃圾的清理,必须采用相应容器、管道运输或采用其他有效措施。严禁凌空抛掷。

③施工现场的主要道路必须进行硬化处理,并指定专人定期洒水清扫,防止道路扬尘,并形成制度。

④土方应集中堆放。裸露的场地和集中堆放的土方应采取覆盖、固化或绿化等措施。

⑤渣土和施工垃圾运输时,应采用密闭式运输车辆或采取有效的覆盖措施。施工现场出入口处应采取保证车辆清洁的措施。

⑥施工现场应使用密目式安全网对施工现场进行封闭,防止施工过程扬尘。

⑦对细粒散装材料(如水泥、粉煤灰等)应采用遮盖、密闭措施,防止和减少尘土飞扬。

⑧对进出现场的车辆应采取必要的措施,消除扬尘、抛撒和夹带现象。

⑨许多城市已不允许现场搅拌混凝土。在允许搅拌混凝土或砂浆的现场,应将搅拌站封闭严密,并在进料仓上方安装除尘装置,采取可靠措施控制现场粉尘污染。

⑩拆除既有建筑物时,应采用隔离、洒水等措施防止扬尘,并应在规定期限内将废弃物清理完毕。

⑪施工现场应根据风力和大气湿度的具体情况,确定合适的作业时间及内容。

⑫施工现场应设置密闭式垃圾站。施工垃圾、生活垃圾应分类存放,并及时清运。

⑬施工现场的机械设备、车辆的尾气排放应符合国家环保排放标准要求。

⑭城区、旅游景点、疗养区、重点文物保护地及人口密集区的施工现场应使用清洁的能源。

⑮施工时遇到有毒化工原料,除施工人员做好安全防护外,应按相关要求做好环境保护。

⑯除设有符合要求的装置外,严禁在施工现场焚烧各类废弃物以及其他会产生有毒、有害烟尘和恶臭的物质。

2）噪声污染的防治

（1）引起噪声污染的施工环节

①施工现场人员大声喧哗。

②各种施工机具的运行和使用。

③安装及拆卸脚手架、钢筋、模板等。

④爆破作业。

⑤运输车辆的往返及装卸。

（2）防治噪声污染的措施

施工现场噪声的控制技术可以从声源、传播途径、接收者防护等方面考虑。

①声源控制。从声源上降低噪声是防止噪声污染的根本措施，具体做法有：

a. 尽量采用低噪声设备和工艺替代高噪声设备和工艺，如低噪声振动器、电动空压机、电锯等。

b. 在声源处安装消声器消声，如在通风机、鼓风机、压缩机以及各类排气装置等进出风管的适当位置安装消声器。

②传播途径控制。在传播途径上控制噪声的方法主要有：

a. 吸声，利用吸声材料或吸声结构形成的共振结构吸收声能，降低噪声。

b. 隔声，应用隔声结构，阻止噪声向空间传播，将接收者与噪声声源分隔。隔声结构包括隔声室、隔声罩、隔声屏障、隔声墙等。

c. 消声，利用消声器阻止传播，如对空气压缩机、内燃机等。

d. 减振降噪，对来自振动引起的噪声，通过降低机械振动减少噪声，如将阻尼材料涂在制动源上，或改变振动源与其他刚性结构的连接方式等。

e. 严格控制人为噪声，进入施工现场不得高声叫喊、无故敲打模板、乱吹口哨，限制高音喇叭的使用，最大限度地减少噪声扰民。

③接收者防护。让处于噪声环境下的人员使用耳塞、耳罩等防护用品，减少相关人员在噪声环境中的暴露时间，以减少噪声对人体的危害。

④控制强噪声作业时间。凡在人口稠密区进行强噪声作业时，必须严格控制作业时间，一般在 22 时至次日 6 时（夜间）停止打桩作业等强噪声作业。确系特殊情况必须昼夜施工时，建设单位和施工单位应于 15 日前，到环境保护和建设行政主管等部门提出申请，经批准后方可进行夜间施工，并会同居委会或村委会，公告附近居民，并做好周围群众的安抚工作。

⑤施工现场噪声的限值。施工现场的噪声不得超过国家标准《建筑施工场界环境噪声排放协会》GB 12523—2011 的规定。

⑥施工单位应对施工现场的噪声值进行监控和记录。

3）水污染的防治

（1）引起水污染的施工环节

①桩基础施工、基坑护壁施工过程的泥浆。

②混凝土（砂浆）搅拌机械、模板、工具的清洗产生的泥浆污水。

③现场制作水磨石施工的泥浆。

④油料、化学溶剂泄漏。

⑤生活污水。

⑥将有毒废弃物掩埋于土中等。

（2）防治水污染的主要措施

①回填土应过筛处理。严禁将有害物质掩埋于土中。

②施工现场应设置排水沟和沉淀池。现场废水严禁直接排入市政污水管网和河流。

③现场存放的油料、化学溶剂等应设有专门的库房。库房地面应进行防渗漏处理。使用时，还应采取防止油料和化学溶剂跑、冒、滴、漏的措施。

④卫生间的地面、化粪池等应进行抗渗处理。

⑤食堂、盥洗室、淋浴间的下水管线应设置隔离网,并应与市政污水管线连接,保证排水通畅。

⑥食堂应设置隔油池,并应及时清理。

4)固体废弃物污染的防治

固体废弃物是指生产、日常生活和其他活动中产生的固态、半固态废弃物质。固体废弃物是一个极其复杂的废物体系。按其化学组成分,固体废弃物可分为有机废弃物和无机废弃物;按其对环境和人类的危害程度分,固体废弃物可分为一般废弃物和危险废弃物。固体废弃物对环境的危害是全方位的,主要会侵占土地、污染土壤、污染水体、污染大气、影响环境卫生等。

(1)建筑施工现场常见的固体废弃物

①建筑渣土,包括砖瓦、碎石、混凝土碎块、废钢铁、废屑、废弃装饰材料等。

②废弃材料,包括废弃的水泥、石灰等。

③生活垃圾,包括炊厨废物、丢弃食品、废纸、废弃生活用品等。

④设备、材料等的废弃包装材料等。

(2)固体废弃物的处置

固体废弃物处理的基本原则是采取资源化、减量化和无害化处理,对固体废弃物产生的全过程进行控制。固体废弃物的主要处理方法有:

①回收利用。回收利用是对固体废弃物进行资源化、减量化的重要手段之一。对建筑渣土可视具体情况加以利用;废钢铁可按需要用作金属原材料;对废电池等废弃物应分散回收,集中处理。

②减量化处理。减量化处理是对已经产生的固体废弃物进行分选、破碎、压实浓缩、脱水等减少其最终处置量,降低处理成本,减少对环境的污染。在减量化处理的过程中,也包括和其他处理技术相关的工艺方法,如焚烧、解热、堆肥等。

③焚烧技术。焚烧用于不适合再利用且不宜直接予以填埋处置的固体废弃物,尤其是对受到病菌、病毒污染的物品,可以用焚烧进行无害化处理。焚烧处理应使用符合环境要求的处理装置,注意避免对大气的二次污染。

④稳定和固化技术。稳定和固化技术是指利用水泥、沥青等胶结材料,将松散的固体废弃物包裹起来,减小废弃物的毒性和可迁移性,使得污染减少的技术。

⑤填埋。填埋是固体废弃物处理的最终补救措施,经过无害化、减量化处理的固体废弃物残渣集中到填埋场进行处置。填埋场应利用天然或人工屏障,尽量使需处理的废物与周围的生态环境隔离,并注意废物的稳定性和长期安全性。

5)照明污染的防治

夜间施工应当严格按照建设行政主管部门和有关部门的规定,对施工照明器具的种类、灯光亮度加以严格控制,特别是在城市市区、居民居住区内,必须采取有效的措施,减少施工照明对附近城市居民的危害。

2.1.4　安全标志的管理

1）安全色与安全标志的规定

（1）安全色

安全色是传递安全信息含义的颜色，用来表示禁止、警告、指令、指示等，其作用在于使人们能迅速发现或分辨安全标志，提醒人们注意，预防事故发生。安全色包括红、蓝、黄、绿四种颜色。

①红色表示禁止、停止、消防和危险。

②蓝色表示指令必须遵守。

③黄色表示注意、警告。

④绿色表示通行、安全和提供信息。

（2）安全标志

安全标志是用以表达特定安全信息的标志，由图形符号、安全色、几何形状（边框）或文字构成。安全标志的作用主要在于引起人们对不安全因素的注意，预防事故发生，但不能代替安全操作规程和防护措施。

安全标志分禁止标志、警告标志、指令标志和提示标志四大类型。

①禁止标志：

a. 禁止标志是禁止人们不安全行为的图形标志。

b. 禁止标志的基本形式是红色的带斜杠的圆边框，圆边框内的图形或文字为黑色，如禁止烟火标志（图2.1.2）。

c. 文字辅助标志横写时应写在禁止标志的下方。禁止标志文字为白色字红色底。

②警告标志：

a. 警告标志是提醒人们对周围环境引起注意，以避免可能发生危险的图形标志。

b. 警告标志的基本形式是黑色的正三角形边框。正三角形边框内的图形为黑色图黄色底，如"当心坠落"标志（图2.1.3）。

c. 文字辅助标志横写时应写在警告标志的下方。警告标志文字为黑色字黄色底。

图2.1.2　禁止烟火标志

图2.1.3　当心坠落标志

③指令标志：

a. 指令标志是强制人们必须做出某种动作或采用防范措施的图形标志。

b. 指令标志的基本形式是蓝色的圆形边框，框内图形为白色图蓝色底，如"必须戴安全帽"标志(图2.1.4)。

c.文字辅助标志横写时应写在标志下方。指令标志文字为白色字蓝色底。

④提示标志：

a.提示标志是向人们提供某种信息(如标明安全设施或场所等)的图形标志。

b.提示标志的基本形式是正方形边框。

c.提示标志提示目标的位置时要加方向辅助标志。按实际需要指示左向或下向时,辅助标志应放在图形标志的左方;指示右向时,则应放在图形标志的右方,如应用方向辅助标志示例(图2.1.5)。

图2.1.4　指令标志示例　　　　图2.1.5　提示标志示例

2)安全标志的设置要求

①根据工程特点及施工不同阶段,有针对性地设置安全标志。

②必须使用国家或省市统一的安全标志(符合《安全标志及其使用守则》GB 2894—2008规定)。补充标志是安全标志的文字说明,必须与安全标志同时使用。

③各施工阶段的安全标志应根据工程施工的具体情况进行增补或删减,其变动情况可在安全标志登记表中注明。

④标志牌应设在与安全有关的醒目地方,并使大家看见后,有足够的时间注意它所表示的内容。

⑤施工现场安全标志的设置应按表2.1.1所示位置设置,并绘制安全标志设置位置平面图。

⑥标志牌不应设在门、窗、架等可移动的物体上,以免标志牌随物体相应移动,影响认读。

⑦标志牌应设置在明亮的环境中,牌前不得放置妨碍认读的障碍物。

表2.1.1　施工现场安全标志的设置

类别	安全标志	位置
禁止类 (红色)	禁止吸烟	材料库房、成品库、油料堆放处、易燃易爆场所、 木工棚、施工现场、打字复印室
	禁止通行	外架拆除、坑、沟、洞、槽、吊钩下方、危险部位
	禁止攀登	外用电梯出口、通道口、马道出入口
	禁止跨越	首层外架四面、栏杆、未验收的外架

续表

类别	安全标志	位置
指令类 （蓝色）	必须戴安全帽	外用电梯出入口、现场大门口、吊钩下方、危险部位、 马道出入口、通道口、上下交叉作业
	必须系安全带	现场大门口、马道出入口、外用电梯出入口、 高处作业场所、特种作业场所
	必须穿防护服	通道口、马道出入口、外用电梯出入口、 电焊作业场所、油漆防水施工场所
	必须戴防护眼镜	马道出入口、外用电梯出入口、通道出入口、车工操作间、焊工操作 场所、抹灰操作场所、机械喷漆场所、修理间、电镀车间、钢筋加工场所
警告类 （黄色）	当心弧光	焊工操作场所
	当心塌方	坑下作业场所、土方开挖
	机械伤人	机械操作场所、电锯、电钻、电刨、钢筋加工现场、机械修理场所
提示类 （绿色）	安全状态通行	安全通道、行人车辆通道、外架施工层防护、人行通道、防护棚

⑧多个标志牌在一起设置时，应按警告、禁止、指令、提示类型的顺序，先左后右、先上后下排列。

⑨标志牌设置的高度，应尽量与人眼的视线高度相一致。悬挂式和柱式的环境信息标志牌的下边缘距地面的高度不宜低于 2 m；局部信息标志的设置高度应视具体情况确定，一般为 1.6～1.8 m。

⑩安全标志牌应经常检查，至少每半年检查一次，如发现有破损、变形、褪色等不符合要求时应及时修整或更换。

【技能实践】

知识拓展：6种
新技术的运用

实训项目：施工现场安全文明施工检查评分技能实训

1. 实训目的
①掌握安全文明施工管理的内容；
②能进行安全文明施工安全检查。
2. 实训任务
小组成员根据老师所提供的案例或实际场景实事求是地进行安全检查评分。
3. 实训流程
①课前分小组，设置组长，课前讨论实训重难点；
②下发实训任务书或实训作业指导书；
③根据沙盘或者给定的资料，每个小组开展安全检查；
④教师评价，将表现好的进行示范。

4. 实训资料

表 2.1.2　施工现场安全文明施工检查评分表

序号	检查项目		扣分标准	应得分数	扣减分数	实得分数
1	保证项目	现场围挡	在市区主要路段的工地周围未设置高于2.5 m的封闭围挡,扣10分 一般路段的工地周围未设置高于1.8 m的封闭围挡,扣10分 围挡材料不坚固、不稳定、不整洁、不美观,扣5~7分 围挡没有沿工地四周连续设置,扣3~5分	10		
2		封闭管理	施工现场出入口未设置大门,扣3分 未设置门卫室,扣2分 未设门卫或未建立门卫制度,扣3分 进入施工现场不佩戴工作卡,扣3分 施工现场出入口未标有企业名称或标识,且未设置车辆冲洗设施,扣3分	10		
3		施工场地	现场主要道路未进行硬化处理,扣5分 现场道路不畅通、路面不平整坚实,扣5分 现场作业、运输、存放材料等采取的防尘措施不齐全、不合理,扣5分 排水设施不齐全或排水不通畅,有积水,扣4分 未采取防止泥浆、污水、废水外流或堵塞下水道和排水河道措施,扣3分 未设置吸烟处,随意吸烟,扣2分 温暖季节未进行绿化布置,扣3分	10		
4		现场材料	建筑材料、构件、料具不按总平面布局码放,扣4分 材料布局不合理、堆放不整齐、未标明名称、规格,扣2分 建筑物内施工垃圾的清运,未采用合理器具或随意凌空抛掷,扣5分 未做到工完场地清,扣3分 易燃易爆物品未采取防护措施或未进行分类存放,扣4分	10		
5		现场住宿	在建工程、伙房、库房兼做住宿,扣8分 施工作业区、材料存放区与办公区、生活区不能明显划分,扣6分 宿舍未设置可开启式窗户,扣4分 未设置床铺、床铺超过2层、使用通铺、未设置通道或人员超编,扣6分 宿舍未采取保暖和防煤气中毒措施,扣5分 宿舍未采取消暑和防蚊蝇措施,扣5分 生活用品摆放混乱、环境不卫生,扣3分	10		
6		现场防火	未制订消防措施、制度或未配备灭火器材,扣10分 现场临时设施的材质和选址不符合环保、消防要求,扣8分 易燃材料随意码放、灭火器材布局、配置不合理或灭火器材失效,扣5分 未设置消防水源(高层建筑)或不能满足消防要求,扣8分 未办理动火审批手续或无动火监护人员,扣5分	10		
小计				60		

续表

序号	检查项目		扣分标准	应得分数	扣减分数	实得分数
7		治安综合治理	生活区未给作业人员设置学习和娱乐场所,扣4分 未建立治安保卫制度、责任未分解到人,扣3~5分 治安防范措施不力,常发生失盗事件,扣3~5分	8		
8		施工现场标牌	大门口处设置的"五牌一图"内容不全,每缺一项扣2分 标牌不规范、不整齐,扣3分 未张挂安全标语,扣5分 未设置宣传栏、读报栏、黑板报,扣4分	8		
9	一般项目	生活设施	食堂与厕所、垃圾站、有毒有害场所距离较近,扣6分 食堂未办理卫生许可证或未办理炊事人员健康证,扣5分 食堂使用的燃气罐未单独设置存放间或存放间通风条件不好,扣4分 食堂的卫生环境差、未配备排风、冷藏、隔油池、防鼠等设施,扣4分 厕所的数量或布局不满足现场人员需求,扣6分 厕所不符合卫生要求,扣4分 不能保证现场人员卫生饮水,扣8分 未设置淋浴室或淋浴室不能满足现场人员需求,扣4分 未建立卫生责任制度、生活垃圾未装容器或未及时清理,扣3~5分	8		
10		保健急救	现场未制订相应的应急预案,或预案实际操作性差,扣6分 未设置经培训的急救人员或未设置急救器材,扣4分 未开展卫生防病宣传教育、或未提供必备防护用品,扣4分 未设置保健医药箱,扣5分	8		
11		社区服务	夜间未经许可施工,扣8分 施工现场焚烧各类废弃物,扣8分 未采取防粉尘、防噪声、防光污染措施,扣5分 未建立施工不扰民措施,扣5分	8		
小计				40		
检查项目合计				100		

【阅读与思考】

俗话说,"没有规矩不成方圆"。对于国家、社会来说,这个规矩就是法律。任何人都不能超越法律,大到一个国家,小到一个集体、个人,都不能置身法律之外,更不能凌驾于法律之上,任何行为必须在法律的框架内。一些不规范的施工企业挪用文明施工费专用工程款,无论挪用多少都犯法。新时代建设祖国的工程人,要遵纪守法,保护工程和自身的安全。

【安全小测试】

一、判断题

1. 文明施工与绿色施工是企业无形资产原始积累的需要,是在市场经济条件下企业参与市场竞争的需要。　　　　　　　　　　　　　　　　　　　　　　　　　　　　(　　)

2. 建设工程未能按文明施工规定和要求进行施工的,发生重大伤亡、环境污染事故或使居民财产受到损失,造成恶劣影响等,应按规定给予一定的处罚。　　　　　　(　　)

3. 工程项目部文明工地领导小组,由项目经理、副经理、工程师以及安全、技术、施工等主要部门负责人组成。　　　　　　　　　　　　　　　　　　　　　　　　　(　　)

二、单选题

1. 文明施工、绿色施工对施工现场贯彻(　　)的指导方针。
A. "安全第一、预防为主"　　　　　　　B. "管生产必须管安全"
C. "以人为本"　　　　　　　　　　　　D. "两个文明"

2. 施工现场必须采用封闭围挡,高度不得低于(　　)m.
A. 1.5　　　　　B. 1.8　　　　　C. 2　　　　　D. 2.5

3. 安全防护、文明施工措施费报价不得低于依据工地所在地工程造价管理机构测定费率计算所需费用总额的(　　)。
A. 80%　　　　　B. 85%　　　　　C. 90%　　　　　D. 95%。

4. 施工现场应根据风力和(　　)的具体情况,进行土方回填、转运工作。
A. 温度　　　　　B. 风向　　　　　C. 天气　　　　　D. 大气湿度

5. 各主管机关和有关部门应按照各自的职能,依据法规、规章的规定,对违反文明施工规定的(　　)进行处罚。
A. 单位　　　　　B. 责任人　　　　　C. 行为人　　　　　D. 单位和责任人

6. 工程项目经理部要建立以(　　)为第一责任人的文明工地责任体系,健全文明工地管理组织机构。
A. 法人　　　　　B. 项目经理　　　　　C. 总工程师　　　　　D. 主要负责人

三、多选题

1. 现场文明施工包括现场围挡、(　　)等内容。
A. 封闭管理　　　　　B. 施工场地　　　　　C. 材料堆放
D. 现场宿会　　　　　E. 保健急救

2. 文明施工社会督察员检查工地时,发现问题或隐患,应立即开具(　　),施工现场工地必须立即整改。
A. 整改单　　　　　B. 指令书　　　　　C. 罚款单
D. 处罚决定　　　　　E. 停工整改单

3. 文明工地工作小组主要有(　　)
A. 综合管理工作小组　　　　　B. 安全管理工作小组
C. 质量管理工作小组　　　　　D. 环境保护工作小组
E. 卫生防疫工作小组

项目 2.2　高处作业安全技术

【导入】

在建筑安全事故分析统计中,由于安全防护用品缺失或使用不当造成的安全事故占了较大比例。某咨询公司随机对近 5 年来某地区 50 多个工地发生的安全事故案例进行了跟进与研究,共获得有效案例 73 个,其事故原因分析如表 2.2.1 所示。由表 2.2.1 可见,安全防护用品的正确使用是减少和防止施工安全事故的重要措施。

表 2.2.1　事故原因分析表

事故原因	样本数/例	比例/%
防护措施缺失受伤	40	54.8
工具操作不当受伤	19	26.0
工作中被他人所伤	10	13.7
过劳死	1	1.4
上下班路上车祸	3	4.1
合计	73	100

施工安全防护用品是指在建筑施工生产过程中用于预防和防备可能产生的危险,或发生事故时用于保护劳动者而使用的工具和物品。常用的防护用品分为安全帽、安全带和安全网和其他防护用品等几类。

探索与思考:

①不同颜色的安全帽有什么区别?

②你会正确使用安全帽、安全带吗?

个人防护

【理论基础】

2.2.1　个人安全防护

个人防护佩戴的安全帽和安全带,施工防护使用的安全网一般被称为建筑“三宝”。安全帽主要用来保护使用者的头部,减轻撞击伤害,以保证每个进入建筑施工现场的人员的安全。安全带是高处作业人员预防坠落伤亡的防护用品。安全网是用来防止人、物坠落,或用来避免、减轻人员坠落及物体打击伤害的网具。正确使用安全网,可以有效地避免高空坠落、物体打击事故的发生。坚持正确使用建筑施工防护用品,是降低建筑施工伤亡事故的有效措施。

1)安全帽

(1)组成

安全帽是对人体头部受坠落物及其他特定因素引起的伤害起保护作用的作业用防护帽,由帽壳、帽衬和下颌带、附件组成。

图 2.2.1　安全帽的组成

（2）分类

按作业场所分类,可分为普通安全帽和含特殊性能的安全帽。Y 表示一般作业类别的安全帽;T 表示特殊作业类别的安全帽。

①普通安全帽适用于大部分工作场所,包括建设工地、工厂、电厂、交通运输等。这些场所可能存在坠落物伤害、轻微磕碰、飞溅的小物品引起的打击等。

②含特殊性能的安全帽可作为普通安全帽使用,具有普通安全帽的所有性能。特殊性能可以按照不同组合,适用于特定的场所。

a.抗侧压性能。指适用于可能发生侧向挤压的场所,包括可能发生塌方、滑坡的场所;存在可预见翻倒的物体的场所;可能发生速度较低冲撞的场所。

b.其他性能。其他性能要求（如阻燃性、防静电性能、绝缘性能、耐低温性能）,以及根据工作实际情况可能存在的特殊性能,包括摔倒及跌落的保护,导电性能,防高压电性能,耐超低温、耐极高温性能,抗熔融金属性能等,参见《头部防护安全帽》（GB 2811—2019）。

表 2.2.2　安全帽的分类标记表

产品类别	符号	特殊性能分类	性能标记		备注
普通型	P	—	—		—
特殊型	T	阻燃	Z		—
		侧向刚性	LD		—
		耐低温	−30 ℃		—
		耐极高温	+150 ℃		—
		电绝缘	J	G	测试电压 2 200 V
				E	测试电压 20 000 V
		防静电	A		
		耐熔融金属飞溅	MM		

示例 1:普通型安全帽标记为安全帽（P）;

示例 2:具备侧向刚性,耐低温性能的安全帽标记为安全帽（TLD-30 ℃）;

示例 3:具备侧向刚性,耐极高温性能、电绝缘性能,测试电压为 20 000 V 的安全帽标记为安全帽（TLD+150 ℃）。

甲方、监理

管理人员

作业人员

特种作业人员、技术人员

图 2.2.2　安全帽的分类

（3）使用方法

安全帽是建筑施工现场有效保护头部、减轻各种事故伤害、保证生命安全的主要防护用品。大量的事实证明,正确佩戴安全帽可以有效降低施工现场的事故发生频率,有很多事故都是因进入施工现场的人员不戴安全帽或不正确佩戴安全帽而引起的。正确佩戴安全帽的方法如下：

①帽衬顶端与帽壳内顶必须保持 25 ~ 50 mm 的空间。有了这个空间,才能有效地吸收冲击能量,使冲击力分布在头盖骨的整个面积上,减轻对头部的伤害。

②必须系好下颌带,戴紧安全帽,如果不系紧下颌带,一旦发生物体坠落打击事故,安全帽将离开头部,导致发生严重后果。

③安全帽必须戴正。如果戴歪了,一旦头部受到打击,就不能减轻对头部的打击。

④安全帽要定期检查。由于帽子在使用过程中会逐渐损坏,因此要定期进行检查。发现帽体开裂、下凹、裂痕和磨损等情况应及时更换,不得使用有缺陷的帽子。由于帽体材料具有硬化、变脆的性质,故在气候炎热、阳光长期直接曝晒的地区,塑料帽定期检查的时间要适当缩短。另外,因汗水浸湿而使帽衬损坏的帽子要立即更换。

⑤不要为了透气随便在帽壳上开孔,因为这样会使帽体强度显著降低。

⑥要选购经有关技术监督管理部门检验合格的产品,要有合格证及生产许可证,严禁选购无证产品、不合格产品。

⑦进入施工现场的所有作业人员必须正确佩戴安全帽,包括技术管理人员、检查人员和

参观人员。

2）安全带

在高处作业、攀登及悬吊作业中固定作业人员位置、防止作业人员发生坠落或发生坠落后将作业人员安全悬挂的个体坠落防护装备的安全带,被广大建筑工人誉为"救命带"。2022年9月1日正式实施新修订的《坠落防护安全带》(GB 6095—2021)国家标准。

（1）组成

安全带是由带子、绳子和金属配件组成,如图2.2.3所示。

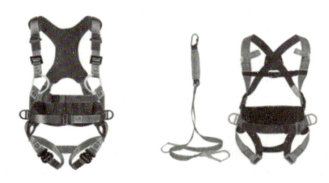

图 2.2.3　安全带

（2）分类

按照使用条件的不同,安全带可分为围杆作业安全带、坠落悬挂安全带和区域限制安全带。

①围杆作业安全带:通过围绕在固定构造物上的绳或带将人体绑定在固定构造物附近,防止人员滑落,使作业人员的双手可以进行其他操作,以字母 W 代表。

图 2.2.4　围杆作业安全带

②区域限制安全带:通过限制作业人员的活动范围,避免其到达可能发生坠落区域,以字母 Q 代表。

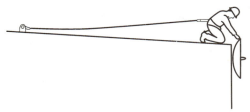

图 2.2.5　区域限制安全带

③坠落悬挂安全带:当作业人员发生坠落时,通过制动作用将作业人员安全悬挂,以字母Z代表。

表2.2.3　安全带的分类与标记表

《坠落防护安全带》GB6095—2021	分类		附加功能
	围杆作业安全带	W	E代表防静电功能
	区域限制安全带	Q	F代表阻燃功能 R代表救援功能
	坠落悬挂安全带	Z	C代表耐化学品功能
示例:1.区域限制用安全带表示为"Q"或者"区域限制"。 2.可用于围杆作业、坠落悬挂,并具备阻燃功能、救援功能及耐化学品功能的安全带表示为"W/Z-FRC"或"围杆作业/坠落悬挂-阻燃救援耐化学品"			

（3）使用方法

①在2 m以上的高处作业,都应系好安全带。必须有产品检验合格证明,否则不能使用。

②安全带应高挂低用,注意防止摆动碰撞。若安全带低挂高用,一旦发生坠落,将增加冲击力,增加坠落危险。使用3 m以上长绳应加缓冲器,内锁绳例外。

③安全带使用两年后,按批量购入情况抽检一次。若测试合格,则该批安全带可继续使用。对抽试过的样带,必须更换安全绳后才能继续使用。使用频繁的绳,要经常做外观检查,发现异常情况,应立即更换新绳。安全带的使用期限为3～5年,发现异常情况,应提前报废。

④不准将绳打结使用,也不准将钩直接挂在安全绳上使用,挂钩应该挂在连环上使用。

⑤安全绳的长度控制在1.2～2 m,使用3 m以上的长绳应增加缓冲器。安全绳上的各种部件不得任意拆掉。更换新绳时要注意加绳套。

⑥缓冲器、速差式装置和自锁钩可以串联使用。

3）安全网

（1）组成

安全网一般由网体、边绳、系绳、筋绳等组成。网体是由单丝、线、绳等编织或采用其他成网工艺制成的,构成安全网主体的网状物;边绳是沿网体边缘与网体连接的绳;系绳是把安全网固定在支撑物上的绳;筋绳是为增加安全网强度而有规则地穿在网体上的绳。

（2）分类

安全网按功能分为安全平网、安全立网和密目式安全网3类。

①安全平网:安装平面不垂直于水平面,用来防止人、物坠落,或用来避免、减轻坠落及物击伤害的安全网,简称安全平网。

②安全立网:安装平面垂直于水平面,用来防止人、物坠落,或用来避免、减轻坠落及物击伤害的安全网,简称为安全立网。

③密目式安全网:网眼孔径不大于12 mm,垂直于水平面安装,用于阻挡人员、视线、自然风、飞溅及失控小物体的网,简称为密目网。

（3）使用方法

①安装时的注意事项:

图 2.2.6　安全网

a. 新网必须有产品质量检验合格证,旧网必须有允许使用的证明书或合格的检验记录。安装时,安全网上的每根系绳都应与支架系结,四周边绳(边缘)应与支架贴紧。系结应符合打结方便、连接牢固又容易解开、工作中受力后不会散脱的原则。有筋绳的安全网安装时,还应把筋绳连接在支架上。

b. 平网网面不宜绷得过紧,当网面与作业面高度差大于 5 m 时,其伸出长度应大于 4 m;当网面与作业面高度差小于 5 m 时,其伸出长度应大于 3 m。平网与下方物体表面的最小距离应不小于 3 m,两层平网间距离不得超过 10 cm。

c. 平网网面应与水平面垂直,且与作业面边缘的最大间隙不超过 10 cm。

d. 安装后的安全网应经专人检验后方可使用。

②使用时应避免发生下列现象:

a. 随便拆除安全网的构件。

b. 人跳进或将物品投入安全网内。

c. 大量焊接或其他火星落入安全网内。

d. 在安全网内或下方堆积物品。

e. 安全网周围有严重腐蚀性烟雾。

对使用中的安全网,应进行定期或不定期的检查,并及时清理网上落物污染,当受到较大冲击后应及时更换。

③管理。安全网应由专人保管发放,暂时不用时应存放在通风、避光、隔热、无化学品污染的仓库或专用场所。

洞口作业
安全防护

2.2.2 洞口作业安全防护

建筑物或构筑物在施工过程中,常会出现各种预留洞口、通道口、上料口、楼梯口、电梯井口,在其附近工作,称为洞口作业。

1）水平洞口防护做法

表2.2.4　水平洞口防护做法

洞口规格	做法
洞口短边边长为25～500 mm时	采用承载力满足使用要求的盖板覆盖,盖板四周搁置应均匀,且应防止盖板位移。
洞口短边边长为 500～500 mm 时	应采用盖板覆盖或防护栏杆等措施,并应固定牢固。
洞口短边边长大于或等于1 500 mm 时	应在洞口作业侧设置高度不小于1 200 mm 的防护栏杆,洞口应采用安全平网封闭。
边长不大于500 mm洞口所加盖板,应能承受不小于1.1 kN/m² 的荷载。 洞口盖板应能承受不小于1 kN 的集中荷载和不小于2 kN/m² 的均布荷载,有特殊要求的盖板应另行设计。	

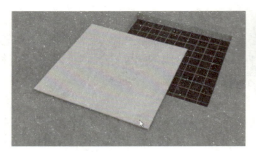

图 2.2.7　洞口封堵图示

图 2.2.8　洞口防护栏杆图示

图 2.2.9　洞口封堵图示

工具式水平洞口防护制作、安装的要求如下:
①洞口盖板应根据施工现场实际孔洞大小选择相应规格的钢板盖板。
②钢板盖板边缘距离洞口边缘不小于50 mm。

表 2.2.5　工具式水平洞口防护做法

钢板盖板边长	防护做法
500 mm	应使用长度为 200 mm 的卡边钢管,螺栓活动卡槽长度为 400 mm
1 000 mm	应使用长度为 400 mm 的卡边钢管,螺栓活动卡槽长度为 900 mm
1 600 mm	应使用长度为 600 mm 的卡边钢管,螺栓活动卡槽长度为 1 500 mm

③钢板盖板上方应留有 10 mm 宽的螺栓活动卡槽。螺栓活动卡槽与卡边钢管连接处应距离卡边钢管端头不小于 50 mm。

④方管与钢板采用 Φ10 mm 螺栓连接,螺母与钢板处加设垫片。螺栓头与固定钢板焊接而成,固定钢板至少超过洞口边缘 100 mm。

⑤钢板盖板上方应喷涂斜 45°、间距 200 mm 清晰红白漆。

2)竖向洞口防护做法

①电梯井防护措施:

a.电梯井首层应设置双层水平安全网,两层网的间距为 600 mm。施工层及其他每隔两层且不大于 10 m 设一道水平安全网。施工层的下一层井道内设置一道硬质隔断以防物件掉落。

b.施工层的下一层,利用结构墙壁上的大螺栓孔安装 4 个勾头螺栓,其直径不小于 25 mm;在勾头螺栓上架设两根横向钢管,并沿横向钢管架设 3 根纵向钢管,形成钢管框架;在钢管框架上满铺脚手板,其端部与墙体的间隙应小于 150 mm。

c.电梯井首层及其他设置层,利用结构墙壁上的大螺栓孔安装 4 个勾头螺栓,其直径不小于 25 mm,勾头伸出结构井壁不大于 150 mm。沿电梯井壁,在勾头螺栓上绑扎钢丝绳,其直径不小于 6 mm。将安全网的四边用钢丝绳绑扎,其边缘距电梯井壁的间隙应小于 150 mm。

d.电梯井口设置高度不低于 1 500 mm 的工具式定型防护栏杆。

②当竖向洞口短边边长小于 500 mm 时,应采取封堵措施;当垂直洞口短边边长大于或等于 500 mm 时,应在临空一侧设置高度不低于 1 200 mm 的防护栏杆,并应采用密目式安全立网或工具式栏板封闭,设置挡脚板。

③墙面等处落地的竖向洞口、窗台高度低于 800 mm 的竖向洞口及框架结构在浇筑完混凝土未砌筑墙体时的洞口,应按临边防护要求设置防护栏杆。

3)地下消火栓、市政管道、集水坑等井口防护措施

①井口四周采用工具式定型防护栏杆,防护栏杆长度为 1 000 mm,高度为 1 000 mm,并相应固定,且一侧设门。

②井口上方设置盖板,盖板应大于井口边缘 100 mm。工具式定型防护栏杆距盖板边缘不小于 100 mm。

③井口周边须设置夜间安全警示灯,灯柱高度为 2 500 mm。

1—防护盖板；2—防护栏杆；3—警示灯

图 2.2.10　洞口防护栏杆做法

2.2.3　临边防护安全技术

临边作业是指在工作面边沿无围护或围护设施高度低于 800 mm 的高处作业，包括楼板边、楼梯段边、屋面边、阳台边，以及各类坑、沟、槽等边沿的高处作业。

图 2.2.11　临边作业示意图

1）临边作业的要求

①若坠落高度为 2 m 以上，则在进行临边作业时，应在临空一侧设置防护栏杆，并应采用密目式安全立网或工具式栏板封闭。

②分层施工的楼梯口、楼梯平台和梯段边，应安装防护栏杆；外设楼梯口、楼梯平台和梯段边还应采用密目式安全立网封闭。

③建筑物外围边沿处，应采用密目式安全立网进行全封闭，有外脚手架的工程，应设置密目式安全立网。

④在脚手架外侧立杆上，并与脚手杆紧密连接；没有外脚手架的工程，应采用密目式安全立网将临边全封闭。

⑤施工升降机、龙门架和井架物料提升机等各类垂直运输设备设施与建筑物间设置的通

道平台两侧边,应设置防护栏杆、挡脚板,并应采用密目式安全立网或工具式栏板封闭。

⑥各类垂直运输接料平台口应设置高度不低于 1.80 m 的楼层防护门,并应设置防外开装置;多笼井架物料提升机通道中间应分别设置隔离设施。

2)防护栏杆设置的要求(图 2.2.12)

①临边作业的防护栏杆应由横杆、立杆和高度不低于 180 mm 的挡脚板组成。

②防护栏杆应为两道横杆,上杆距地面高度应为 1 200 mm,下杆应在上杆和挡脚板中间设置。

③当防护栏杆高度大于 1 200 mm 时,应增设横杆,横杆间距不应大于 600 mm;防护栏杆立柱间距不应大于 2 000 mm。

④当栏杆所处位置有发生人群拥挤、车辆冲击和物件碰撞等可能时,应加大横杆截面或加密立柱间距。

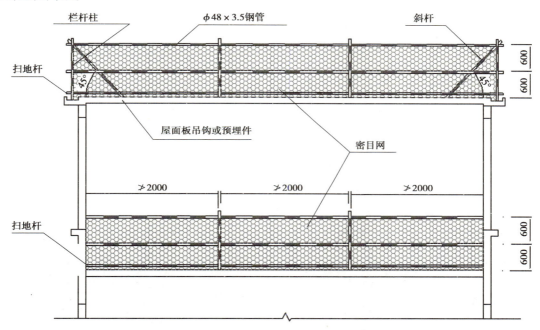

图 2.2.12　防护栏杆示意图

2.2.4　攀登与悬空作业安全技术

攀登悬空作业
安全防护技术

1)攀登作业

在施工现场,借助于登高用具或登高设施,在攀登条件下进行的高处作业,叫攀登作业(图 2.2.13)。

攀登作业时注意事项:

①攀登的用具、设施、建筑结构构造必须牢固可靠,供人上下的梯踏板其使用荷载不应大于 1 100 N。当梯面上有特殊作业,重量超过上述荷载时,应按实际情况加以验算。不得两人同时在梯子上作业。在通道处使用梯子作业时,应有专人监护或设置围栏。脚手架操作层上不得使用梯子作业。

②便携式梯子宜采用金属材料或木材制作,并应符合现行国家标准《便携式金属梯安全

要求》(GB 12142)和《便携式木梯安全要求》(GB 7059)的规定。使用直梯时底部应坚实,不得垫高使用。

图 2.2.13　攀登作业示意图

使用固定式直梯进行攀登作业时,攀登高度宜为 5 m,且不超过 10 m。超过 3 m 时,宜加护笼,超过 8 m 时必须设置梯间平台。

③钢结构安装时,使用梯子或其他登高设施攀登作业,坠落高度超过 2 m 时,应设置操作平台。当无电焊防风要求时,操作平台的防护栏杆高度不应小于 1.2 m;有电焊防风要求时,操作平台的防护栏杆高度不应小于 1.8 m。

④梯子的上端应有固定措施。立梯工作时与地面的夹角以 75°±5° 为宜,梯子踏板间距以 300 mm 为宜,不得有缺档。梯子如需接长使用,必须有可靠的连接措施,且接头不得超过 1 处,连接后梯梁的强度不应低于单梯梯梁的强度。

⑤深基坑施工应设置扶梯、入坑踏步及专用载人设备或斜道等设施。采用斜道时,应加设间距不大于 400 mm 的防滑条等防滑措施。严禁沿坑壁、支撑或乘运土工具上下。便携式梯子和固定式直梯,如图 2.2.14 所示。

(a)便携式梯子　　　　　　　　　　　(b)固定式直梯

图 2.2.14　便携式梯子和固定式直梯

2)悬空作业

施工现场,在周边临空的状态下进行作业时,高度在 2 m 及以上的属于悬空高处作业。

悬空高处作业的法定定义是"在无立足点或无牢靠立足点的条件下,进行的高处作业统称为悬空高处作业",因此,悬空高处作业尚无立足点时,必须适当建立牢固的立足点,如搭设操作平台、脚手架或吊篮等,方可进行施工,如图 2.2.15 所示。

悬空高处作业所用的索具、操作平台、脚手架或吊篮、吊笼等设备,均需经过技术鉴定后方可使用。悬空高处作业人员应系挂安全带、使用工具袋。

图 2.2.15 悬空作业示意图

①构件吊装和管道安装时的悬空高处作业应符合下列规定：

a. 钢结构吊装，构件宜在地面组装，安全设施应一并设置。吊装时，应在作业层下方设置水平安全网。

b. 吊装钢筋混凝土屋架、梁、柱等大型构件前，应在构件上预先设置登高通道、操作立足点等安全设施。

c. 在高空安装大模板、吊装第一块预制构件或单独的大中型预制构件时，应站在作业平台上操作。

d. 当吊装作业利用吊车梁等构件作为水平通道时，临空面的一侧应设置连续的栏杆等防护措施。当采用钢索做安全绳时，钢索的一端应采用花篮螺栓收紧；当采用钢丝绳做安全绳时，绳的自然下垂度不应大于绳长的 1/20，并不应大于 100 mm。

e. 钢结构安装施工宜在施工层搭设水平通道，水平通道两侧应设置防护栏杆，当利用钢梁作为水平通道时，应在钢梁一侧设置连续的安全绳，安全绳宜采用钢丝绳。

②模板支撑体系搭设和拆卸的悬空高处作业，应符合下列规定：

a. 模板支撑应按规定的程序进行，不得在连接件和支撑件上攀登上下，不得在上下同一垂直面上装拆模板。

b. 在 2 m 以上高处搭设与拆除柱模板及悬挑式模板时，应设置操作平台。

c. 在进行高处拆模作业时应配置登高用具或搭设支架。

③绑扎钢筋和预应力张拉的悬空高处作业应符合下列规定：

a. 绑扎立柱和墙体钢筋，不得站在钢筋骨架上或攀登骨架。

b. 在 2 m 以上的高处绑扎柱钢筋时，应搭设操作平台。

c. 在高处进行预应力张拉时，应搭设有防护挡板的操作平台。

④混凝土浇筑与结构施工的悬空高处作业应符合下列规定：

a. 浇筑高度在 2 m 以上的混凝土结构构件时，应设置脚手架或操作平台。

b. 悬挑的混凝土梁和檐、外墙和边柱等结构施工时，应搭设脚手架或操作平台，并应设置防护栏杆，采用密目式安全立网封闭。

⑤屋面作业时应符合下列规定：

a. 在坡度大于 1∶2.2(25°)的屋面上作业，当无外脚手架时，应在屋檐边设置不低于 1.5 m 高的防护栏杆，并采用密目式安全立网全封闭。

b. 在轻质型材等屋面上作业，应搭设临时走道板，不得在轻质型材上行走；安装压型板前，应采取在梁下支设安全平网或搭设脚手架等安全防护措施。

⑥外墙作业时应符合下列规定：

a.门窗作业时,应有防坠落措施,操作人员在无安全防护措施时,不得站立在橙子、阳台栏板上作业。

b.高处安装作业,不得使用座板式单人吊具。

2.2.5 高处吊篮作业安全技术

1)高处作业吊篮的组成

高处作业吊篮一般是由悬挂机构(含配重)、悬吊平台、提升机、安全锁、电气控制箱、钢丝绳等部件及配件组成,如图2.2.16所示。

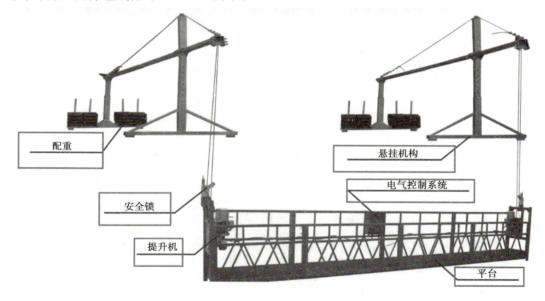

图2.2.16 高处作业吊篮的组成

2)高处作业吊篮检查评定

高处作业吊篮检查评定应符合现行行业标准《建筑施工工具式脚手架安全技术规范》JGJ 202的规定。

高处作业吊篮检查评定保证项目应包括:施工方案、安全装置、悬挂机构、钢丝绳、安装作业、升降作业。一般项目应包括交底与验收、安全防护、吊篮稳定、荷载。

(1)施工方案

①高处作业的吊篮使用,必须编制专项施工方案,或对吊篮支架支撑处结构(一般为楼板或屋面)的承载进行验算。

②高处吊篮施工前应由施工企业技术部门组织本单位施工技术、安全、质量等部门的专业技术人员进行审核,经审核通过的,由施工企业技术负责人签字,加盖单位法人公章后报监理企业,由项目总监理工程师审核签字并加盖执业资格注册章。

(2)安全装置

①高处作业用吊篮必须安装有效的防坠安全锁。

②安全锁的标定有效日期一般不大于12个月。

③吊篮的防坠落装置应经法定检测机构标定后方可使用。使用过程中,使用单位应定期对其有效性和可靠性进行检测。

④当悬吊平台运行速度达到安全锁锁绳速度时,即能自动锁住安全绳,并在不超过 200 mm 的距离内停住。

⑤安全绳上设置供人员挂设安全带的安全锁扣,安全绳应单独固定在建筑物可靠位置上。

⑥安全绳应使用锦纶安全绳,并且整绳挂设,不得接长使用。绳索为多股绳时股数不得小于 3 股,绳头不得留有散丝,在接近焊接、切割、热源等场所时,应对安全绳进行保护,所有零部件应顺滑,无材料或制造缺陷无尖角或锋利边缘。

⑦安全绳径大小必须在安全锁扣标定使用绳径范围内,且安全锁扣要灵敏可靠。一个安全锁扣只能供一个人挂设。

⑧吊篮应安装上限位装置,宜安装下限位装置。

（3）悬挂机构

①悬挂机构前支架不得支撑在女儿墙及建筑物外挑檐边缘等非承重结构上。

②悬挂机构前梁外伸长度应符合产品说明书规定。

③前支架应与支撑面垂直,且脚轮不应受力。

④上支架应固定在前支架调节杆与悬挑梁连接的节点处。

⑤严禁使用破损的配重块或其他替代物。

⑥吊篮的悬挂机构或屋面小车上必须配置适当的配重,不能用沙袋、砖块等其他物体代替。

⑦配重块重量应符合产品说明书要求,固定并设置防止人为擅自挪动的措施。

（4）钢丝绳

①吊篮宜选用高强度、镀锌、柔度好的钢丝绳,应按作业条件和钢丝绳的破断拉力选用吊篮钢丝绳,所选用的钢丝绳对于爬升式必须符合 GB 8902 要求;对于卷扬式,必须符合 GB 1102 的要求,并必须有产品性能合格证。

②在任何情况下,承重钢丝绳的实际直径不应小于 6 mm。

③钢丝绳不得有断丝、松股、硬弯、锈蚀等缺陷或油污附着物。

④钢丝绳实际直径比其公称直径减少 7% 或更多时,即使无可见断丝,钢丝绳也予以报废。

⑤钢丝绳因腐蚀侵袭及钢材损失而引起的钢丝松弛,应对该钢丝绳予以报废。

⑥在吊篮平台悬挂处增设一根与提升机构上使用的相同型号的安全钢丝绳,安全绳应独立悬挂。

⑦正常运行时,安全钢丝绳应处于悬垂状态。

⑧电焊作业时要对吊篮设备、钢丝绳、电缆采取保护措施。不得将电焊机放置在吊篮内,电焊缆线不得与吊篮任何部位接触;电焊钳不得搭挂在吊篮上。严禁用吊篮做电焊接线回路。

（5）安装作业

①吊篮平台内最小通道宽度不小于 400 mm,底板有效面积不小于每人 0.25 m²。

②吊篮悬挂高度在 60 m 及以下的,宜选用边长不大于 7.5 m 的吊篮平台;悬挂高度在

100 m 及其以下的,宜选用边长不大于 5.5 m 的吊篮平台;悬挂高度在 100 m 以上的,宜选用边长不大于 2.5 m 的吊篮平台。

③吊篮的构配件应为同一厂家的产品。

(6)升降作业

①吊篮操作人员操作前应经培训、考核合格,方能从事吊篮升降操作。

②吊篮内的作业人员不应超过 2 人,且人货总荷载不超过载荷要求。

③吊篮内作业人员的安全带应时刻保证挂设在独立的专用安全绳锁扣上。

④作业人员进出吊篮时应从地面进出,当不能从地面进出时,建筑物在设计和建造时应考虑有便于吊篮安全安装和使用及工作人员安全出入的措施。

(7)交底与验收

①吊篮在施工现场安装完成后应进行整机检测。

②吊篮安装完后施工单位、监理单位应当组织有关人员进行验收。验收合格的,经施工单位项目技术负责人及项目总监理工程师签字后,方可使用。

③验收内容应有具体的量化数据。

④吊篮使用前应对作业人员进行书面的安全交底,并留存交底记录。

⑤每天班前班后必须对吊篮进行检查。

(8)安全防护

①吊篮平台四周装有固定式的安全扶栏,工作面护栏高度不小于 800 mm,其余面高度不小于 1 100 mm,护栏应能承受 1 000 N 的水平集中载荷。

②吊篮平台底板四周应装有高度不小于 150 mm 的挡板,挡板与底板间隙不得大于 5 mm。

③在架空输电线安装和使用吊篮作业时,吊篮的任何部位与高压输电线的安全距离不应小于 10 m。如在 10 m 范围内有高压输电线路,应按照现行行业标准《施工现场临时用电安全技术规范》(JGJ 46)的规定,采取隔离措施。

④吊篮作业应采取相关措施避免多层或立体交叉作业。

(9)吊篮稳定

①吊篮在使用过程中应有防摆动措施。

②吊篮钢丝绳在使用时应保证垂直,纵向倾斜角度不应大于 8 度。

③吊篮在工作中应与建筑物的水平距离(空隙)不应过大(建议不大于 150 mm),并应设置靠墙轮或导向装置或缓冲装置。

(10)荷载

①吊篮荷载要求必须符合设计要求,吊篮内堆料及人员不应超过规定。

②堆料及设备不得过于集中,防止荷载不均。

③吊篮上应醒目地注明额定载重量及注意事项。

④禁止将吊篮作为垂直运输设备。

知识拓展:
智能安全帽

【技能实践】

知名主持人现身工地监工,安全帽戴错引争议!

2020 年 10 月 12 日,有媒体曝光了一段某主持人现身工地监工的视频。视频中,该主持人戴着红色安全帽,但未系帽带。

　　从画面中可以看出该主持人当时身处的环境比较简陋,但是她依然非常淡然地面对着镜头介绍着朗读亭的作用,讲话声音非常知性、温柔。不过,评论区有网友指出,该主持人"安全帽没戴好",还有网友表示"帽带子没挂好,等于没戴",直指该主持人安全帽佩戴错误太危险。

　　不过,从视频拍摄的现场环境看危险不大,而且当时是在拍摄视频,兴许这也只是拍摄的需要罢了。不过,哪怕如此,作为公众人员仍需注意不要给观众错误示范。意外总是发生在偶然的一瞬间,正确佩戴安全帽能保命!

　　接下来,请同学们5人一组,按照正确的使用方法佩戴安全帽、穿戴安全带,并进行互评打分。

　　1.技能训练目标

　　①能够正确佩戴安全帽。

　　②能够正确穿戴安全带。

　　2.知识要点

　　安全"三宝"的组成、分类和正确使用方法。

【阅读与思考】

小心脚下深洞,生命守护有他

　　7月20日下午,郑州市陇海路嵩山路交叉口西南角的人行道上,出现一个两三米深的塌陷大坑洞,有数名路过市民跌落其中。下班路过此处的郑州小伙强启飞连救三人之后,为了不让其他人"重蹈覆辙",他在此坚守到次日凌晨两点。

　　强启飞看到接连有人掉入深坑,该处深坑处在人流必经之地,且无任何警示标志,如果没有人提醒,将会有更多的人跌落到深坑洞中。他一面提醒行人,一面找来绳子、砖石、遮阳伞、棍子等在深坑两侧的人行道上拦出警戒线,并在附近的警亭找出七八个反光锥放在醒目位置进行警戒。

　　是什么使他义无反顾充当守护者,为人民的生命保驾护航? 这当然是正义使然,是传统美德。正所谓"国家兴亡,匹夫有责",正是这些有民族正义感的平凡人士,保家园美好,护河山无恙。

【安全员小测试】

　　1.安全"三宝"主要指(　　　)。

　　A.安全带、安全帽、安全锤　　　　　　　　B.安全带、安全帽、安全网

　　C.安全帽、安全链、安全网　　　　　　　　D.安全带、安全绳、安全网

　　2.在使用劳动用品前应对其(　　　)进行必要的检查。

　　A.硬度　　　　　　　　　　　　　　　　B.质量

　　C.外观　　　　　　　　　　　　　　　　D.安全性能

　　3.建筑工地入口处,表示进入工地必须戴安全帽的安全标识使用(　　　)。

　　A.蓝色　　　　　　B.黄色　　　　　　C.红色　　　　　　D.白色

　　4.正确佩戴安全帽必须注意两点:一是帽衬与帽壳应有一定间隙,不得紧贴;二是(　　　)。

　　A.应把安全帽戴正　　　　　　　　　　B.必须系紧下颌带

C. 不能坐在安全帽上   D. 可以不系下颌带

5. "三不伤害"原则是(　　　)。

A. 不伤害自己   B. 不伤害他人

C. 不伤害集体   D. 不被他人伤害

E. 不伤害朋友

6. 高度超过(　　　)的层次以上和交叉作业,凡人员进出的通道口应设双层安全防护棚。

A. 18 m   B. 20 m   C. 24 m   D. 28 m

7. 电梯井口必须设防护栏杆或固定栅门;电梯井内应每隔两层并最多隔(　　　)设一道安全网。

A. 8 m   B. 9 m   C. 10 m   D. 12 m

8. 某高层住宅工地,进行清理墙面时未经施工负责人同意将 15 层的电梯井预留口防护网拆掉,作业完毕未进行恢复。抹灰班张某上厕所随便在转弯处解手,不小心从电梯井预留口掉了下去,当场摔死。经现场勘查,电梯井内未设防护网。

请分析事故原因:

(1)电梯井内按规定每隔(　　　)层设一道安全防护平网。

A. 两   B. 三   C. 四   D. 五

(2)电梯井内不应采用哪种防护方法?(　　　)

A. 挂设密目式安全网   B. 安全平网

C. 每层钢筋防护网   D. 每层钢管加防护板全封闭

(3)未经施工负责人同意随意拆除安全防护设施,在作业完毕未立即恢复。(　　　)

A. 正确   B. 错误

(4)张某未将拆除的防护网恢复。(　　　)

A. 正确   B. 错误

9. 电动吊篮作业人员的安全带必须挂在(　　　)。

A. 钢丝绳   B. 吊篮   C. 保险绳上   D. 限位器

10. (　　　)限位器是为防止司机操作失误或机械、电气故障而引起吊篮上升到顶端失控而造成事故设置的安全装置。

A. 上极限   B. 中极限   C. 下极限   D. 无极限

11. 涂料防水工程悬空作业所用的索具、脚手板、吊篮、吊笼、平台等设备均需经过(　　　)方可使用。

A. 现场负责人批准   B. 现场技术员同意

C. 技术鉴定   D. 外观察看

12. 吊篮组装、升降、拆除、维修必须由专业(　　　)进行。

A. 技术工   B. 抹灰工   C. 架子工   D. 钢筋工

13. 吊篮搭设构造必须遵照专项安全施工组织设计规定,组装或拆除时,应(　　　)人配合操作,严格按搭设程序作业,任何人不允许改变方案。

A. 1   B. 2   C. 3   D. 4

14.吊篮提升后不准将吊篮久停空中,下班后吊篮必须( )吊挂在以上,但应切断电源。

A.放在地面 　　　　　　　　　B.离地面一人高

C.悬吊在空中 　　　　　　　　D.悬吊在顶端

15.临边作业是指在施工现场,当高处作业中工作面的边沿没有围护设施或虽有围护设施,但其高度低于( )mm。

A.400 　　　　B.800 　　　　C.1 200 　　　　D.1 600

16.临边作业的防护栏杆应由横杆、立杆和高度不小于( )cm的挡脚板组成。

A.12 　　　　B.14 　　　　C.16 　　　　D.18

17.各类垂直运输接料平台口应设置高度不低于( )m的楼层防护门,并应设置防外开装置;多笼井架物料提升机通道中间应分别设置隔离设施。

A.0.6 　　　　B.1.2 　　　　C.1.8 　　　　D.2.4

18.进行模板支撑和拆卸时的悬空作业,正确的做法有( )。

A.严禁在连接件和支撑上攀登上下

B.严禁在同一垂直面上装、拆模板

C.支设临空构造物模板时,应搭设支架或脚手架

D拆模的高处作业,应配置登高用具或搭设支架

19.( )以上的高处、悬空作业,无安全设施的,必须戴好安全带、扣好保险钩。

A.1 m 　　　　B.2 m 　　　　C.3 m 　　　　D.4 m

20.涂料防水工程悬空作业所用的索具、脚手板、吊篮、吊笼、平台等设备均需经过( )方可使用。

A.现场负责人批准 　　　　　　B.现场技术员同意

C.技术鉴定 　　　　　　　　　D.外观察看

项目 2.3　临时用电安全技术

【导入】

安全防护措施不足引发的事故:某工程正在进行人工挖孔桩施工,因下雨大部分工人停止施工,只有两个桩孔因地质情况特殊需要继续施工。而就在此时,由于配电箱进线端无穿管保护而被金属箱体割破绝缘层,造成电箱外壳、提升机械、钢丝绳以及吊桶带电。工人江××在没有进行任何检查的情况下,习惯性地按正常情况准备施工,当他触及带电的吊桶时,遭到电击,后经抢救无效死亡。

无漏电保护器导致的触电死亡事故:20××年7月1日,东莞市某有限公司成品出料仓内冷冻仓库施工现场发生一起触电事故(两级均无漏电保护器),事故造成1名操作工死亡,直接经济损失约为106.6万元人民币。

思考:造成以上两则施工用电安全事故的主要原因是什么?

【理论基础】

临时用电
基本原则

2.3.1　施工现场临时用电安全原则

施工现场临时用电是指临时电力线路、安装的各种电器、配电箱提供的机械设备动力源和照明。施工现场触电事故更是五大伤害之一。大多数工地临时用电设置都不规范,未按国家相关规范设置,造成了很多临电安全事故,轻则财产损失,重则伤及生命。为了防止事故的发生,建筑施工现场临时用电应遵守《施工现场临时用电安全技术规范(JGJ46—2012)》和《建设工程施工现场供用电安全规范》(GB 50194—2014)的规定。在施工过程中要特别注意以下四点:合理进行临时用电施工组织设计;认真进行临时用电安全技术交底;仔细进行临时用电检查验收记录;严格进行临时用电定期安全检查。

建筑工地必须根据施工现场的特点建立和完善临时用电管理责任制,确立施工现场临时用电为总承包单位负责制;按规定配备专业用电管理人员,电工应持证上岗,按规范作业;施工现场的一切配电设备、用电设备(分配电箱、开关箱、手持电动工具、电焊机等),必须经总承包单位检查合格后方可进场使用。《建设工程安全生产管理条例》第二十六条规定:施工单位应当在施工组织设计中编制施工现场临时用电方案。

1)施工现场临时用电施工组织设计

根据《施工现场临时用电安全技术规范》规定,施工现场临时用电设备在5台以下和设备总容量在50 kW以下者,应制订安全用电和电气防火措施。施工现场临时用电设备在5台以上和设备总容量在50 kW以上者,应编制施工用电组织设计。

(1)施工现场临时用电组织设计的主要内容

①现场勘测。

②确定电源进线、变电所或配电室、配电装置、用电设备位置及线路走向。

③进行负荷计算。

④选择变压器。

⑤设计配电系统。

a.设计配电线路,选择导线或电缆。

b.设计配电装置,选择电器。

c.设计接地装置。

d.绘制临时用电工程图纸,主要包括用电工程总平面图、配电装置布置图、配电系统接线图、接地装置设计图。

e.设计防雷装置。

f.确定防护措施。

g.制订安全用电措施和电气防火措施。

(2)施工现场临时用电组织设计的编制要求

①临时用电工程图纸应单独绘制,临时用电工程应按图施工。

②临时用电组织设计及变更时,必须履行"编制、审核、批准"程序,由电气工程技术人员组织编制,经相关部门审核及具有法人资格企业的技术负责人批准后实施,变更用电组织设计时,应补充有关图纸资料。

③临时用电工程必须经编制、审核、批准部门和使用单位共同验收,合格后方可投入使用。

④施工现场临时用电设备在 5 台以下和设备总容量在 50 kW 以下者,应制订安全用电和电气防火措施。

2)临时用电配电系统的原则

（1）施工现场一条电路原则

施工现场临时用电必须统一进行组织设计,有统一的临时用电来源和一个临时用电施工、安装、维修、管理的团队。严禁私拉乱接线路,严禁多头取电;严禁施工机械设备和照明各自独立取自不同的用电来源。

（2）两级漏电保护原则

施工现场所有用电设备,除作保护接零外,必须在设备负荷线的首端处设置漏电保护装置,同时,开关箱中必须装设漏电保护器。就是说,临时用电应在总配电箱和开关箱中分别设置漏电保护器,形成用电线路的两级保护。漏电保护器要装设在配电箱电源隔离开关的负荷侧和开关箱电源隔离开关的负荷侧。总配电箱的保护区域较大,停电后的影响范围也大,主要是提供间接保护和防止漏电火灾,其漏电动作电流和动作要大于后面的保护。因此,总配电箱和开关箱中两级漏电保护器的额定电流动作和额定漏电动作时间应作合理配合,使之具有分级分段保护功能。开关箱内的漏电保护器额定动作电流应不大于 30 mA,额定漏电动作时间应不小于 0.1 s;总配电箱内的漏电保护器额定漏电动作电流不应小于 30 mA,额定漏电动作时间应大于 0.1 s,且额定漏电动作电流与额定漏电动作时间乘积不大于 30 mA·s。对搁置已久后重新使用和连续使用一个月的漏电保护器,应认真检查其特性,发现问题应及时修理或更换。

（3）三级配电原则

配电系统应设置总配电箱、分配电箱和开关箱,即由总配电箱（一级）—开分配电箱（二级）—开关箱（三级）的送电顺序形成完整的三级配电系统。这样配电层次清楚,便于管理和查找故障。总配电箱应设在靠近电源的位置,分配电箱应装设在用电设备或负荷相对集中的位置,动力配电箱和照明配电箱通常应分别设置。配电箱、开关箱应装设在干燥、通风及常温的场所,要远离易受外来固体物撞击、强烈震动的场所,或者做环境防护。分配电箱与开关箱的距离不得大于 30 m。开关箱与其控制的固定式用电设备的水平距离应不超过 3 m。配电箱和开关箱周围要有方便两人同时工作的空间和通道,不能因为堆放物品和杂物,或者有杂草、环境不平整而妨碍操作和维修。电箱要有门,有锁,有防雨、防尘措施。

（4）四个装设原则

每台用电设备必须设置各自专用的开关箱,开关箱内要设置专用的隔离开关和漏电保护器;同一个开关箱、同一个开关电器不得直接控制两台以上用电设备;开关箱内必须装设漏电保护器。这就是规范要求中"一机、一闸、一漏、一箱"的 4 个装设原则。开关电器必须能在任何情况下都可以使用电设备实行电源隔离,其额定值要与控制用电的额定值相适应。开关箱内不得放置任何杂物,不得挂接其他临时用电设备,进线口和出线口必须设在箱体的下底部,严禁设在箱体的上顶面、侧面、后面或箱门处。移动式电箱的进、出线必须采用橡皮绝缘电缆。施工现场停止作业 1 h 以上时,要将开关箱断电上锁。

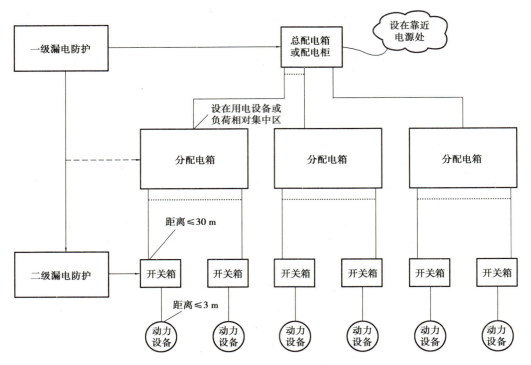

图 2.3.1 三级配电二级漏电保护系统

（5）五芯电缆原则

施工现场专用的中性点直接接地的电力系统中，必须实行 TN-S 三相五线制供电系统。电缆的型号和规格要采用五芯电缆。为了正确区分电缆导线中的相线、相序、零线、保护零线，防止发生误操作事故，导线的颜色要使用不同的安全色。L1（A）、L2（B）、L3（C）相序的颜色分别为黄、绿、红色；工作零线 N 为淡蓝色；保护零线 PE 为绿/黄双色线，在任何情况下都不准使用绿/黄双色线作负荷线。

总之，施工现场临时用电要严格按照规范要求，采用 TN-S 三相五线制系统，实行三级配电两级保护，做到"一机、一闸、一漏、一箱"，消除事故隐患，切实保证施工安全。

3）保护接零原则

（1）TN-S 接零保护系统

我国施工现场临时用电系统一般为中性点直接接地的三相四线制低压电力系统，TN-S 系统是工作零线与保护零线分开设置的接零保护系统。在施工现场专用变压器的供电 TN-S 接零保护系统中，电气设备的金属外壳必须与保护零线连接。保护零线应由工作接地线、配电室（总配电箱）电源侧零线或总剩余电流动作保护器电源侧零线处引出，如图 2.3.2 所示。

相线、N 线、PE 线的颜色标记必须符合以下规定：相线 L1、L2、L3 相序的绝缘颜色依次为黄、绿、红色；N 线的绝缘颜色为淡蓝色；PE 线的绝缘颜色为绿/黄双色。任何情况下，上述颜色标记严禁混用和互相代用。

采用 TN-S 系统不仅经济方便，而且在正常情况下保护零线上无零序电流，与三相负荷是否平衡无关，只是当电气设备正常带电部分与正常不带电的金属外壳或基座发生漏电时，才有漏电电流流过，同时还使漏电保护器正常使用功能不受任何限制，所以采用 TN-S 接零保护系统，电气设备的正常不带电的金属外壳或基座在任何情况下都能保持对地零电位水平，并

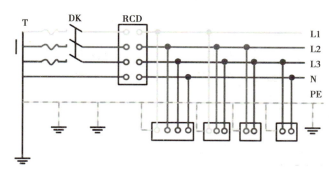

图 2.3.2　TN-S 接零保护系统示意图

便于漏电保护器的正常使用接线。为了稳定保护零线对地零电位及防止保护零线可能断线对保护零线的影响,可在保护零线首末端及中间位置作不少于三处的重复接地。为了增强接地保护系统接地的作用和效果,并提高其可靠性,在其接地线的另一处或多处再作接地。

（2）保护接零

在 TN 系统中,下列电气设备不带电的外露可导电部分应做保护接零:

①电机、变压器、电器、照明器具、手持式电动工具的金属外壳。

②电气设备传动装置的金属部件。

③配电柜与控制柜的金属框架。

④配电装置的金属箱体、框架及靠近带电部分的金属围栏和金属门。

⑤电力线路的金属保护管、敷线的钢索、起重机的底座和轨道、滑升模板金属操作平台等。

⑥安装在电力线路杆(塔)上的开关、电容器等电气装置的金属外壳及支架。

图 2.3.3　电缆线路接零

2.3.2　供配电装置

1）施工现场配电室的安全技术措施

（1）配电室位置要求

①配电室应靠近电源,并应设在灰尘少、潮气少、振动小、无腐蚀介质、无易燃易爆物及道路畅通的地方。

②宜接近用电负荷中心。

供配电装置

③应方便进出线。

④应方便设备吊装运输。

⑤不应设在厕所、浴室或其他经常积水场所的正下方,且不宜与上述场所相邻;装有可燃油电气设备的变配电室,不应设在人员密集场所的正上方、正下方、贴邻和疏散出口的两旁。

⑥当配变电所的正上方、正下方为住宅、客房、办公室等场所时,配变电所应作屏蔽处理。

(2)配电室的布置要求

①配电柜正面的操作通道宽度,单列布置或双列背对背布置不小于1.5 m,双列面对面布置不小于2 m。

②配电柜后面的维护通道宽度,单列布置或双列面对面布置不小于0.8 m,双列背对背布置不小于1.5 m,个别地点有建筑物结构凸出的地方,则此点通道宽度可减少0.2 m。

③配电柜侧面的维护通道宽度不小于1 m。

④配电室的顶棚与地面的距离不低于3 m。

⑤配电室内设置值班或检修室时,该室边缘距配电柜的水平距离大于1 m,并采取屏障隔离。

⑥配电室内的裸母线与地向垂直距离小于2.5 m时,采用遮栏隔离,遮栏下通道的高度不小于1.9 m;配电室内的裸母线与地面通道的垂直距离不应小于0.9 m。

⑦配电室围栏上端与其正上方带电部分的净距不小于0.5 m。

⑧配电装置的上端距顶棚不小于0.5 m。

⑨配电室的建筑物和构筑物的耐火等级不低于3级,室内配置砂箱和可用于扑灭电气火灾的灭火器。

⑩配电室的门向外开,并配锁。

⑪配电室的照明分别设置正常照明和事故照明。

2)配电箱、开关箱安全技术措施

(1)配电箱、开关箱的箱体结构

配电箱、开关箱要求采用符合国家标准的冷轧钢板或阻燃绝缘材料制作,照明配电箱及控制箱不小于600 mm的用2 mm厚冷轧钢板、小于600 mm的用1.5 mm厚冷轧铁板制作,二层底板需用2 mm厚冷轧钢板,箱体表面应做防腐处理。

(2)配电箱、开关箱的设置基本要求

施工现场临时用电工程的总配电箱应在靠近电源的地方,分配电箱应装设在用电设备或负荷相对集中的地方,分配电箱与开关箱,开关箱与其控制的用电设备之间的距离应满足压缩配电间距规则。同时,配电装置应设置在干燥通风及常温场所,必须按其正常工作位置安装牢用稳定、端正。固定式配电箱、开关箱的中心点与地面的垂直距离应为1.4~1.6 m;移动式配电箱、开关箱的中心点与地面的垂直距离宜为 0.8~1.6 m。箱体周围应有足够的空间和通道。

①安全:设备布置合理清晰、采取保护措施。如设置遮拦和安全出口、防爆隔墙、设备外壳底座等保护接地。

②可靠:设备选择合理、故障率低、影响范围小。

③方便:设备布置便于操作集中,便于检修、巡视。

④经济:合理布置、节省用地、节省材料。

⑤发展:预留备用间隔、备用容量。

（3）配电箱、开关箱的电器配置

①配电箱的电气配置原则

a.当总路设置总剩余电流动作保护器时,还应装设总隔离开关、分路隔离开关以及总断路器、分路断路器或总熔断器、分路熔断器。当所设总剩余电流动作保护器是同时具备短路、过载、剩余电流保护功能的剩余电流断路器时,可不设总断路器或总熔断器。

b.当各分路设置分路剩余电流动作保护器时,还应装设总隔离开关、分路隔离开关以及总断路器、分路断路器或总熔断器、分路熔断器。当分路所设剩余电流动作保护器是同时具备短路、过载、剩余电流保护功能的剩余电流断路器时,可不设分路断路器或分路熔断器。

c.隔离开关应设置于电源进线端,应采用分断时具有可见分断点并能同时断开电源所有极的隔离电器。如采用分断时具有可见分断点的断路器,可不另设隔离开关。

d.熔断器应选用具有可靠灭弧分断功能的产品。

e.总开关电器的额定值、动作整定值应与分路开关电器的额定值、动作整定值相适应。

②开关箱的电气配置原则

a.开关箱必须装设隔离开关、断路器或熔断器,以及剩余电流动作保护器。当剩余电流动作保护器是同时具有短路、过载、剩余电流保护功能的剩余电流断路器时,可不装设断路器或熔断器。隔离开关应采用分断时具有可见分断点,能同时断开电源所有极的隔离电器,并应设置于电源进线端。当断路器具有可见分断点时,可不另设隔离开关。

b.开关箱中的隔离开关只可直接控制照明电路和容量不大于 3.0 kW 的动力电路,但不应频繁操作。容量大于 3.0 kW 的动力电路应采用断路器控制,操作频繁时还应附设接触器或其他启动控制装置。

图 2.3.4　常用低压断路器

（4）配电装置的使用要求

①配电箱、开关箱必须按照下列顺序操作:

a.送电操作顺序为:总配电箱→分配电箱→开关箱。

b.停电操作顺序为:开关箱→分配电箱→总配电箱。

②配电装置的维修、检查操作要求:

a.检查、维修人员必须是专业电工;检查、维修时必须按规定穿、戴绝缘鞋、手套,必须使用电工绝缘工具,并应做检查、维修工作记录。

b.维修、检查操作前必须将其前一级相应的电源隔离开关分闸断电,并悬挂"禁止合闸、有人工作"停电标识牌,严禁带电作业。

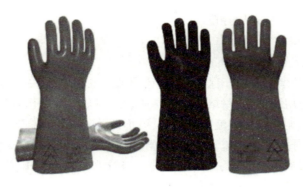

图 2.3.5　绝缘手套

3）配电线路的安全技术措施

①施工现场电气线路全部采用"三相五线制"（TN-S 系统）专用保护接零系统供电。

②施工现场架空线采用绝缘铜线。

③架空线设在专用电杆上，严禁架设在树木、脚手架上。

④导线与地面最小垂直距离：

a.施工现场应不小于 4 m；

b.机动车道应不小于 6 m；

c.铁路轨道应不小于 7.5 m。

⑤如果由于在建工程位置限制而无法保证规定的电气安全距离，必须采取设置防护性遮拦、栅栏，悬挂警告标志牌等防护措施，发生高压线断线落地时，非检修人员要远离落地 10 m 以外，以防跨步电压危害。

⑥为了防止设备外壳带电发生触电事故，设备应采用保护接零并安装漏电保护器等措施。作业人员要经常检查保护零线连接是否牢固可靠，漏电保护器是否有效。

⑦在电箱等用电危险地方，挂设安全警示牌。如"有电危险""禁止合闸，有人工作"等。

4）外电线路防护

外电线路是指在施工现场周围往往存在一些高、低压电力线路，这些不属于施工现场的外接电力线路一般为架空线路。由于外电线路的位置原已固定，因而其与施工现场的相对距离也难以改变，这就给施工现场作业安全带来不利因素。如果施工现场距离外电线路较近，在施工期间常因操作不慎意外触及外电线路，从而发生触电伤害事故，施工现场必须对其采取相应的防护措施。

①在施工现场的周边与外电架空线路的边线之间的最小安全操作距离不应小于表 2.3.1 所示的数值。

表 2.3.1　施工现场的周边与外电架空线路的边线之间的最小安全操作距离

外电线路电压等级/kV	<1	1~10	35~110	220	330~500
最小安全操作距离/m	4	6	8	10	15

②施工现场的机动车道与外电架空线路交叉时，架空线路的最低点与路面的最小垂直距离不应小于表 2.3.2 所示的数值。

表 2.3.2　施工现场的机动车道与外电架空线路交叉时最小垂直距离

外电线路电压等级/kV	<1	1～10	35
最小垂直距离/m	6	7	7

5）照明用电的安全技术措施

①使用花线，一般应使用软电缆线。

②建设工程的照明灯具宜采用拉线开关，拉线开关距地面高度为 2～3 m，与出、入口的水平距离为 0.15～0.2 m。

③严禁在床头设立开关和插座。

④电器、灯具的相线必须经过开关控制。

不得将相线直接引入灯具，也不允许以电气插头代替开关来分合电路，室外灯具距地面不得低于 3 m；室内灯具不得低于 2.4 m。

⑤使用手持照明灯具应符合一定的要求。

a. 电源电压不超过 36 V；

b. 灯体与手柄应坚固，绝缘良好，并耐热防潮湿；

c. 灯头与灯体结合牢固；

d. 灯泡外部要有金属保护网；

e. 金属网、反光罩、悬吊挂钩应固定在灯具的绝缘部位上。

⑥照明系统中每一单相回路上，灯具和插座数量不宜超过 25 个，并应装设熔断电流小于 15 A 的熔断保护器。

⑦下列特殊场所应使用安全特低电压照明器：

a. 特别潮湿场所、导电良好的地面、锅炉或金属容器内的照明，电源电压不得大于 12 V；

b. 潮湿和易触及带电体场所的照明，电源电压不得大于 24 V；

c. 隧道、人防工程、高温、有导电灰尘、比较潮湿或灯具离地面高度低于 2.5 m 等场所的照明，电源电压不应大于 36 V。

2.3.3　配电线路

根据《建筑施工安全检查标准》（JGJ 59—2011），施工用电保证项目的配电线路检查评定应符合下列规定：

①线路及接头应保证机械强度和绝缘强度。

②线路应设短路、过载保护，导线截面应满足线路负荷电流。

③线路的设施、材料及相序排列、档距、与邻近线路或固定物的距离应符合规范要求。

④电缆应采用架空或埋地敷设并应符合规范要求，严禁沿地面明设或沿脚手架、树木等敷设。

⑤电缆中必须包含全部工作芯线和用作保护零线的芯线，并按规定接用。

⑥室内非埋地明敷主干线距地面高度不小于 2.5 m。

1）配电线路的分类

一般情况下，施工现场的配电线路包括室外配线和室内配线。室外配线主要有绝缘导线

施工用配电线路及外电线防护

71

或电缆架空敷设和绝缘埋地敷设,架空线路由导线、绝缘子、横担及电杆等组成。安装在室内的导线,以及它们的支持物、固定配件,总称为室内配线。

2)室外配线安全要求

(1)电线无老化、破皮

目前施工现场使用的大部分为 BV 和 BLV 型铜芯(铝芯)塑料绝缘导线,此种导线为单层绝缘,架设于室外,受风吹雨淋、日晒自然环境的影响,绝缘层很容易损坏,绝缘能力降低,导致发生裂纹变硬。在一般情况下,架设室外的导线使用期为 1~2 年,有些劣质导线老化情况会更严重些。一般导线受外力绝缘层破损,使用绝缘包带包扎好仍可使用,如导线已老化,绝缘层损坏就不能使用了。

(2)电线不随意拖地、浸水

随意拖地的导线很容易被重物或车辆压坏,破坏其绝缘层,容易浸水,造成线路短路故障,现场工人也易发生触电事故,因此现场不允许各类导线拖地,导线应架设或穿管保护。

(3)电杆、横担、绝缘子

①架空线路宜采用钢筋混凝土杆或木杆。钢筋混凝土杆不得有露筋、宽度大于 0.4 mm 的裂纹或扭曲,木杆不得腐朽,其梢径应不小于 140 mm。

电杆埋设深度宜为杆长的 1/10 加 0.6 m,回填土应分层夯实,但在松软土质处应适当加大埋设深度或采用卡盘等加固。

②横担材料可采用木质或铁质材料。木横担截面积应为 80 mm×80 mm,铁横担应选用角钢。低压直线杆角钢横担型号选择方法是,导线截面积在 50 mm^2 及以下选 ∠50 mm×5 mm,导线截面积大于 50 mm^2 选 ∠63 mm×5 mm。

三线、四线横担长为 1.5 m,五线横担长为 1.8 m。

③绝缘子的选择原则。直线杆采用针式绝缘子,耐张杆采用蝶式绝缘子。

(4)架空线路、档距要求

JGJ 46—2005 明确规定:"架空线必须采用绝缘导线。架空线必须架设在专用电杆上,严禁架设在树木、脚手架及其他设施上。"

①导线的选择:

a.架空导线截面积的选择不仅要通过负荷计算,使其满足导线中的负荷电流不大于其长期连续负荷允许载流量,还必须考虑其机械强度。为保证机械强度,绝缘铜线截面积不小于 10 mm^2,绝缘铝线截面积不小于 16 mm^2。

b.跨越铁路、公路、河流、电力线路档距内的铝线截面积不得小于 25 mm^2,并不得有接头。

c.单相线路的零线截面积与相线截面积相同,三相四线制线路的 PE 线和 N 线截面积不小于相线截面积的 50%。

d.架空导线在一个档距内,每层导线的接头数不得超过该层导线条数的 50%,且一根导线应只有一个接头。

②架空线路相序排列应符合下列要求:

a.动力、照明线在同一横担上架设时,四线导线的相序排列是,面向负荷从左侧起为 L1、N、L2、L3。

b.动力、照明线在同一横担上架设时,五线导线的相序排列是,面向负荷从左侧起为 L1、

N、L2、L3、PE(五线导线的颜色依次为黄色、淡蓝色、绿色、红色、绿/黄双色)。

c.动力、照明线在二层横担上分别架设时,上层横担面向负荷从左侧起依次为 L1、L2、L3,下层横担面向负荷从左侧起为 L1(L2、L3)、N、PE。

d.架空线路的线间距不得小于 0.3 m。靠近电杆的两导线的间距不得小于 0.5 m。

③架空线路档距及与临近设施的距离:

a.架空线路的档距是指两电杆之间的距离,架空线路的档距不得大于 35 m。

b.架空线路的最大弧垂处(即架空线路上导线的最低点)与地面的最小垂直距离,施工现场、一般场所为 4 m,机动车道为 6 m,铁路轨道为 7.5 m。

c.架空线路边线与建筑物凸出部分的最小水平距离为 1.0 m。架空线摆动最大时至树梢的最小净空距离为 0.5 m,与其他线路和设施的距离可参见 JGJ 46—2005。

(5)使用五芯电缆

①电缆中必须包含全部工作芯线和用作保护零线或保护线的芯线。需要三相四线制配电的电缆线路必须采用五芯电缆。

②五芯电缆必须包含淡蓝、绿/黄两种形式绝缘芯线。淡蓝色芯线必须用作 N 线,绿/黄双色芯线必须用作 PE 线,严禁混用。

③TN-S 系统是引用 IEC TC 64 制定的国际标准的定义和符号(IEC-国际电工委员会)。我国在应用 TN-S 系统前主要应用 TT 系统(接地系统)和 TN-C 系统(接地接零合并使用)。TN-S 是一个完整的供电系统,在用电缆供电时,必须使用五芯电缆。在引用 IEC TC 64 国际标准前,我国动力电缆大截面五芯电缆未生产,只有五芯及以下的控制电缆,随着技术的发展目前市场上已有五芯动力电缆供应。

④施工现场的五线线路应采用五芯电缆,不允许在四芯电缆外侧加设一根 PE 线代替五芯电缆。四芯电缆外加一根线,导线的绝缘层受外部环境影响易老化和损坏,使其断线,有的施工单位即使电缆外加一根线,但是无论供电电源多大,外加的线都是 $1.5 \sim 2.5 \ mm^2$,这显然是不符合要求的。施工现场的配电方式采用动力与照明分别设置时,三相设备线路可采用四芯电缆,单相设备和照明可采用三芯电缆。

(6)线路架设或埋设要求

①电缆线路应采用埋地或架空敷设,严禁沿地面明设,并应避免机械损伤和介质腐蚀。埋地电缆路径应设方位标志。

②电缆在室外直接埋地时必须采用铠装电缆,埋地深度不小于 0.7 m,并应在电缆上、下、左、右侧均匀铺设厚度不小于 50 mm 的细砂,然后覆盖砖块等硬质保护层。

③橡皮电缆架空架设时,应沿墙壁或电杆设置,并用绝缘子固定,严禁使用金属裸线做绑线。固定点间距应保证电缆能承受自重所带来的荷重。橡皮电缆的最大弧垂距地不得小于 2.5 m。

④电缆穿越建筑物、构筑物、道路、易受机械损伤、介质腐蚀场所及从地下 0.2 m 引出地面至地上 2.0 m 处,必须加设防护套管,防护套管内径不应小于电缆外径的 1.5 倍。

⑤电缆接头应牢固可靠,并应做绝缘包扎,保持绝缘强度,不得承受张力。埋地电缆的接头应设在地面的接线盒内,接线盒应能防水、防尘、防机械损伤并应远离易燃易爆、易腐蚀场所。

⑥在建工程的电缆线路必须采用电缆埋地引入,电缆垂直敷设应充分利用在建工程的竖

井、垂直孔洞等,并宜靠近电负荷中心,固定点每楼层不得少于一处。电缆水平敷设宜沿墙或门口固定,最大弧垂距地不得小于2.0 m。

⑦不允许将橡皮电缆从室外地面电箱直接引入各楼层使用。其原因一是电缆直接受拉造成导线截面变细过热;二是距控制箱过远,故障不能及时处理;三是线路混乱,不好固定,容易引发事故。

(7)导线按规定绑在绝缘子上

导线在室内或室外敷设固定,都必须绑在绝缘子上。导线在室内沿墙敷设或室外架空敷设如不固定在绝缘子上,导线易受外力,导致线皮绝缘破损形成供电线路短路。另外,因为没有绝缘子固定点,所以导线固定不牢固,易产生较大垂度,影响供电可靠性。根据不同场所和用途,导线可采用瓷(塑料)夹、瓷柱(鼓式绝缘子)、瓷瓶(针式绝缘子)等方式固定。瓷(塑料)夹布线适用于正常环境场所和挑檐下的屋外场所,绝缘子布线适用于屋内场所。

3)室内配线安全要求

①室内配线必须采用绝缘导线,采用瓷瓶、瓷夹等方式固定,距地高度不得低于2.5 m。

②室内配线所用导线截面积,应根据用电设备的负荷计算确定,但铝线截面积不应小于2.5 mm²,铜线截面积不应小于1.5 mm²。

③钢索配线的吊架间距不宜大于12 m。采用瓷夹固定导线时,导线间距应不小于35 mm,瓷夹间距不应大于800 mm。采用瓷瓶固定导线时,导线间距应不小于100 mm,瓷瓶间距不应大于1.5 m。采用护套绝缘导线时,可直接敷设于钢索上。

④进户线过墙处应穿管保护,距地高度不得低于2.5 m,并应采取防雨措施。

⑤潮湿场所或埋地非电缆配线,必须穿管敷设,管口和管接头应密封,采用金属管敷设时必须做保护接零。

⑥配线的线路应减少弯曲而取直。

⑦线路中应尽量减少接头,以减少故障点。

⑧布线位置应便于检查。

2.3.4 防雷接地

防雷接地及用电设备安全防护

1)施工现场雷电接地保护

施工现场防雷的对象主要是起重机、井字架、龙门架等机械设备,及钢脚手架、正在施工的在建工程等的金属结构。当最高机械设备上避雷针(接闪器)的保护范围能覆盖其他设备,且又最后退出现场,则其他设备可不设防雷装置。

防雷接地工程主要是对防雷装置包括接闪器、引下线、接地装置、过电压保护器及其他连接导体等进行施工。

(1)防雷技术安全技术要求

①接闪器的安全技术要求:

a.接闪杆材料要求。一般用热浸镀锌(或不锈钢)圆钢和热浸镀锌钢管(或不锈钢管)制成,锌镀层宜光滑连贯,无焊剂斑点。

b.接闪杆与引下线之间的连接应采用焊接。引下线及接地装置使用的紧固件,都应使用镀锌制品。

c.对装有接闪杆的金属筒体。当金属筒体的厚度不小于4 mm时,可作接闪杆的引下线,筒体底部应有两处与接地体连接。

d. 建筑物上的接闪杆应和建筑物的防雷金属网连接成一个整体,独立接闪杆设置独立的接地装置时,其接地装置与其他接地网的地中距离不应小于 3 m。

e. 独立接闪杆位置应正确,焊接固定的焊缝应饱满无遗漏,焊接部分防腐应完整。接闪导线应位置正确、平正顺直、无急弯。焊接的焊缝应饱满无遗漏,螺栓固定的应有防松零件。

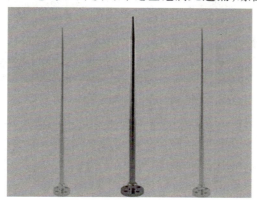

图 2.3.6 接闪杆

②接闪带(网)的安全技术要求:

a. 接闪带采用钢材时应用热镀锌。接闪带一般使用 40 mm×4 mm 镀锌扁钢或直径 12 mm 镀锌圆钢制作。

b. 接闪带安装应平正顺直、无急弯,其固定支架应间距均匀、固定牢固,高度一致,固定支架高度不宜小于 150 mm。当接闪带采用镀锌扁钢时支架间距为 0.5 m,采用镀锌圆钢时支架间距为 1 m。

c. 接闪带之间的连接应采用搭接焊接。焊接处焊缝应饱满并有足够的机械强度,不得有夹渣、咬肉、裂纹、虚焊、气孔等缺陷,焊接处的药皮清除后,刷防锈漆和银粉漆或喷锌做防腐处理。

d. 接闪带的搭接长度应符合规定。扁钢之间搭接为扁钢宽度的 2 倍,三面施焊;圆钢之间搭接为圆钢直径的 6 倍,双面施焊;圆钢与扁钢搭接为圆钢直径的 6 倍,双面施焊。

e. 接闪带或接闪网在过建筑物变形缝处的跨接应采取补偿措施。

f. 建筑物屋顶上的金属物应与接闪器连接成体,如铁栏杆、钢爬梯、金属旗杆、透气管、金属柱灯、冷却塔等。

③防雷引下线的安全技术要求:

a. 引下线可利用建筑物内的钢梁、钢柱、混凝土柱内钢筋、消防梯等金属构件作为自然引下线。

b. 明敷的引下线采用热镀锌圆铜时,圆钢与圆钢的连接,可采用焊接或卡夹(接)器,明敷的引下线采用热镀锌扁钢时,可采用焊接或螺栓连接。

c. 明敷的专用引下线应分段固定,并应以最短路径敷设到接地体,敷设应平正顺直、无急弯。焊接固定的焊缝应饱满无遗漏,螺栓固定应有防松零件(热圈),焊接部分的防腐应完整。

d. 引下线在地面以上应按设计要求设置测试点,通常不少于 2 个,测试点不应被外墙饰面遮蔽,且应有明显标识。

图 2.3.7　接闪带

e. 引下线两端应分别与接闪器和接地装置做可靠的电气连接。

f. 引下线与接闪器的连接应可靠,应采用焊接或卡夹(接)器连接引下线与接闪器连接的圆钢或扁钢,其截面积不应小于接闪器的截面积。

g. 当利用结构钢筋做引下线时,钢筋与钢筋的连接,可采用土建施工的绑扎法或螺丝扣连接或熔焊连接。

图 2.3.8　防雷引下线

(2)接地保护技术

每一接地装置的接地线应采用 2 根及以上导体,在不同点与接地体做电气连接。不得采用铝导体做接地体或地下接地线。垂直接地体宜采用角钢、钢管或光面圆钢,不得采用螺纹钢。接地可利用自然接地体,但应保证其电气连接和热稳定性。

①工作接地要求:

a. 单台容量超过 100 kVA 或使用同一接地装置并联运行且总容量超过 100 kVA 的电力变压器或发电机的工作接地电阻值不得大于 4 Ω。

b. 单台容量不超过 100 kVA 或使用同一接地装置并联运行且总容量不超过 100 kVA 的电力变压器或发电机的工作接地电阻值不得大于 10 Ω。

②重复接地要求:

a. TN 系统中的保护零线除必须在配电室或总配电箱处做重复接地外,还必须在配电系统的中间处和末端处做重复接地。

b. 在 TN 系统中,保护零线每一处重复接地装置的接地电阻值不应大于 10 Ω。在工作接地电阻值允许达到 10 Ω 的电力系统中,所有重复接地的等效电阻值不应大于 10 Ω。

c.保护零线必须在配电室配电线路中间和末端至少三处作重复接地,重复接地线应与保护零线相连接,结合现场情况重复接地时采用不小于 10 mm² 的黄绿双色软线就近与建筑物的接地系统进行可靠连接,接地完毕须进行接地电阻测试并做好记录。该测试要求每月进行一次,总配电箱处接地电阻不大于 4 Ω,其他部位重复接地电阻不应大于 10 Ω。用电设备的保护地线或保护零线应并联接地,严禁串联接地或接零。

d.护零线应并联接地,严禁串联接地或接零。保护接地线应采用焊接、压接、螺栓连接或其他可靠方法连接,严禁缠绕或挂钩。保护接地线可利用金属构件、钢筋混凝土构件的钢筋等自然接地体。

e.PE 线所用材质与相线、工作零线(N 线)相同时,其最小截面应符合表 2.3.3 所示的关系。

表 2.3.3　PE 线截面与相线截面的关系

相线芯线截面 S/mm^2	PE 线最小截面积 $/mm^2$
$S \leq 16$	5
$16 < S \leq 35$	16
$S > 35$	$S/2$

③静电接地要求。在有静电的施工现场内,对集聚在机械设备上的静电应采取接地泄漏措施。每组专设的静电接地体的接地电阻值不应大于 100 Ω,高土壤电阻率地区不应大于 1 000 Ω。

④金属栏杆接地。金属栏杆与预留接地端子的连接应尽量采用搭接焊,焊接应符合下列规定:

a.焊接应饱满牢固,不应有夹渣虚焊、咬肉、气孔及未焊透现象。

b.扁钢的搭接长度不应小于其宽度的 2 倍,不得少于 3 面施焊(当扁钢宽度不同时,搭接长度以宽的为准)。

c.圆钢双面施焊的搭接长度不应小于其直径的 6 倍(当直径不同时,搭接长度以直径大的为准)。

d.圆钢与扁钢连接时,其搭接长度不应小于圆钢直径的 6 倍,双面施焊。

e.扁钢与钢管、扁钢与角钢焊接时,应紧贴钢管表面,或紧贴角钢外侧两面,上下两面施焊。

f.除埋设在混凝土中的焊接接头外,应有防腐措施。

g.不同金属之间的焊接,可采用火泥熔焊法。

⑤铝门窗防雷接地:

第一类:防雷建筑物高于 30 m 时,30 m 以上外墙上的栏杆、门窗等较大的金属物与防雷装置连接。

第二类:防雷建筑物高于 45 m 时,45 m 以上外墙上的栏杆、门窗等较大的金属物与防雷装置连接。

第三类:防雷建筑物高于 60 m 时,60 m 以上外墙上的栏杆、门窗等较大的金属物与防雷装置连接。

2)施工现场接地电阻的检测

电力系统中电气设备接地的目的是保证人身和电气设备的安全以及设备的正常工作。接地电阻的测量通过接地电阻表（又称为接地电阻测试仪）来测量,主要用于测量电气设备接地装置以及避雷装置的接地电阻。由于其外形与摇表（兆欧表）相似,故俗称接地摇表。

（1）常用接地电阻的最低合格值

电力系统中工作接地不得大于 4 Ω;保护接地不得大于 4 Ω;重复接地不得大于 10 Ω;防雷保护时,独立避雷针不得大于 10 Ω;变配电所阀型避雷器不得大于 5 Ω。

（2）接地电阻表的结构

接地电阻表是一种专门用于测量接地电阻的便携式仪表,它也可以用来测量小电阻及土壤电阻率。接地电阻表主要由手摇交流发电机、电流互感器、电位器以及检流计组成。

工作原理:手摇交流发电机手柄,发电机输出电流经电流互感器 TA 的一次侧→接地体→大地→电流探针→发电机,构成闭合回路。当电流流入大地后,经接地体向四周散开。离接地体越远,电流通过的截面越大,电流密度越小。

一般认为,到 20 m 处时,电流密度为零,电位也等于零,即到达了电工技术中的零电位。电流 I 在流过接地电阻 R_x 时产生的压降 IR_x,在流经 R_c 时同样产生压降 IR_c。被测接地电阻 R_x 的值,可由电流互感器的变流比 K 以及电位器的电阻 R_s 来确定,而与 R_c 无关。

图 2.3.9　接地电阻表

（3）接地电阻表的使用

①拆开接地干线与接地体的连接点。

②接地电阻表接线。

③将仪表放平,检查检流计指针是否指在中心线上。

④正确接线。

⑤将倍率开关置于最大倍数上,缓慢摇动发电机手柄,同时转动"测量标度盘",使检流计指针处于中心线位置上。当检流计接近平衡时,要加快摇动手柄,使发电机转速升至额定转速 120 r/min,同时调节"测量标度盘",使检流计指针稳定指在中心线位置。此时即可读取 R_s 的数值。

⑥每次测量完毕后,将探针拔出后擦干净,导线整理好以便下次使用。将仪表存放于干燥、避光、无振动的场合。仪表运输及使用时应小心轻放,避免振动,以防轴间宝石轴承受损而影响指示。

（4）使用注意事项

①测量前,首先将两根探测针分别插入地中接地极 E,电位探测针 P 和电流探测针 C 成一直线并相距 20 m,P 插于 E 和 C 之间,然后用专用导线分别将 E、P、C 接到仪表的相应接线柱上。

②测量前的准备:使用前将设备与接地线断开。将仪表放平,然后进行机械校零。

③接地摇表的接线:首先在距离被测接地极 E 40 m 处将电流探针 C 插入土壤深度约 40 cm,再将电位探针 P 插在被测接地极 E 和电流探针 C 中间,三者成一直线且彼此相距 20 m。最后用导线将 E 与仪表 E 端钮相接,电位探针 P 与仪表的 P 端相接,电流探针 C 与仪表 C 端相连接。

【技能实践】

知识拓展：防雷智
能在线监测系统

1.实训项目

接地电阻检测实训。

2.实训目的

①掌握接地电阻检测仪器的使用;

②能接地电阻检测仪器检测接地电阻。

3.实训任务

小组成员根据老师所提供的案例或实际场景实事求是地进行安全检查评分。

4.实训流程

①课前分小组,设置组长,课前讨论实训重难点。

②下发实训任务书或实训作业指导书;

③每个小组开展安全检查;

④教师评价,将表现好的进行示范。

【安全小测试】

1.下列不属于用电"三原则"的是(　　　)。

A.三级配电系统　　　　　　　　　　B.TN-S 接零保护系统

C.二级剩余电流保护系统　　　　　　D.分级分路规则

2.开关箱与其他供电的固定式用电设备的水平距离不宜超过(　　　)m。

A.1　　　　　　B.2　　　　　　C.3　　　　　　D.4

3.为保证三级配电系统能够安全、可靠、有效地运行,在实际设置系统时应遵守下列哪些规则?(　　　)

A.动照分设规则　　　　　　　　　　B.环境安全规则

C.压缩配电间距规则　　　　　　　　D.分级分路规则

4.分配电箱与开关箱的距离不得超过(　　　)m。

A.10　　　　　　B.20　　　　　　C.30　　　　　　D.40

5.严禁用同一个开关箱直接控制(　　　)台及以上用电设备。

A.1　　　　　　B.2　　　　　　C.3　　　　　　D.4

6. 在潮湿场所使用的开关箱中漏电保护器的额定漏电动作电流≤( )mA。

A. 15　　　　　B. 20　　　　　C. 25　　　　　D. 30

7. 总配电箱应设在靠近电源的区域,分配电箱应设在用电设备或负荷相对集中的区域,分配电箱与开关箱的距离不得超过( )m,开关箱与其控制的固定式用电设备的水平距离不宜超过 3 m。

A. 10　　　　　B. 20　　　　　C. 30　　　　　D. 40

8. 配电装置上端(含配电柜顶部和配电母线排)距离天棚不小于( )m

A. 0.5　　　　　B. 1　　　　　C. 1.5　　　　　D. 2

9. 配电柜正面的操作通道宽度应确保在单列布置或双列背对背布置时不小于 1.5 m,双列面对面布置时不小于( )m。

A. 2　　　　　B. 3　　　　　C. 4　　　　　D. 5

10. 配电柜侧面的维护通道宽度不应小于( )m。

A. 0.5　　　　　B. 1　　　　　C. 1.5　　　　　D. 2

11. 电缆直接埋地敷设的深度不应小于( )m,并应在电缆紧邻上、下、左、右侧均匀敷设不小于 50 mm 厚的细砂,然后覆盖砖或混凝土板等硬质保护层。

A. 0.5　　　　　B. 0.6　　　　　C. 0.7　　　　　D. 0.8

12. 室内非埋地明敷主干线距地面高度不得小于( )m。

A. 1　　　　　B. 1.5　　　　　C. 2　　　　　D. 2.5

13. 每一接地装置的接地线应采用( )根及以上导体,在不同点与接地体做电气连接。

A. 1　　　　　B. 2　　　　　C. 3　　　　　D. 4

14. 做防雷接地的机械电气设备,所连接的 PE 线必须同时做重复接地,同一台机械电气设备的重复接地和防雷接地可共用同一接地体,但接地电阻应符合重复接地电阻值的要求,接地电阻值应小于( )欧姆。

A. 1　　　　　B. 2　　　　　C. 3　　　　　D. 4

15. 漏电保护需要,将电气设备正常运行情况下不带电的金属外壳和机械设备的金属构架(件)接地,称为保护接地,阻值不应大于( )欧姆。

A. 1　　　　　B. 2　　　　　C. 3　　　　　D. 4

项目 2.4　消防工程安全技术

【导入】

2020 年 5 月 3 日 15 时 43 分许,吉华街道甘坑同富裕工业区××工厂 2 楼闲置办公室发生火灾,过火面积 2 m²。在发生火灾第一时间,园区义务消防队立即组织消防员开展灭火救援。同时,关闭园区总电闸,并开启楼外、二楼内部消火栓(2 支水枪)进行扑救。随后,明火基本被扑灭,本次义务消防队的救援基本实现了"灭早""灭小"的目标,但仍存在组织不够周密、疏散工作落实不到位等问题。

火灾损失:办公室沙发、电视机被烧毁,无人员伤亡。

火灾原因:起火办公室面积为 15 m²,现场过火面积为 2 m²,起火原因为电线短路。

事故暴露问题：消防设施维护和日常消防管理工作不到位，单位消防设施每季度没有进行全面检测，同时由于起火单位为老旧建筑，现场没有自动报警系统、自动喷淋系统。

部分员工扑救初起火灾、组织疏散逃生能力不强，起火单位员工未在第一时间报警。虽然园区的义务消防队第一时间将明火扑灭，但该起火灾也暴露了一些问题：从单位的负责人到一般的员工惊慌失措、束手无策，对火灾事故应急的报警、处置程序不清楚，岗位职责不明确，不会引导疏散群众，基本逃生自救技能不清楚，倘若此次火灾没有在第一时间得到有效控制，极易造成严重的火灾事故。

整改环节：

①园区应设置环形消防车道，车道的净宽度和净空高度均不应小于4.0 m。

②在丙类厂房内设办公室时，防火分隔的耐火极限应符合规范要求，室内装修装饰禁用易燃、可燃材料。

③对园区内消防设施每年进行一次维保检测，始终确保设施处于正常有效运转状态。

④检查和完善消防火灾报警系统、自动灭火系统、应急广播系统、应急照明与疏散等系统。

⑤消防水源要充足可靠，水量与水压满足灭火要求，消防用水与生活用水合用时，应有消防用水不被他用的技术措施。

⑥按标准选用、安装电气设备设施，规范敷设电气线路，定期开展电气安全防火检测。

⑦加强日常防火巡查，并确定巡查人员、内容与频次。

【理论基础】

建筑施工现场
消防安全技术

2.4.1　建筑施工现场总平面布局

防火、灭火及人员安全疏散是施工现场防火工作的主要内容。施工现场临时用房、临时设施的布置满足现场防火、灭火及人员安全疏散的要求是施工现场防火工作的基本条件。

施工现场临时用房、临时设施的布置常受现场客观条件（气象，地形地貌及水文地质，地上、地下管线及周边建（构）筑物，场地大小及"三通一平"，现场周边道路及消防设施等具体情况）的制约，而不同施工现场的客观条件又千差万别。因此，施工现场的总平面布局应综合考虑在建工程及现场情况，因地制宜，按照"临时用房及临时设施占地面积少、场内材料及构件二次运输少、施工生产及生活相互干扰少、临时用房及设施建造费用少，并满足施工、防火、节能、环保、安全、保卫、文明施工等需求"的基本原则进行。

明确施工现场平面布局的主要内容，确定施工现场出入口的设置及现场办公、生活、生产、物料储存区域的布置原则，规范可燃物、易燃、易爆危险品存放场所及动火作业场所的布置要求。对施工现场的火源和可燃物、易燃物实施重点管控是落实现场防火工作基本措施的具体表现。

1）一般规定

①临时用房、临时设施的布置应满足现场防火、灭火及人员安全疏散的要求。

②下列临时用房和临时设施应纳入施工现场总平面布局。

a.施工现场的出入口、围墙、围挡。

b.场内临时道路。

c. 给水管网或管路和配电线路敷设或架设的走向、高度。

d. 施工现场办公用房、宿舍、发电机房、变配电房、可燃材料库房、易燃、易爆危险品库房、可燃材料堆场及其加工场、固定动火作业场等。

e. 临时消防车道、消防救援场地和消防水源。

③施工现场出入口的设置应满足消防车通行的要求，并宜布置在不同方向，其数量不宜少于 2 个。当确有困难只能设置 1 个出入口时，应在施工现场内设置满足消防车通行的环形道路。

④施工现场临时办公、生活、生产、物料储存等功能区宜相对独立布置，并满足防火间距要求。

⑤固定动火作业场应布置在可燃材料堆场及其加工场、易燃、易爆危险品库房等全年最小频率风向的上风侧，并宜布置在临时办公用房、宿舍、可燃材料库房、在建工程等全年最小频率风向的上风侧。

⑥易燃、易爆危险品库房应远离明火作业区、人员密集区和建筑物相对集中区。

⑦可燃材料堆场及其加工场、易燃、易爆危险品库房不应布置在架空电力线下。

2）防火间距

易燃、易爆危险品库房与在建工程的防火间距不应小于 15 m。可燃材料堆场及其加工场、固定动火作业场与在建工程的防火间距不应小于 10 m。其他临时用房、临时设施与在建工程的防火间距不应小于 6 m。

施工现场主要临时用房、临时设施的防火间距不应小于表 2.4.1 中的规定。当办公用房、宿舍成组布置时，其防火间距可适当减小，但应符合下列规定：

①每组临时用房的栋数不应超过 10 栋，组与组的防火间距不应小于 8 m。

②组内临时用房的防火间距不应小于 3.5 m，当建筑构件燃烧性能等级为 A 级时，其防火间距可缩小到 3 m。

表 2.4.1　施工现场主要临时用房、临时设施的防火距离

名称/间距/名称	办公用房、宿舍	发电机房、变配电房	可燃材料库房	厨房操作间、锅炉房	可燃材料堆场及加工场	固定动火作业场	易燃易爆危险品库房
办公用房、宿舍	4	4	5	5	7	7	10
发电机房、变配电房	4	4	5	5	7	7	10
可燃材料库房	5	5	5	5	7	7	10
厨房操作间、锅炉房	5	5	5	5	7	7	10
可燃材料堆场及加工场	7	7	7	7	7	7	10
固定动火作业场	7	7	7	7	10	10	12

续表

名称/间距 /名称	办公用 房、宿舍	发电机房、 变配电房	可燃材 料库房	厨房操作 间、锅炉房	可燃材料堆 场及加工场	固定动火 作业场	易燃易爆危 险品库房
易燃易爆危 险品库房	10	10	10	10	10	12	12

注:1. 临时用房、临时设施的防火间距应按临时用房外墙外边线或堆场、作业场、作业棚边线间的最小距离计算,当临时用房外墙有凸出可燃构件时,应从其凸出可燃构件的外缘算起。

2. 两栋临时用房相邻较高一面的外墙为防火墙时,防火间距不限。

3. 本表未规定的,可按同等火灾危险性的临时用房、临时设施的防火间距确定。

　　3)消防车道

　　①施工现场内应设置临时消防车道。临时消防车道与在建工程、临时用房、可燃材料堆场及其加工场的距离不宜小于 5 m,同时不宜大于 40 m。施工现场周边道路满足消防车通行及灭火救援要求时,施工现场内可不设置临时消防车道。

　　②临时消防车道的设置应符合下列规定:

　　a. 临时消防车道宜为环形,设置环形车道确有困难时,应在消防车道末端设置尺寸不小于 12 m×12 m 的回车场。

　　b. 临时消防车道的净宽度和净空高度均不应小于 4 m。

　　c. 临时消防车道的右侧应设置消防车行进路线指示标识。

　　d. 临时消防车道路基、路面及其下部设施应能承受消防车通行压力及工作荷载。

　　③下列建筑应设置环形临时消防车道,设置环形临时消防车道确有困难时,除设置回车场外,还应设置临时消防救援场地。

　　a. 建筑高度大于 24 m 的在建工程。

　　b. 建筑工程单体占地面积大于 3 000 m² 的在建工程。

　　c. 超过 10 栋且成组布置的临时用房。

　　④临时消防救援场地的设置应符合下列规定:

　　a. 临时消防救援场地应在在建工程装饰装修阶段设置。

　　b. 临时消防救援场地应设置在成组布置的临时用房场地的长边一侧及在建工程的长边一侧。

　　c. 临时救援场地宽度应满足消防车正常操作要求且不应小于 6 m,与在建工程外脚手架的净距不宜小于 2 m 且不宜超过 6 m。

2.4.2　建筑防火

　　临时用房和在建工程应采取可靠的防火分隔和安全疏散等防火技术措施。临时用房的防火设计应根据其使用性质及火灾危险性等情况进行确定。

　　在建工程防火设计应根据施工性质、建筑高度、建筑规模及结构特点等情况进行确定。

　　1)临时用房防火

　　①宿舍、办公用房的防火设计应符合下列规定:

　　a. 建筑构件的燃烧性能等级应为 A 级。当采用金属夹芯板材时,其芯材的燃烧性能等级应为 A 级。

b.建筑层数不应超过 3 层,每层建筑面积不应大于 300 m²。

c.层数为 3 层或每层建筑面积大于 200 m² 时,应设置至少2 部疏散楼梯。房间疏散门至疏散楼梯的最大距离不应大于 25 m。

d.单面布置用房时,疏散走道的净宽度不应小于 1.0 m;双面布置用房时,疏散走道的净宽度不应小于 1.5 m。

e.疏散楼梯的净宽度不应小于疏散走道的净宽度。

f.宿舍房间的建筑面积不应大于 30 m²,其他房间的建筑面积不宜大于 100 m²。

g.房间内任一点至最近疏散门的距离均不应大于 15 m,房门的净宽度不应小于 0.8 m;房间建筑面积超过 50 m² 时,房门的净宽度不应小于 1.2 m。

h.隔墙应从楼地面基层隔断至顶板基层底面。

②发电机房、变配电房、厨房操作间、锅炉房、可燃材料库房及易燃、易爆危险品库房的防火设计应符合下列规定:

a.建筑构件的燃烧性能等级应为 A 级。

b.层数应为 1 层,建筑面积不应大于 200 m²。

c.可燃材料库房单个房间的建筑面积不应超过 30 m²,易燃、易爆危险品库房单个房间的建筑面积不应超过 20 m²。

d.房间内任一点至最近疏散门的距离均不应大于 10 m,房门的净宽度不应小于 0.8 m。

③其他防火设计应符合下列规定:

a.宿舍、办公用房不应与厨房操作间、锅炉房、变配电房等组合建造。

b.会议室、文化娱乐室等人员密集的房间应设置在临时用房的第一层,其疏散门应向疏散方向开启。

2)在建工程防火

①在建工程作业场所的临时疏散通道应采用不燃、难燃材料建造,并应与在建工程结构施工同步设置,也可利用在建工程施工完毕的水平结构、楼梯。

②在建工程作业场所临时疏散通道的设置应符合下列规定:

a.耐火极限不应低于 0.5 h。

b.设置在地面上的临时疏散通道,其净宽度不应小于 1.5 m。利用在建工程施工完毕的水平结构、楼梯作为临时疏散通道时,其净宽度不宜小于 1.0 m。用于疏散的爬梯及设置在脚手架上的临时疏散通道,其净宽度不应小于 0.6 m。

c.临时疏散通道为坡道且坡度大于 25°时,应修建楼梯或台阶踏步或设置防滑条。

d.临时疏散通道不宜采用爬梯,确需采用时,应采取可靠固定措施。

e.临时疏散通道的侧面为临空面时,应沿临空面设置高度不小于 1.2 m 的防护栏杆。

f.临时疏散通道设置在脚手架上时,脚手架应采用不燃材料搭设。

g.临时疏散通道应设置明显的疏散指示标志。

h.临时疏散通道应设置照明设施。

③既有建筑进行扩建、改建施工时,必须明确划分施工区和非施工区。施工区不得营业、使用和居住。非施工区继续营业、使用和居住时,应符合下列规定:

a.施工区和非施工区之间应采用不开设门、窗、洞口的,耐火极限不低于 3.0 h 的不燃烧体隔墙进行防火分隔。

b. 非施工区内的消防设施应完好有效,疏散通道应保持畅通,并应落实日常值班及消防安全管理制度。

c. 施工区的消防安全应配有专人值守,发生火情应能立即处置。

d. 施工单位应向居住和使用者进行消防宣传教育,告知建筑消防设施、疏散通道的位置及使用方法,同时应组织疏散演练。

e. 外脚手架搭设不应影响安全疏散、消防车正常通行及灭火救援操作,外脚手架搭设长度不应超过该建筑物外立面周长的1/2。

④外脚手架、支模架的架体宜采用不燃或难燃材料搭设,高层建筑及既有建筑改造工程的外脚手架、支模架的架体应采用不燃材料搭设。

⑤下列安全防护网应采用阻燃型安全防护网。

a. 高层建筑外脚手架的安全防护网。

b. 既有建筑外墙改造时,其外脚手架的安全防护网。

c. 临时疏散通道的安全防护网。

⑥作业场所应设置明显的疏散指示标识,其指示方向应指向最近的临时疏散通道入口,如图2.4.1所示。

⑦作业层的醒目位置应设置安全疏散示意图。

图2.4.1 疏散指示标识

2.4.3 临时消防设施

1)一般规定

施工现场应设置灭火器、临时消防给水系统和应急照明等临时消防设施。临时消防设施应与在建工程的施工同步设置。房屋建筑工程中,临时消防设施的设置与在建工程主体结构施工进度的差距不应超过3层。在建工程可利用已具备使用条件的永久性消防设施作为临时消防设施。当永久性消防设施无法满足使用要求时,应增设临时消防设施。

施工现场的消火栓泵应采用专用消防配电线路。专用消防配电线路应自施工现场总配电箱的总断路器上端接入,并且应保持不间断供电。地下工程的施工作业场所宜配备防毒面具。临时消防给水系统的贮水池、消火栓泵、室内消防竖管及水泵接合器等应设置醒目标识。

2）灭火器

（1）在建工程及临时用房灭火器配置

在建工程及临时用房的下列场所应配置灭火器：

①易燃、易爆危险品存放及使用场所。

②动火作业场所。

③可燃材料存放、加工及使用场所。

④厨房操作间、锅炉房、发电机房、变配电房、设备用房、办公用房、宿舍等临时用房。

⑤其他具有火灾危险的场所。

图2.4.2　灭火器

（2）施工现场灭火器配置

施工现场灭火器配置应符合下列规定：

①灭火器的类型应与配备场所可能发生的火灾类型相匹配。

②灭火器的最低配置标准应符合表2.4.2的规定。

表2.4.2　灭火器的最低配置标准

项目	固体物质火灾		液体或可熔化固体物质火灾、气体火灾	
	单具灭火器最小灭火级别	单具灭火器最大灭火级别（m^2/A）	单具灭火器最小灭火级别	单具灭火器最大灭火级别（m^2/B）
易燃易爆危险品存放及使用场所	3A	50	89B	0.5
固定动火作业点	3A	50	89B	0.5
临时动火作业点	2A	50	55B	0.5
可燃材料存放、加工及使用场所	2A	75	55B	1.0
厨房操作间、锅炉房	2A	75	55B	1.0
自备发电机房	2A	75	55B	1.0
变配电房	2A	75	55B	1.0
办公用房、宿舍	1A	100		

③灭火器的配置数量应按国家标准《建筑灭火器配置设计规范》(GB 50140—2005)的有关规定经计算确定,并且每个场所的灭火器数量不应少于2具。

(3)灭火器的最大保护距离

灭火器的最大保护距离应符合表2.4.3的规定。

表2.4.3　灭火器的最大保护距离　　　　　　　　　　　　　　　　单位:m

灭火器配置场所	固体物质火灾	液体或可熔化固体物质火灾、气体火灾
易燃易爆危险品存放及使用场所	15	9
固定动火作业点	15	9
临时动火作业点	10	6
可燃材料存放、加工及使用场所	20	12
厨房操作间、锅炉房	20	12
发电机房、变配电房	20	12
办公室、宿舍等	25	

3)临时消防给水系统

①施工现场或其附近应设置稳定、可靠的水源,并能满足施工现场临时消防用水的需要。

消防水源可采用市政给水管网或天然水源。当采用天然水源时,应采取确保冰冻季节、枯水期最低水位时顺利取水的措施,并应满足临时消防用水量的要求。

②临时消防用水量应为临时室外消防用水量与临时室内消防用水量之和。

③临时室外消防用水量应按临时用房和在建工程的临时室外消防用水量的较大者确定,施工现场火灾次数可按同时发生1次确定。

④当临时用房建筑面积之和大于1 000 m²或在建工程单体体积大于10 000 m³时,应设置临时室外消防给水系统。当施工现场处于市政消火栓150 m保护范围内,且市政消火栓的数量满足室外消防用水量要求时,可不设置临时室外消防给水系统。

⑤临时用房的临时室外消防用水量不应小于表2.4.4的规定。

表2.4.4　临时用房的临时室外消防用水量

临时用房的建筑面积之和	火灾持续时间(h)	消防栓用水量(L/s)	每支水枪最小流量(L/s)
1 000 m²<面积≤5 000 m²	1	10	5
面积>5 000 m²		15	5

⑥在建工程的临时室外消防用水量不应小于表2.4.5的规定。

表2.4.5　在建工程的临时室外消防用水量

在建工程(单体)体积	火灾持续时间(h)	消防栓用水量(L/s)	每支水枪最小流量(L/s)
1 000 m³<体积≤30 000 m³	1	15	5
体积>30 000 m²	2	20	5

⑦施工现场临时室外消防给水系统的设置应符合下列规定:

a. 给水管网宜布置成环状。

b. 临时室外消防给水干管的管径,应根据施工现场临时消防用水量和干管内水流速度计算确定,且不应小于 DN100 管子的管径。

c. 室外消火栓应沿在建工程、临时用房和可燃材料堆场及其加工场均匀布置,与在建工程、临时用房和可燃材料堆场及其加工场的外边线的距离不应小于 5 m。

d. 消火栓的间距不应大于 120 m。

e. 消火栓的最大保护半径不应大于 150 m。

⑧建筑高度大于 24 m 或单体体积超过 30 000 m 的在建工程,应设置临时室内消防给水系统。

⑨在建工程的临时室内消防用水量不应小于表 2.4.6 的规定。

表 2.4.6　在建工程的临时室内消防用水量

在建工程(单体)体积	火灾持续时间(h)	消防栓用水量(L/s)	每支水枪最小流量(L/s)
24 m<建筑高度≤50 m 或 3 000 m³<体积≤50 000 m³	1	10	5
建筑高度>50 m 或 体积>30 000 m²	1	15	5

⑩在建工程临时室内消防竖管的设置应符合下列规定:

a. 消防竖管的设置位置应便于消防人员操作,其数量不应少于 2 根。当结构封顶时,应将消防竖管设置成环状。

b. 消防竖管的管径应根据在建工程临时消防用水量、竖管内水流速度计算确定,且不应小于 DN100 管子的管径。

⑪设置室内消防给水系统的在建工程,应设置消防水泵接合器。消防水泵接合器应设置在室外便于消防车取水的位置,与室外消火栓或消防水池取水口的距离宜为 15～40 m。

⑫设置临时室内消防给水系统的在建工程,各结构层均应设置室内消火栓接口及消防软管接口,并应符合下列规定:

a. 消火栓接口及软管接口应设置在位置明显且易于操作的部位。

b. 消火栓接口的前端应设置截止阀。

c. 对于消火栓接口或软管接口的间距,多层建筑不应大于 50 m,高层建筑不应大于 30 m。

⑬在建工程结构施工完毕的每层楼梯处均应设置消防水枪、水带及软管,且每个设置点不应少于 2 套。

⑭高度超过 100 m 的在建工程应在适当楼层增设临时中转水池及加压水泵。中转水池的有效容积不应小于 10 m³,上、下两个中转水池的高差不宜超过 100 m。

⑮临时消防给水系统的给水压力应满足消防水枪充实水柱长度不小于 10 m 的要求。给水压力不能满足要求时,应设置消火栓泵,消火栓泵不应少于 2 台,且应互为备用。消火栓泵

图 2.4.3　消火栓

宜设置自动启动装置。

⑯当外部消防水源不能满足施工现场的临时消防用水量要求时,应在施工现场设置临时贮水池。临时贮水池宜设置在便于消防车取水的位置,其有效容积不应小于施工现场火灾持续时间内一次灭火的全部消防用水量。

⑰施工现场临时消防给水系统应与施工现场生产、生活给水系统合并设置,但应设置将生产、生活用水转为消防用水的应急阀门。应急阀门不应超过 2 个,且应设置在易于操作的场所,并应设置明显标识。

⑱严寒和寒冷地区的现场临时消防给水系统应采取防冻措施。

4)应急照明

①施工现场的下列场所应配备临时应急照明:

a. 自备发电机房及变配电房;

b. 水泵房;

c. 无天然采光的作业场所及疏散通道;

d. 高度超过 100 m 的在建工程的室内疏散通道;

e. 发生火灾时仍需坚持工作的其他场所。

②作业场所应急照明的照度不应低于正常工作所需照度的90%,疏散通道的照度值不应小于 0.5 lx。

③临时消防应急照明灯具宜选用自备电源的应急照明灯具。自备电源的连续供电时间不应小于 60 min。

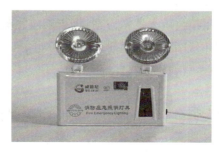

图 2.4.4　应急照明灯具

2.4.4　消防安全管理

1) 一般规定

①施工现场的消防安全管理应由施工单位负责。

实行施工总承包时,应由总承包单位负责。分包单位应向总承包单位负责,并应服从总承包单位的管理,同时应承担国家法律、法规规定的消防责任和义务。

②监理单位应对施工现场的消防安全管理实施监理。

③施工单位应根据建设项目规模、现场消防安全管理的重点,在施工现场建立消防安全管理组织机构及义务消防组织,并应确定消防安全负责人和消防安全管理人员,同时应落实相关人员的消防安全管理责任。

④施工单位应针对施工现场可能导致火灾发生的施工作业及其他活动,制定消防安全管理制度。消防安全管理制度应包括下列主要内容:

a.消防安全教育与培训制度。

b.可燃及易燃、易爆危险品管理制度。

c.用火、用电、用气管理制度。

d.消防安全检查制度。

e.应急预案演练制度。

⑤施工单位应编制施工现场防火技术方案,并应根据现场情况变化及时修改、完善。防火技术方案应包括下列主要内容:

a.施工现场重大火灾危险源辨识。

b.施工现场防火技术措施。

c.临时消防设施、临时疏散设施配备。

d.临时消防设施和消防警示标识布置图。

⑥施工单位应编制施工现场灭火及应急疏散预案。灭火及应急疏散预案应包括下列主要内容:

a.应急灭火处置机构及各级人员应急处置职责。

b.报警、接警处置的程序和通信联络的方式。

c.扑救初起火灾的程序和措施。

d.应急疏散及救援的程序和措施。

⑦施工人员进场时,施工现场的消防安全管理人员应向施工人员进行消防安全教育和培训。消防安全教育和培训应包括下列内容:

a.施工现场消防安全管理制度、防火技术方案、灭火及应急疏散预案的主要内容。

b.施工现场临时消防设施的性能及使用、维护方法。

c.扑灭初起火灾及自救逃生的知识和技能。

d.报警、接警的程序和方法。

⑧施工作业前,施工现场的施工管理人员应向作业人员进行消防安全技术交底。消防安全技术交底应包括下列主要内容:

a.施工过程中可能发生火灾的部位或环节。

b.施工过程应采取的防火措施及应配备的临时消防设施。

　　c. 初起火灾的扑救方法及注意事项。

　　d. 逃生方法及路线。

　　⑨施工过程中,施工现场的消防安全负责人应定期组织消防安全管理人员对施工现场的消防安全进行检查。消防安全检查应包括下列主要内容:

　　a. 可燃物及易燃、易爆危险品的管理是否落实。

　　b. 动火作业的防火措施是否落实。

　　c. 用火、用电、用气是否存在违章操作,电、气焊及保温防水施工是否执行操作规程。

　　d. 临时消防设施是否完好有效。

　　e. 临时消防车道及临时疏散设施是否畅通。

　　⑩施工单位应依据灭火及应急疏散预案,定期开展灭火及应急疏散的演练。

　　⑪施工单位应做好并保存施工现场消防安全管理的相关文件和记录,并应建立现场消防安全管理档案。

　　2)可燃物及易燃、易爆危险品管理

　　①用于在建工程的保温、防水、装饰及防腐等材料的燃烧性能等级应符合设计要求。

　　②可燃材料及易燃、易爆危险品应按计划限量进场。进场后,可燃材料宜存放于库房内,露天存放时,应分类成垛堆放,垛高不应超过 2 m,单垛体积不应超过 50 m³,垛与垛之间的最小间距不应小于 2 m,且应采用不燃或难燃材料覆盖。易燃、易爆危险品应分类专库储存,库房内应通风良好,并应设置严禁明火标志。

　　③室内使用油漆及其有机溶剂、乙二胺、冷底子油等易挥发产生易燃气体的物资作业时,应保持良好通风,作业场所严禁明火,并应避免产生静电。

　　3)用火、用电、用气管理

　　(1)施工现场用火

　　施工现场用火应符合下列规定:

　　①动火作业应办理动火许可证。动火许可证的签发人收到动火申请后,应前往现场查验并确认动火作业的防火措施落实后,再签发动火许可证。

　　②动火操作人员应具有相应资格。

　　③焊接、切割、烘烤或加热等动火作业前,应对作业现场的可燃物进行清理。作业现场及其附近无法移走的可燃物应采用不燃材料对其覆盖或隔离。

　　④施工作业安排时,宜将动火作业安排在使用可燃建筑材料的施工作业前进行。确需在使用可燃建筑材料的施工作业之后进行动火作业时,应采取可靠的防火措施。

　　⑤裸露的可燃材料上严禁直接进行动火作业。

　　⑥焊接、切割、烘烤或加热等动火作业应配备灭火器材,并应设置动火监护人进行现场监护,每个动火作业点均应设置 1 个监护人。

　　⑦五级(含五级)以上风力时,应停止焊接、切割等室外动火作业;确需动火作业时,应采取可靠的挡风措施。

　　⑧动火作业后,应对现场进行检查,并应在确认无火灾危险后,动火操作人员再离开。

　　⑨具有火灾、爆炸危险的场所严禁明火。

　　⑩施工现场不应采用明火取暖。

　　⑪厨房操作间炉灶使用完毕后,应将炉火熄灭,排油烟机及油烟管道应定期清理油垢。

（2）施工现场用电

施工现场用电应符合下列规定：

①施工现场供用电设施的设计、施工、运行和维护应符合国家标准《建设工程施工现场供用电安全规范》（GB 50194—2014）的有关规定。

②电气线路应具有相应的绝缘强度和机械强度，严禁使用绝缘老化或失去绝缘性能的电气线路，严禁在电气线路上悬挂物品。破损、烧焦的插座、插头应及时更换。

③电气设备与可燃、易燃、易爆危险品和腐蚀性物品应保持一定的安全距离。

④有爆炸和火灾危险的场所，应按危险场所等级选用相应的电气设备。

⑤配电屏上每个电气回路均应设置漏电保护器、过载保护器，距配电屏 2 m 范围内不应堆放可燃物，5 m 范围内不应设置可能产生较多易燃、易爆气体、粉尘的作业区。

⑥可燃材料库房不应使用高热灯具，易燃、易爆危险品库房内应使用防爆灯具。

⑦普通灯具与易燃物的距离不宜小于 300 mm，聚光灯、碘钨灯等高热灯具与易燃物的距离不宜小于 500 mm。

⑧电气设备不应超负荷运行或带故障使用。

⑨严禁私自改装现场供用电设施。

⑩应定期对电气设备和线路的运行及维护情况进行检查。

（3）施工现场用气

施工现场用气应符合下列规定：

①储装气体的罐瓶及其附件应合格、完好和有效。严禁使用减压器及其他附件缺损的氧气瓶。严禁使用乙炔专用减压器、回火防止器及其他附件缺损的乙炔瓶。

②气瓶运输、存放、使用时，应符合下列规定：

a. 气瓶应保持直立状态，并采取防倾倒措施，乙炔瓶严禁横躺卧放。

b. 严禁碰撞、敲打、抛掷、滚动气瓶。

c. 气瓶应远离火源，与火源的距离不应小于 10 m，并应采取避免高温和防止曝晒的措施。

d. 燃气储装瓶罐应设置防静电装置。

e. 气瓶应分类储存，库房内应通风良好。空瓶和实瓶同库存放时，应分开放置，空瓶和实瓶的间距不应小于 1.5 m。

③气瓶使用应符合下列规定：

a. 使用前，应检查气瓶及气瓶附件的完好性，检查连接气路的气密性，并采取避免气体泄漏的措施，严禁使用已老化的橡皮气管。

b. 氧气瓶与乙炔瓶的工作间距不应小于 5 m，气瓶与明火作业点的距离不应小于 10 m。

c. 冬季使用气瓶，气瓶的瓶阀、减压器等发生冻结时，严禁用火烘烤或用铁器敲击瓶阀，严禁猛拧减压器的调节螺丝。

d. 氧气瓶内剩余气体的压力不应小于 0.1 MPa。

e. 气瓶用后应及时归库。

4）其他防火管理

①施工现场的重点防火部位或区域应设置防火警示标识。

②施工单位应做好施工现场临时消防设施的日常维护工作，对已失效、损坏或丢失的消防设施应及时更换、修复或补充。

③临时消防车道、临时疏散通道、安全出口应保持畅通,不得遮挡、挪动疏散指示标识,不得挪用消防设施。

④施工期间,不应拆除临时消防设施及临时疏散设施。

⑤施工现场严禁吸烟。

【技能实践】

知识拓展：智慧消防安全服务云平台

1.实训目标

①提高消防安全意识,增强应对火灾的自救能力。

②掌握扑灭初期火灾的技能。

2.实训准备

①表格准备。

②仪器设备准备。如油桶、木材、柴油、灭火器、点火器具等。

③分组准备。

3.实训内容

1)讨论消防知识与灭火技能

(1)火灾形成具备的3个条件

①可燃物:固体、液体、气体。

②助燃物:空气、氧气、氯、过氧化钠等。

③着火源:明火、电火花、雷击等。

(2)灭火的基本方法

①冷却灭火法(降温):水、二氧化碳是冷却灭火常用材料,适用房屋、家具、木柴、纸张等可燃物质引起的火灾。

②隔离灭火法(隔断):将燃烧物体与附近的可燃物隔离或疏散,使燃烧停止。

③窒息灭火法(断氧):采用石棉布、湿帆布等不燃材料覆盖燃烧物或封闭孔洞,利用门、窗封闭燃烧区,阻止新鲜空气流入。

④抑制灭火法(灭火剂):干粉、1211、1202。

(3)灭火器材性能及使用

①ABCD干粉灭火器:"A"表示适用于扑灭由固体可燃物引发的火灾,如木材、纸张、塑料等。"B"表示适用于扑灭由液体可燃物引发的火灾,如汽油、酒精、天那水等。

"C"表示适用于扑灭由气体可燃物引发的火灾,如液化石油气、煤气、氢气等。

"D"表示适用于扑灭由金属、带电设备可燃物引发的火灾。

②使用方法:将灭火器翻转摇动数次(瓶内干粉不至于凝结),拉出保险锁;距离火点约3 m处(注意风向,选择站在逆风处、火焰反方向);喷射角度约45°,对准火焰根部压下压把,干粉即可喷出;迅速摇摆喷嘴,使干粉雾横扫整个火区,由近而远向前推移。

2)灭火演习

选派学生代表使用灭火器具进行实操,掌握扑灭初期火灾的技能。液化石油罐灭火、麻布袋灭油桶火、灭火器灭火等。

4.实训评价

①小组互评。小组之间互评对方消防知识与灭火技能的掌握情况,指出不足。

②教师总结评价。教师对各小组的实训表现进行总结性评价。

【阅读与思考】

战山火的逆行者

这是火光照耀的逆行,这是头灯点亮的星星。因为你深知:你站立的地方,就是你的家园,你的重庆,你的中国。所以,你们站成了一堵防火墙、一条隔离带、一座山脉、一道长城!平凡铸就伟大,英雄来自人民,这是坚不可摧的中国意志、众志成城的中国力量——天地英雄气。

2022年8月21日22时30分,重庆市北碚区突发山火。在消防、武警和当地志愿者2万余人的共同奋战下,这场大火在8月26日被扑灭。重庆这次的山林火灾挤满了来自四面八方的救援力量,他们中有消防员、武警、教师、农民、学生。

世界记住了这样的画面:消防战士在扑火间隙拿着半块面包疲惫入睡,机车少年逆风而上接力运送物资,志愿者的头灯组成曲折蜿蜒的"星光长城"……

山火无情人有情,众志成城战天灾。向参与救援的每一个平凡英雄,致敬!

【安全小测试】

1. 对现场建筑材料的堆放的一般要求有( )。

A. 应当根据用量大小、使用时间长短、供应与运输情况堆放

B. 各种材料必须按照总平面图规定的位置放置

C. 各种材料物品必须堆放整齐,并符合安全、防火的要求

D. 应当按照品种、规格堆放,并设明显标牌,标明名称、规格、产地等

E. 要有排水措施、符合安全防火的要求

2. 建筑施工现场消防安全责任制度,应当明确( )等要求,并逐级落实防火责任制。

A. 消防水源   B. 消防安全管理程序

C. 消防安全责任人   D. 消防安全培训

E. 消防安全要求

3. 施工现场应当制定( )等消防安全管理制度。

A. 社区联防制度

B. 用火用电制度、易燃易爆危险物品管理制度

C. 消防设施维护保养制度、消防值班制度

D. 消防安全检查制度

E. 职工消防教育培训制度

4. 施工现场应当设置消防通道,消防水源,配备消防设施和灭火器材,现场入口处要设置明显标志。( )

5. 临时设施防火管理制度中要求搭建两栋以上临时宿舍共用同一疏散通道,其通道净宽不小于( )m。

A. 2 m   B. 3 m   C. 4 m   D. 5 m

6. 施工现场内应设置临时消防车道,临时消防车道与在建工程、临时用房、可燃材料堆场及其加工场的距离不宜小于( )m,且不宜大于40 m。

A. 2 m   B. 3 m   C. 4 m   D. 5 m

项目2.5　建筑职业卫生健康与工伤

【导入】

1993年7月,浙江泰顺人王××和陈××、张××等人,以泰顺县隧道工程公司的名义向沈阳矿务局矿建工程处承包了辽宁省沈阳至本溪一级汽车专用公路小堡至南芬第七合同段吴家岭隧道施工工程。随后,他们先后招募了400名工人,工人在含有高浓度粉尘的环境中作业,吸入大量粉尘。2001年,上百名矽肺病患者向法院起诉,状告泰顺县隧道工程公司等单位和个人,索赔2.08亿元。2002年1月14日,陈××、王××犯重大劳动安全事故罪,分别判处有期徒刑7年、5年,并承担该案总赔偿金额120%的人身损害赔偿责任,并对全部赔偿额承担连带责任。

图2.5.1　隧道施工现场

探索与思考:
①建筑企业为什么要建立职业安全健康管理体系?
②防治矽肺应该从哪些方面入手?

职业卫生
健康与工伤

【理论基础】

2.5.1　职业病类型

建筑行业能够引起职业病的工种及工序较多,一般职业病的类型包括职业中毒、尘肺、物理性职业病、职业性皮肤病、职业性眼病、职业性鼻喉病、职业性肺癌和其他职业病。

1)职业中毒

建筑施工过程中一般包括下列中毒危害因素:

①由含铅汽油、蓄电池、油漆等物质引起的铅及其化合物中毒。

②由仪表制作和使用引起的汞及其化合物中毒。

③由电焊、钢铁冶炼及熔融引起的锰及其化合物中毒。

④由磷及其化合物引起的磷中毒。

⑤由砷及其化合物引起的砷中毒。

⑥由晒图引起的氨中毒。

⑦由接触硝酸、炸药引起的硝酸盐中毒。

⑧由煤气管道维修及冬季取暖不当引起的一氧化碳中毒。

⑨由接触煤烟引起的二氧化碳中毒。

⑩由钢材酸洗、硫酸除锈、电镀等引起的二氧化硫中毒。

⑪由下水道引起的硫化氢中毒。

⑫由油漆、喷漆、烤漆、浸漆等引起的苯中毒、甲苯中毒以及二甲苯中毒。

⑬由粘接塑料、制管、焊接、玻纤瓦、热补胎等引起的聚氯乙烯中毒。

⑭由接触含苯的氨基及化合物引起的苯中毒。

⑮由爆破、装炸药引起的三硝基甲苯中毒。

2）尘肺

尘肺是指操作人员在含粉尘浓度较高的场所作业时,吸入肺部的粉尘达到一定数量后,会使肺部组织发生纤维化病变,致使肺部组织丧失正常的呼吸功能而导致的疾病。在建筑施工中,一般有以下尘肺类型:

①矽肺。吸入含有游离二氧化硅(原称"矽")的粉尘而引起的尘肺称为矽肺。建筑业中与二氧化硅接触的作业主要有隧道施工,凿岩,爆破、出渣,水泥的储运和使用、铺上现场的砂石装卸、石料加工、玻璃打磨等。

②硅酸盐肺。吸入含有硅酸盐粉尘而引起的尘肺称为硅酸盐肺,如石棉肺、滑石肺、水泥肺、云母肺等均属硅酸盐肺。建筑行业中接触较多的是水泥尘和石棉尘。接触石棉尘不仅容易发生硅酸盐肺,而且可能致癌。

③焊工尘肺。电焊烟尘的成分比较复杂,主要成分是铁、硅、锰。其中主要毒物是锰、硅等。毒性虽然不大,但其尘粒极细(粒径 5 μm 以下),在空中停留时间较长,容易吸入肺内。特别是在密闭容器及通风条件差的地方作业,会对焊工的健康造成很大的危害。

④混合性尘肺。吸入含有游离二氧化硅粉尘和其他粉尘而引起的尘肺称为混合性尘肺。

⑤其他尘肺。吸入其他粉尘而引起的尘肺称为其他尘肺。例如,金属尘肺、木屑尘肺均属其他尘肺。吸入铬、砷等金属粉尘,还可能引起呼吸系统肿瘤。

3）物理性职业病

物理性职业病是指由物理性因素而引起的职业病,包括下列类型:

①在夏季露天作业或在锅炉房内作业,由高温引起的中暑。

②由于潜水作业、沉箱作业引起的减压病。

③由于振动棒、风铆、电钻等引起的局部振动病等。

4）职业性皮肤病

职业性皮肤病是指由于操作人员接触对人体皮肤有害的物质,而引起的皮肤性疾病,主要包括:

①由于接触油漆、酸碱介质等引起的接触性皮炎。

②由于接触沥青、煤焦油引起的光敏性皮炎。

③由于长期接触紫外线引起的电光性皮炎。

④由于沥青熬制引起的皮肤黑变病。

⑤由于接触有毒物质引起的痤疮。

⑥由于接触酸、碱、盐引起的皮肤溃疡等。

5）职业性眼病

职业性眼病是指在施工操作时出于外界的原因,引起的眼部疾病,一般包括:

①由酸、碱、油漆等化学物质而引起的眼部烧伤。

②由电焊的紫外线引起的电光性眼炎。

③由接触放射性物质或激光而引起的职业性白内障等。

6）职业性癌症

①由接触石棉及石棉制品所而引起的肺癌、皮肤癌。

②由接触苯及含苯的油漆所引起的白血病(血癌)。

③由于电镀作业或铬酸所引起的肺癌等。

7）职业性耳鼻疾病

①由于长期接触噪声引起的职业性耳聋。

②由于接触易过敏的油漆、苯及其化合物等引起的职业性哮喘。

③由于接触油漆、树脂等引起的职业性病态反应性肺泡炎等。

2.5.2　职业病危害因素的识别

1）施工前识别

施工企业应在施工前进行施工现场卫生状况调查,明确施工现场是否存在排污管道、历史化学废弃物填埋、垃圾填埋和放射性污染物质等情况。

项目经理部在施工前应根据施工工艺、施工现场的自然条件对不同施工阶段存在的职业病危害因素进行识别,列出职业病危害因素清单。职业病危害因素的识别范围必须覆盖施工过程中所有活动,包括:常规和非常规(如冬雨期施工和临时性作业、紧急状况、事故状况)活动、所有进入施工现场人员(包括供货方、访问者等)以及所有物料、设备和设施(包括自有的、租赁的、借用的)可能产生的职业病危害因素。

具体应从以下几个方面辨识:

①工作环境:周围环境、工程地质、地形、自然灾害、气象条件、资源交通、抢险救灾等。

②平面布局:功能分区(生产、管理、辅助生产、生活区);高温、有害物质、噪声、辐射;建筑物、构筑物布置;风向、卫生防护距离等。

③运输线路:施工便道、各施工作业区、作业面、作业点的贯通道路以及与外界联系的交通路线等。

④土方工程、混凝土浇筑、钢筋加工、屋面防水、装饰装修等施工工序和建筑材料特性(毒性、腐蚀性、燃爆性)。

⑤施工机具、设备、关键部位的备用设备。

2）施工过程识别

项目经理部应委托有资质的职业卫生服务机构根据职业病危害因素的种类、浓度(或强度)、接触人数、频度和时间,以及发生职业病的危险程度和职业病危害防护措施,对不同施工阶段、不同岗位的职业病危害因素进行识别、检测和评价,确定重点职业病危害因素和关键控制点。

当施工设备、材料、工艺或操作发生改变时,或者法律及其职业卫生要求变更,并可能引起职业病危害因素的种类、性质、浓度(或强度)发生变化时,项目经理部应重新组织进行职业病危害因素的识别、检测和评价。

2.5.3 建筑行业职业危害预防控制措施

1)建筑行业职业病危害的预防控制原则

项目经理部应根据施工现场职业病危害的特点,采取以下职业病危害防护措施:

①选择不产生或少产生职业病危害的建筑材料、施工设备和施工工艺。

②配备有效的职业病危害防护设施,使工作场所职业病危害因素的浓度(或强度)符合相关规范的要求。

③职业病防护设备、应急救援设施和个人职业病防护用品。进行经常性的维护、检修,定期检测其性能和效果,确保其处于正常状态,使用期间不得擅自拆除或者停止使用。

④配备选型正确,维护得当的个人防护用品。建立健全个人防护用品的采购、验收、保管、发放、使用、更换、报废等管理制度,并建立发放台账。

⑤制定合理的劳动制度,加强施工过程中职业卫生管理和教育培训。

⑥为可能产生急性健康损害的施工现场设置检测报警装置、警示标志、紧急撤离通道和泄险区域等。

2)建筑行业职业病危害的具体控制技术措施

(1)粉尘

尘肺的发病率,主要取决于作业场所的粉尘浓度和粉尘颗粒大小。粉尘浓度越高、尘粒越小,危害就越大,发病率就越高。对人体危害最大的是直径 5 μm 以下的细微尘粒,因其可长时间悬浮在空气中,所以最容易被作业人员吸入肺部而患职业病尘肺病,因此对其采取必要的防护措施,具体如下:

①技术革新。淘汰粉尘危害严重的施工工艺、施工设备和工具,采取不产生或少产生粉尘的工艺。

②采用无危害或危害较小的建筑材料。如不使用石棉、含有石棉的建筑材料。

③采用机械化、自动化或密闭隔离操作。如挖土机、推土机、刮土机、铺路机、压路机等施工机械的驾驶室或操作室密闭隔离,并在进风口设置滤尘装置。

④采取湿法作业。如凿岩作业中采用湿式凿岩机;爆破采用水封爆破;喷射混凝土采用湿喷;隧道爆破作业后立即喷雾洒水;钻孔采用湿式钻孔;平整场地时,配备洒水车,定时喷水作业;拆除作业时采用湿法拆除、装卸和运输含有石棉的建筑材料。

⑤设置局部防尘设施和净化排放装置,如焊枪配置带有排风罩的小型烟尘净化器,凿岩机、钻孔机等设置捕尘器。

⑥劳动者作业时应在上风向操作。

⑦建筑物拆除和翻修作业时,在接触石棉的施工区域设置警示标志,禁止无关人员进入。

⑧根据粉尘的种类和浓度为劳动者配备合适的呼吸防护用品,并定期更换。呼吸防护用品的配备应符合规范要求,如在建筑物拆除作业中,可能接触到石棉水泥板或石棉绝缘等含有石棉的物质,应为作业人员配备正压呼吸器、防护板;在罐内焊接作业时,操作人员应佩戴送风头盔或送风口罩;安装玻璃棉、消音及保温材料,作业人员必须佩戴防尘口罩。

⑨粉尘接触人员特别是石棉粉尘接触人员应做好戒烟、控烟教育。

⑩石棉尘的防护按照现行规范《石棉作业职业卫生管理规范》(GBZ/T 193)执行,石棉代用品的防护按照现行规范《使用人造矿物纤维绝热棉职业病危害防护规程》(GBZ/T 198)执行。

（2）噪声

噪声不仅伤害人的听觉系统,造成职业性耳聋、爆炸性耳聋,严重者可造成耳膜出血,甚至造成神经系统及自主神经功能紊乱、肠胃功能紊乱等。

噪声危害的主要防护措施如下:

①尽量选用低噪声施工设备和施工工艺代替高噪声,如使用低噪声的混凝土振动棒、风机,电动空压机,电锯等;以液压代替锻压,焊接代替铆接;以液压和电气钻代替风钻和手提钻;物料运输中避免大落差和直接冲击。

②对高噪声施工设备采取隔声、消声、隔振降噪等措施,尽量将噪声源与劳动者隔开。如气动机械,混凝土破碎机,以及施工设备的排风系统(如压缩空气排放管、内燃发动机废气排放管)安装消音器;机器运行时应关闭机盖(罩),相对固定的高噪声设施(如混凝土搅拌站)设置隔声控制室。

③尽可能减少高噪声设备作业点的密度。

④噪声超过85 dB(A)的施工场所,应为劳动者配备有足够衰减值、佩戴舒适的护耳器,并应减少噪声作业。

（3）高温

高温作业对人体功能的影响,主要体现在体温和皮肤温度升高,使人体的水盐代谢、循环系统、消化系统、神经系统、泌尿系统产生改变,造成中暑等病症。

高温危害的主要防护措施如下:

①夏季高温时,应合理调整作息时间,尽量避开高温时段进行室外高温作业。尽可能缩短工作时间,严格控制加班时间,保证施工人员有充足的休息和睡眠时间。

②尽量降低劳动者的劳动强度,采取轮流作业方式,增加工间休息次数和休息时间。如:实行小换班,增加工间休息次数,延长午休时间,尽量避开高温时段进行室外高温作业等。

③当气温高于37 ℃时,一般应当停止施工作业。

④各种机械和运输车辆的操作室和驾驶室应设置空调。

⑤在罐、釜等容器内作业时,应采取措施,保证良好的通风和降温。

⑥在施工现场附近设置工间休息室和浴室,休息室内设置空调或电扇。

⑦夏季高温时节,为施工人员提供含盐清凉饮料(含盐量为0.1% ~ 0.2%),饮料水温应低于15 ℃。

⑧高温作业的劳动者应当定期进行职业健康检查,发现有职业禁忌者应及时调离高温作业岗位。

（4）振动

振动危害分为局部症状和全身症状。局部症状主要是手指麻木、胀痛、无力、双手震颤,手腕关节骨质变形,指端坏死等。全身症状主要表现在脚部周围神经和血管的改变,肌肉触痛,以及头痛、头晕、腹痛、呕吐、平衡失调及内分泌障碍等。

振动危害的主要防护措施如下:

①应加强施工工艺、设备和工具的更新、改造。尽可能避免采用使用手持风动工具;采用

自动、半自动操作装置,减少手及肢体直接接触振动体。采用液压、焊接、粘接等代替风动工具及铆接;采用化学法除锈代替除锈机除锈等。

②风动工具的金属部件改用塑料或橡胶材料,或加用各种衬垫物,减少因撞击而产生的振动;提高工具把手的温度,改进压缩空气进出口位置,避免手部受冷风吹袭。

③手持振动工具,如风动凿岩机、混凝土破碎机,混凝土振动棒、风钻、喷砂机、电钻、钻孔机、铆钉机等,应安装防振手柄,作业人员应戴防振手套。挖土机、推土机、刮土机、铺路机、压路机等驾驶室应设置减振装置。

④减少手持振动工具的重量,改善手持工具的作业体位,防止强迫体位,以减轻肌肉负荷;避免手臂上举姿势的振动作业。

⑤采取轮流作业方式,减少劳动者接触振动的时间,增加工间休息次数和休息时间。冬季还应注意保暖防寒。

(5)化学毒物

在施工生产过程中,毒物进入人体主要是经过呼吸道、皮肤以及消化道三个途径。经呼吸道进入是生产中产生的毒物进入人体的主要途径,因为整个呼吸道都能吸收毒物,尤其肺泡的吸收能力最大。而肺泡壁表面为含碳酸的液体所湿润,并有丰富的微血管,所以肺泡对毒物的吸收极其迅速。经皮肤吸收毒物有3种,即通过表皮屏障、通过毛囊、极少通过汗腺导管进入人体。经消化道进入这种途径较少见,大多是不遵守卫生制度所引起的,如施工人员在有毒的环境里进食或用污染的手取食物, 或者由于误食所致。化学毒物危害的主要防护措施如下:

①优先选用无毒的建筑材料,并尽量用无毒材料替代有毒材料、低毒材料替代高毒材料。如尽可能选用无毒水性涂料,用锌钡白、钛钡白替代油漆中的铅白,用铁红替代防锈漆中的铅丹等;以低毒的低锰焊条替代毒性较大的高锰焊条,不得使用国家明令禁止使用或者不符合国家标准的有毒化学品,禁止使用含苯的涂料、稀释剂和溶剂。

②尽可能采用可降低工作场所化学毒物浓度的施工工艺和施工技术,使工作场所的化学毒物浓度符合现行《工作场所有害因素职业接触限值》的要求, 如涂料施工时用粉刷或混刷替代喷涂。在高毒作业场所尽可能使用机械化、自动化或密闭隔离操作,使劳动者不接触或少接触高毒物品。

③设置有效通风装置。在使用有机溶剂,稀料、涂料或挥发性化学物质时,应当设置全面通风或局部通风设施;电焊作业时,设置局部通风防尘装置;所有挖方工程、竖井、地下工程、隧道等密闭空间作业,应当设置通风设施,以保证足够的新风量。

④使用有毒化学品时,劳动者应正确使用施工工具,在作业点的上风向施工。分装和配制油漆、防腐、防水材料等挥发性有毒材料时,尽可能采用露天作业,并注意现场通风。工作完毕后,将有机溶剂、容器及时加盖封严,防止有机溶剂的挥发。使用过的有机溶剂和其他化学品应进行回收处理,防止乱丢乱弃。

⑤使用有毒物品的工作场所应设置黄色区域警示线、警示标志和中文警示说明。警示说明中应载明产生职业中毒危害的种类、后果、预防以及应急救援措施等内容。使用高毒物品的工作场所应当设置红色区域警示线、警示标志和中文警示说明,并设置通信报警设备,设置应急撤离通道和必要的泄险区。

⑥存在有毒化学品的施工现场附近应设置盥洗设备,配备个人专用更衣箱;使用高毒物

品的工作场所还应设置淋浴间,其工作服、工作鞋帽必须存放在高毒作业区域内;接触经皮肤吸收及刺激性、腐蚀性作用危险性大的毒物,应配备有效的防护服、防护手套和防护眼镜,并在工作岗位附近设置应急洗眼器和沐浴器。

⑦接触挥发性有毒化学品的劳动者,应当配备有效的防毒口罩(或防毒面具)。

⑧拆除使用过防虫、防蛀、防腐、防潮等化学物(如有机氯666,汞等)的旧建筑物时,应采取有效的个人防护措施。

⑨应对接触有毒化学品的劳动者进行职业卫生教育培训,使劳动者了解所接触化学品的毒性、危害后果,以及防护措施。从事高毒物品作业的劳动者应当经培训考核合格后,方可上岗作业。

⑩劳动者应严格遵守职业卫生管理制度和安全生产操作规程,严禁在有毒有害工作场所进食和吸烟,饭前班后应及时洗手和更换衣服。

⑪项目经理部应定期对工作场所的重点化学毒物进行检测、评价,并将结果存入施工企业职业卫生档案,向劳动者公布,同时上报施工现场所在地县级卫生行政部门备案。

⑫不得安排未成年工和孕期、哺乳期的女职工从事接触有毒化学品的作业。

(6)紫外线

在建筑施工中常用 X 射线和 Y 射线进行工业探伤、焊缝质量检查拍照等。放射性的危害主要是可使接受者出现造血障碍、白细胞减少,代谢机能失调、内分泌障碍、再生能力消失、内脏器官变形、女职工生产畸形婴儿等症状。其防护措施如下:

①采用自动或半自动焊接设备,尽量避免劳动者直接接触辐射源,加大与辐射源的距离。

②产生紫外线的施工现场,应当使用不透明或半透明的挡板将该区域与其他施工区域分隔,禁止无关人员进入操作区域,避免紫外线对其他人员的伤害。

③电焊工必须佩戴专用的面罩、防护眼镜以及有效的防护服和手套。

④高原作业时,使用玻璃或塑料护目镜、风镜,穿长裤长袖衣服。

(7)电离辐射危害与防护

在接触电离辐射的工作中,如防护措施不当,违反操作规程,人体受照射的剂量超过一定限度,则可能发生伤害。在电辐射作用下,机体的反应程度取决于电离辐射的种类、剂量、照射条件及机体的敏感性。电离辐射可引起放射病,它是机体的全身性反应,几乎所有器官、系统均发生病理改变。但其中以神经系统、造血器官和消化系统的损伤最为明显。

电离辐射对机体的损伤可分为急性放射损伤和慢性放射性损伤。短时间内接受一定剂量的照射,可引起机体的急性损伤,如核事故和放射治疗病人。而较长时间内分散接受一定剂量的照射,可引起慢性放射性损伤,如皮肤损伤、造血障碍、白细胞减少、生育力受损等。另外,辐射还可以致癌和引起胎儿的死亡和畸形。电离辐射危害的主要防护措施如下:

①不选用放射性水平超过国家标准限值的建筑材料,尽可能避免使用具有放射源或放射线装置的施工工艺。

②综合采取时间防护、距离防护、位置防护和屏蔽防护等措施,合理设置电离辐射工作场所,并尽可能安排在固定的房间或围墙内,使受照射的人数和受照射的可能性均保持在可合理达到的尽量低水平。

③按照《电离辐射防护与辐射源安全基本标准》(GB 18871—2016)的有关要求进行防护。将电离辐射工作场所划分为控制区和监督区,进行分区管理。在控制区的出入口或边界

上设置醒目的电离辐射警告标志,在监督区边界上设置警戒绳、警灯、警铃和警告牌。必要时应设专人警戒。进行野外电离辐射作业时,应建立作业票制度,并尽可能安排在夜间进行。

④进行电离辐射作业时,劳动者必须佩戴个人剂量计,并佩戴剂量报警仪。

⑤电离辐射作业的劳动者经过必要的专业知识和放射防护知识培训,考核合格后持证上岗。

⑥施工企业应建立电离辐射防护责任制,建立严格的操作规程、安全防护措施和应急救援预案,并采取自主管理、委托管理与监督管理相结合的综合管理措施。严格执行放射源的运输、保管、交接和保养维修制度,做好放射源和射线装置的使用情况登记工作。

⑦隧道、地下工程施工场所存在氡及其子体危害或其他放射性物质危害,应加强通风和防止内照射的个人防护措施。

⑧工作场所的电离辐射水平应当符合国家有关职业卫生标准。当劳动者受照射水平可能达到或超过国家标准时,应当进行放射作业危害评价,安排合适的工作时间和选择有效的个人防护用品。

(8)高气压

高气压条件下,工作常见的职业危害主要是减压病,它是由于在高气压下工作一定时间后,再转向正常气压时,减压过速所导致的职业病。减压病一般在数小时内发病,一般减压越快,症状出现得越早,自然病情也就会越严重。高气压作业的职业危害主要表现在循环系统,这是由于原高压状态下溶于组织和血液中的氮气溶出,气泡压迫组织、血管,血管内形成气栓。当产生大量气栓时,会出现淋巴系统受累以及心血管功能障碍,主要表现为脉搏细微、血压下降、皮肤黏膜发绀、心前区紧压感、四肢发凉,局部水肿,甚至会出现呼吸困难、剧咳、胸痛、咯血、发绀等肺梗死症状,此外,皮肤奇痒无比也是高气压作业的职业危害的早期表现形式,且伴有蚁行感,灼热、出汗。重者还会出现皮下气肿和大理石斑纹。高气压危害的主要防护措施如下:

①应采用避免高气压作业的施工工艺和施工技术,如水下施工时采用管柱钻孔法替代潜涵作业,水上打桩替代沉箱作业等。

②水下劳动者应严格遵守潜水作业制度、减压规程和其他高气压施工安全操作规定。

(9)高原作业和低气压

对适应了一定的气压环境的人体来说,气压过低会造成一定的身体不适,出现头晕、恶心等症状。若是低压伴随缺氧则会造成呼吸困难,严重时会引发高原反应。其防护措施如下:

①根据劳动者的身体状况确定劳动定额和劳动强度。初入高原的劳动者在身体适应期内应当降低劳动强度,并视适应情况逐步调整劳动量。

②劳动者应注意保暖,预防呼吸道感染、冻伤、雪盲等。

③进行上岗前职业健康检查,凡有中枢神经系统器质性疾病、器质性心脏病、高血压、慢性阻塞性肺病、慢性间质性肺病、伴肺功能损害的疾病、贫血、红细胞增多症等高原作业禁忌证的人员均不宜进入高原作业。

(10)低温

在极冷的环境下,很短时间内便会使人身体组织冻痛、冻伤和冻僵。冷金属与皮肤接触时所产生的黏皮伤害,这种情况一般发生在-10 ℃以下的低温环境中。有时温度虽未低到足以引起冻痛和冻伤的程度,但是由于长时间低温暴露,使人体热损失过多,深部体温(口温、肛温)下降到生理可耐限度以下,从而产生低温的不舒适症状,出现呼吸急促、心率加快、头痛、瞌睡、身体麻木等生理反应,还会出现感觉迟钝、动作反应不灵活,注意力不集中、不稳定,以及否定的情绪体验等心理反应。低温危害的具体防护措施如下:

①避免或减少采用低温作业或冷水作业的施工工艺和技术。

②低温作业应当采取自动化,机械化工艺技术,尽可能减少低温作业时间。

③低温作业时尽可能避免使用振动工具。

④做好防寒保暖措施,在施工现场附近设置取暖室、休息室等。劳动者应当配备防寒服、手套,鞋等个人防护用品。

(11)高处作业

①重视气象信息,当遇到大风、大雪、大雨、暴雨、大雾等恶劣天气时,禁止进行露天高处作业。

②劳动者应进行严格的上岗前职业健康检查,有高血压、恐高症、癫痫、晕厥史、梅尼埃病,心脏病及心电图明显异常(心律失常),四肢骨关节及运动功能障碍等职业禁忌证的劳动者禁止从事高处作业。

③妇女禁忌从事脚手架的组装和拆除作业,月经期间禁忌从事《高处作业分级标准》(GB/T 3608—2008)规定的第Ⅱ级(含Ⅱ级)以上的作业,怀孕期间禁忌从事高处作业。

(12)生物有害因素

生产原料和生产环境中存在的对职业人群健康有害的致病微生物、寄生虫、昆虫等以及所产生的生物活性物质统称为生物有害因素。例如:附着于动物皮毛上的炭疽杆菌、布氏杆菌、森林脑炎病毒、支原体、衣原体、钩端螺旋体、滋生于霉变蔗渣和草尘上的真菌或真菌孢子类致病微生物及其毒性产物;某些动物、植物产生的刺激性、毒性或变态反应性生物活性物质,如鳞片、粉末、毛发、粪便、毒性分泌物,酶或蛋白质和花粉等;禽畜血吸虫尾蚴、钩蜥、蚕丝、蚕蛹、蚕茧、桑毛虫等。它们对职业人群的健康损害,除引起法定职业性传染病,如炭疽病,布氏杆菌病、森林脑炎外,也是构成哮喘、外源性过敏性肺泡炎和职业性皮肤病等法定职业病的致病因素之一。生物有害因素的具体防护措施如下:

①施工企业在施工前应当进行施工场所是否为疫源地、疫区、污染区的识别,尽可能避免在上述地区施工。

②劳动者进入疫源地、疫区作业时,应接种相应的疫苗。

③在呼吸道传染病疫区、污染区作业时,应采取有效的消毒措施,劳动者应当配备防护口罩、防护面罩。

④在虫媒传染病疫区作业时,应当采取有效的杀灭或驱赶病媒措施,劳动者应当配备有效的防护服、防护帽,宿舍应配备有效的防虫媒进入的门帘、窗纱和蚊帐等。

⑤在疫水传染病疫区作业时,劳动者应当避免接触疫水作业,并配备有效的防护服、防护鞋和防护手套等防护用具。

⑥在消化道传染病疫区作业时,应采取"五管一灭一消毒"措施,即管传染源,管水、管食品、管粪便、管垃圾,消灭病媒,对饮用水、工作场所和生活环境消毒。

⑦加强健康教育,使劳动者掌握传染病防治的相关知识,提高卫生防病意识。

⑧根据施工现场具体情况,配备必要的传染病防治人员。

3）建筑施工企业职业病危害预防控制管理措施

根据《建筑行业职业病危害预防控制规范》，建筑施工企业职业病危害预防控制的主要管理措施包括以下要点：

（1）职业卫生管理机构和责任制

项目经理部应建立职业卫生管理机构和责任制，项目经理为职业卫生管理第一责任人，施工经理为直接责任人，施工队长、班组长是兼职职业卫生管理人员，负责本施工队、本班组的职业卫生管理工作。实行总承包和分包的施工项目，职业病危害防治的内容应当在分包合同中列明，由总承包单位统一负责施工现场的职业卫生管理，检查督促分包单位落实职业病危害防治措施。任何单位不得将产生职业病危害的作业转包给不具备职业病防护条件的单位和个人。不具备职业病防护条件的单位和个人不得接受产生职业病危害的作业任务。项目经理部应根据项目的职业病危害特点，制订相应的职业卫生管理制度和操作规程。这些制度与规程同样适用于分包施工队或临时工的施工活动。

（2）专职卫生管理人员配备要求

项目经理部应根据施工规模配备专职卫生管理人员，具体规定如下：

①建筑工程、装修工程按照建筑面积配备专职卫生管理人员：10 000 m² 及以下的工程至少配备 1 人；10 000 ~ 50 000 m² 的工程至少配备 2 人；50 000 m² 以上的工程至少配备 3 人。

②土木工程，线路管道、设备安装应按照总造价配备专职卫生管理人员：5 000 万元以下的工程至少配备 1 人；5 000 万元 ~ 1 亿元的工程至少配备 2 人；1 亿元以上的工程至少配备 3 人。

③分包单位应根据作业人数配备专职或兼职职业卫生管理人员：50 人以下的配备 1 人；50 ~ 200 人的配备 2 人；200 人以上的根据所承担工程职业病危害因素的实际情况增配，但不少于施工总人数的 0.5%。

（3）职业卫生培训和考核制度

项目经理部应建立健全职业卫生培训和考核制度。项目经理部负责人，专职和兼职职业卫生管理人员应经过职业卫生相关法律法规和专业知识培训，具备与施工项目相适应的职业卫生知识和管理能力。项目经理部应组织对施工人员进行上岗前和在岗期间的定期职业卫生相关知识培训、考核，确保施工人员具备必要的职业卫生知识，能正确使用职业病防护设施和个人防护用品。培训考核不合格者不能上岗作业。

（4）职业健康监护制度

项目经理部应建立，健全职业健康监护制度。职业健康监护工作应符合《职业健康监护技术规范》（GBZ 188—2014）的要求，主要包括职业健康检查和职业健康监护档案管理等内容。职业健康检查包括上岗前、在岗期间、离岗时和离岗后医学随访以及应急健康检查。职业健康检查应由省级以上卫生行政部门批准的职业健康检查机构进行。项目结束时，项目经理部应将施工人员的健康监护档案移交给项目总承包单位，由其长期保管。

（5）健康危害警示标志

项目经理部应在施工现场入口处的醒目位置设置公告栏，在施工岗位设置警示标志和说明，使进入施工现场的相关人员知悉施工现场存在的职业病危害因素及其对人体健康的危害后果和防护措施。警示标志的设置应符合现行《工作场所职业病危害警示标志》（GBZ 158—2003）的要求。

（6）高毒物品防护管理措施

施工现场使用高毒物品的用人单位应配备专职或兼职卫生医师和护士。对高毒作业场所每月至少进行一次毒物浓度检测，每半年至少进行一次控制效果评价。不具备该条件的单位，应与依法已取得资质的职业卫生技术服务机构签订合同，由其提供职业卫生检测和评价服务。

（7）职业病资料管理

项目经理部应向施工工地有关行政主管部门申报施工项目的职业病危害，做好职业病和职业病危害事故的记录、报告和档案移交等工作。

（8）职业病监理管理要求

项目监理部应对施工企业的职业卫生管理机构、职业卫生管理制度及其落实情况、职业病危害防护设施、个人防护用品的使用情况进行监督管理，做好记录并存档。

2.5.4 建筑行业职业危害应急及辅助措施

1）应急救援

①项目经理部应建立应急救援机构或组织。

②项目经理部应根据不同施工阶段可能发生的各种职业病危害事故制订相应的应急救援预案，并定期组织演练，及时修订应急救援预案。

③按照应急救援预案要求，合理配备快速检测设备、急救药品、通信工具、交通工具、照明装置、个人防护用品等应急救援装备。

④可能突然泄漏大量有毒化学品或者易造成急性中毒的施工现场（如接触酸、碱、有机溶剂、危险性物品的工作场所等），应设置自动检测报警装置、事故通风设施、冲洗设备（沐浴器、洗眼器和洗手池）、应急撤离通道和必要的泄险区。除为劳动者配备常规个人防护用品外，还应在施工现场醒目位置放置必需的防毒用具以便逃生、抢救时应急使用，并设有专人管理和维护，保证其处于良好待用状态。应急撤离通道应保持通畅。

⑤施工现场应配备受过专业训练的急救员，配备急救箱、担架、毯子和其他急救用品，急救箱应有明确的使用说明，并由受过急救培训的人员进行、定期检查和更换。超过200人的施工工地应配备急救室。

⑥应根据施工现场可能发生的各种职业病危害事故对全体劳动者进行有针对性的应急救援培训，使劳动者掌握事故预防和自救互救等应急处理能力，避免盲目救治。

⑦应与就近医疗机构建立合作关系，以便发生急性职业病危害事故时能够及时获得医疗救援援助。

2）辅助设施

①办公区、生活区与施工区域应当分开布置，并符合卫生要求。

②施工现场或附近应当设置清洁饮用水供应设施。

③施工企业应当为劳动者提供符合营养和卫生要求的食品，并采取预防食物中毒的措施。

④施工现场或附近应当设置符合卫生要求的就餐场所、更衣室、浴室、厕所、盥洗设施，并保证这些设施完好。

⑤为劳动者提供符合卫生要求的休息场所，休息场所应当设置男女卫生间、盥洗设施，设

置清洁饮用水、防暑降温、防蚊虫、防潮设施,禁止在尚未竣工的建筑物内设置集体宿舍。

⑥施工现场、辅助用室和宿舍应采用合适的照明器具,合理配置光源,提高照明质量,防止炫目、照度不均匀及频闪效应,并定期对照明设备进行维护。

⑦生活用水、废弃物应当经过无害化处理后排放、填埋。

2.5.5 工伤

1)工伤认定标准

(1)职工有下列情形之一的,应当认定为工伤。

①在工作时间和工作场所内,因工作原因受到事故伤害的。

②工作时间前后在工作场所内,从事与工作有关的预备性或者收尾性工作受到事故伤害的。

③在工作时间和工作场所内,因履行工作职责而受到暴力等意外伤害的。

④患职业病的。

⑤因工外出期间,出于工作原因受到伤害或者发生事故下落不明的。

⑥在上下班途中,受到非本人主要责任的交通事故或者城市轨道交通、客运轮渡、火车事故伤害的。

⑦法律、行政法规规定应当认定为工伤的其他情形。

(2)职工有下列情形之一的,视同工伤。

①在工作时间和工作岗位,突发疾病死亡或者在48 h 之内经抢救无效死亡的。

②在抢险救灾等维护国家利益、公共利益活动中受到伤害的。

③职工原在军队服役,因战、因公负伤致残,已取得革命伤残军人证,到用人单位后旧伤复发的。

注意:职工有前款第①项、第②项情形的,按照本条例的有关规定享受工伤保险待遇;职工有前款第③项情形的,按照《工伤保险条例》条例的有关规定享受除一次性伤残补助金以外的工伤保险待遇。

(3)符合上两条规定,但是有下列情形之一的,不得认定为工伤或者视同工伤。

①故意犯罪的。

②醉酒或者吸毒的。

③自残或者自杀的。

2)工伤认定流程

(1)提交申请

①用人单位的申请时限。职工发生事故伤害或者按照职业病防治法规定被诊断、鉴定为职业病,所在单位应当自事故伤害发生之日或者被诊断、鉴定为职业病之日起30 日内,向统筹地区社会保险行政部门提出工伤认定申请。遇有特殊情况,经报社会保险行政部门同意,申请时限可以适当延长。

按照《工伤保险条例》规定应当由省级社会保险行政部门进行工伤认定的事项,根据属地原则由用人单位所在地的设区的市级社会保险行政部门办理。

用人单位未在规定时限内提交工伤认定申请,在此期间发生符合《工伤保险条例》规定的工伤待遇等有关费用由该用人单位负担。

②劳动者的申请时限。用人单位未按规定提出工伤认定申请的,工伤职工或者其近亲属、工会组织在事故伤害发生之日或者被诊断、鉴定为职业病之日起 1 年内,可以直接向用人单位所在地统筹地区社会保险行政部门提出工伤认定申请。

③超过 1 年申请期限的特别规定。根据《最高人民法院关于审理工伤保险行政案件若干问题的规定》,由于不属于职工或者其近亲属自身原因超过工伤认定申请期限的,被耽误的时间不计算在工伤认定申请期限内。

有下列情形之一耽误申请时间的,应当认定为不属于职工或者其近亲属自身原因:

a. 人身自由受到限制;

b. 属于用人单位原因;

c. 社会保险行政部门登记制度不完善;

d. 当事人对是否存在劳动关系申请仲裁、提起民事诉讼。

(2)提交材料

根据《工伤认定办法》的规定,提出工伤认定申请应当提交以下材料:

①工伤认定申请表。工伤认定申请表应当包括事故发生的时间、地点、原因以及职工伤害程度等基本情况。

②与用人单位存在劳动关系(包括事实劳动关系)的证明材料。

③医疗诊断证明或者职业病诊断证明书(或者职业病诊断鉴定书)。

(3)是否受理

社会保险行政部门收到工伤认定申请后,应当在 15 日内对申请人提交的材料进行审核,材料完整的,作出受理或者不予受理的决定。

材料不完整的,应当以书面形式一次性告知申请人需要补正的全部材料。社会保险行政部门收到申请人提交的全部补正材料后,应当在 15 日内作出受理或者不予受理的决定。

社会保险行政部门决定受理的,应当出具《工伤认定申请受理决定书》;决定不予受理的,应当出具《工伤认定申请不予受理决定书》。

(4)调查核实

社会保险行政部门受理工伤认定申请后,根据审核需要可以对事故伤害进行调查核实,用人单位、职工、工会组织、医疗机构以及有关部门应当予以协助。职业病诊断和诊断争议的鉴定,依照职业病防治法的有关规定执行。对依法取得职业病诊断证明书或者职业病诊断鉴定书的,社会保险行政部门不再进行调查核实。

职工或者其近亲属认为是工伤,用人单位不认为是工伤的,由用人单位承担举证责任。

(5)工伤认定

社会保险行政部门应当自受理工伤认定申请之日起 60 日内作出工伤认定的决定,并书面通知申请工伤认定的职工或者其近亲属和该职工所在单位。

社会保险行政部门对受理的事实清楚、权利义务明确的工伤认定申请,应当在 15 日内作出工伤认定的决定。

作出工伤认定决定需要以司法机关或者有关行政主管部门的结论为依据的,在司法机关或者有关行政主管部门尚未作出结论期间,作出工伤认定决定的时限中止。

社会保险行政部门工作人员与工伤认定申请人有利害关系的,应当回避。

（6）发放证明

经劳动保障行政部门认定为工伤或视同工伤，并经劳动鉴定委员会鉴定达到1~10级伤残者，由负责工伤认定的劳动保障行政部门核发《工伤证》，交工伤保险待遇享受人保存。

3）工伤待遇计算标准

（1）1~10级一次性伤残补助金

依据《工伤保险条例》第三十五条、第三十六条、第三十七条规定，职工因工致残被鉴定为一级至十级伤残的，由工伤保险基金支付一次性伤残补助金，标准见表2.5.1。

表2.5.1　伤残补助金标准

一级伤残	本人工资×27个月
二级伤残	本人工资×25个月
三级伤残	本人工资×23个月
四级伤残	本人工资×21个月
五级伤残	本人工资×18个月
六级伤残	本人工资×16个月
七级伤残	本人工资×13个月
八级伤残	本人工资×11个月
九级伤残	本人工资×9个月
十级伤残	本人工资×7个月

表2.5.1中的"本人工资"是指：工伤职工因工作遭受事故伤害或者患职业病前12个月平均月缴费工资。本人工资高于统筹地区职工平均工资300%的，按照统筹地区职工平均工资的300%计算；本人工资低于统筹地区职工平均工资60%的，按照统筹地区职工平均工资的60%计算（下同）。

（2）1~6级伤残津贴（按月享受）

依据《工伤保险条例》第三十五条、第三十六条规定，职工因工致残被鉴定为1~6级伤残的，按月支付伤残津贴，标准见表5.5.2。

表2.5.2　月支付伤残津贴

一级伤残	本人工资×90%
二级伤残	本人工资×85%
三级伤残	本人工资×80%
四级伤残	本人工资×75%
五级伤残	本人工资×70%
六级伤残	本人工资×60%

①1～4级伤残津贴由工伤保险基金支付,实际金额低于当地最低工资标准的,由工伤保险基金补足差额;

②5～6级伤残津贴由用人单位在难以安排工作的情况下支付,伤残津贴实际金额低于当地最低工资标准的,由用人单位补足差额。

(3)5～10级一次性工伤医疗补助金和伤残就业补助金

①一次性工伤医疗补助金:由工伤保险基金支付;

②一次性伤残就业补助金:由用人单位支付;

(4)停工留薪期工资

在停工留薪期内,原工资福利待遇不变,由所在单位按月支付。停工留薪期一般不超过12个月。伤情严重或者情况特殊,经设区的市级劳动能力鉴定委员会确认,可以适当延长,但延长不得超过12个月。

注:实践中主流做法是按照工伤前12个月平均工资确定。

(5)停工留薪期护理

生活不能自理的工伤职工在停工留薪期需要护理的,由所在单位负责。

(6)评残后的护理费

工伤职工已经评定伤残等级并经劳动能力鉴定委员会确认需要生活护理的,从工伤保险基金按月支付生活护理费。标准见表2.5.3。

表2.5.3　生活护理费

生活完全不能自理	社平工资×50%
生活大部分不能自理	社平工资×40%
生活部分不能自理	社平工资×30%

(7)住院伙食补助费、交通费、食宿费

职工住院治疗工伤的伙食补助费,以及经医疗机构出具证明,报经办机构同意,工伤职工到统筹地区以外就医所需的交通、食宿费用从工伤保险基金支付,基金支付的具体标准由统筹地区人民政府规定。

(8)医疗费

治疗工伤所需费用符合工伤保险诊疗项目目录、工伤保险药品目录、工伤保险住院服务标准的,从工伤保险基金支付。

超出目录及服务标准的医药费该由工伤职工还是用人单位承担,目前实践中各地处理存在不同做法,多数地区的做法是用人单位不承担。

(9)工伤康复费

工伤职工到签订服务协议的医疗机构进行工伤康复的费用,符合规定的,从工伤保险基金支付。

(10)辅助器具费

工伤职工因日常生活或者就业需要,经劳动能力鉴定委员会确认,可以安装假肢、矫形器、假眼、假牙和配置轮椅等辅助器具,所需费用按照国家规定的标准从工伤保险基金支付。

需注意的是,辅助器具一般应当限于辅助日常生活及生产劳动之必需,并采用国内市场的普及型产品。工伤职工选择其他型号产品,费用高出普及型部分,由个人自付。

（11）工伤复发待遇

工伤职工工伤复发,确认需要治疗的,享受工伤医疗费、辅助器具费,停工留薪期工资。

（12）因工死亡待遇标准

依据《工伤保险条例》第三十九条的规定,职工因工死亡,其近亲属按照下列规定从工伤保险基金领取丧葬补助金、供养亲属抚恤金和一次性工亡补助金。

4）工伤认定注意事项

（1）工伤认定的前提不一定要有劳动关系

最高法院认为,通常情况下,社会保险行政部门认定职工工伤,应以职工与用人单位之间存在劳动关系为前提,但特殊情况下有例外。

最高法行政判决认为,当存在违法转包、分包的情形时,用工单位承担职工的工伤保险责任不以是否存在劳动关系为前提。用工单位违反法律、法规规定将承包业务转包、分包给不具备用工主体资格的组织或者自然人,职工发生工伤事故时,应由违法转包、分包的用工单位承担工伤保险责任。

（2）不服工伤认定结论怎么办

职工或者其近亲属、用人单位对不予受理决定不服或者对工伤认定决定不服的,可以依法申请行政复议或者提起行政诉讼。

特别提醒:行政复议或行政诉讼是可以选择的,这里的行政复议不是行政诉讼的前置程序。有些单位为了拖时间通常选择先复议再诉讼,劳动者为了省时间应当不复议直接诉讼。

【技能实践】

知识拓展:
重庆试点企业职业
健康管家服务企业

实训项目:职业健康与工伤

1. 实训目标

①通过案例分析,能够初步判断是否为工伤,并了解工伤认定的程序及步骤。

②填写工伤认定申请表,培养学生对职业健康的重视态度,从而尊重生命,重视安全。

2. 实训准备

表格(重庆市工伤认定申请表,分组准备)。

3. 实训内容

①案例分析。上班途中发生交通事故受伤,是否属于工伤?

【案例】李某系重庆市某建筑公司安全员,上班时间为8:30至12:00。2020年8月26日早晨8:15分,李某正常到公司上班。因当天下雨,李某穿雨衣骑电动自行车,从家到单位经过某十字路口时,遇风掀起雨衣,遮挡视线,李某驾驶的电动自行车与正常行驶的小型轿车发生碰撞,致李某倒地受伤,当日经医院诊断为左肩关节脱位并大结节骨折、臂丛神经损伤。

当地交警部门出具了交通事故证明,认定李某就此次交通事故负主要责任。李某向所在地人力资源和社会保障局提出了工伤认定申请。

②分组讨论工伤认定的程序和申请步骤。

③填写工伤认定申请表。

4.实训评价

实训评价采用小组互评、教师评价相结合的原则。

【阅读与思考】

合法保护自身权益

2012 年 2 月 6 日,蔡先生入职某劳务派遣公司,当天就被派遣到某家具公司工作,任操作工。2012 年 8 月 21 日,蔡先生在工作中受伤,经大兴区劳动能力鉴定委员会鉴定,其已达到职工工伤与职业病伤残等级标准八级。2012 年 10 月 12 日,该劳务派遣公司作出股东决定,成立清算组,清算组组长及成员均为其公司法定代表人陈某。2012 年 3 月 8 日,该公司办理了注销手续。蔡先生诉至本院,要求陈某支付其一次性工伤医疗补助金、一次性伤残就业补助金、伤残津贴等工伤待遇,并要求家具公司对上述诉讼请求承担连带赔偿责任。

法院经审理后认为,蔡先生在工作中受伤,并经相关部门认定为工伤,其依法应当按照《工伤保险条例》的规定,享受工伤保险待遇。陈某是劳务派遣公司的唯一股东,作为其公司的清算组组长及成员,因公司注销前并未支付蔡先生相关款项,故其应对相关款项承担赔偿责任。用工单位给被派遣劳动者造成损害的,劳务派遣单位与用工单位承担连带赔偿责任,因蔡先生在家具公司工作时受伤,并被认定为工伤,故基于该工伤产生的一次性工伤医疗补助金、一次性伤残就业补助金以及伤残津贴,该家具公司应承担连带给付责任。

建筑生产在为社会创造财富的同时,危险因素也不可避免地存在,这就导致了伤亡事故时有发生。每一起伤亡事故都会给伤亡职工及其家庭造成巨大的影响和无法弥补的损失。因此劳动者在工作中要保护好自己生命和财产安全,通过法律维护自己的权益。

【安全小测试】

1.( )应当设置或者指定职业卫生管理机构或者组织,配备专职或者兼职的职业卫生专业人员,负责本单位的职业病防治工作。

A.卫生行政部门　　B.工会组织　　　C.用人单位　　　　D.施工单位

2.用人单位应当建立、健全职业卫生档案和( )档案。

A.伤亡事故　　　B.工资　　　　C.人事　　　　D.劳动者健康监护

3.( )必须采用有效的职业病防护设施,并为劳动者提供符合职业病防治要求的个人使用的职业病防护用品。

A.卫生行政部门　　　　　　B.职业卫生技术服务机构

C.用人单位　　　　　　　　D.组织机构

4.对产生严重职业病危害的作业岗位,应当在醒目位置设置( )。

A.警示标识和中文警示说明　　B.警示标识

C.警示说明　　　　　　　　D.图示

5.用人单位应当按照国务院卫生行政部门的规定,( )对工作场所进行职业病危害因素检测、评价。

A.必要时　　　B.定期　　　　C.不定期　　　　D.一年一次

6.用人单位订立或者变更劳动合同时,未告知劳动者真实情况的,卫生行政部门责令限期改正,给予警告,可以处2万元以上(　　)万元以下的罚款。

A.3　　　　　　　B.4　　　　　　　C.5　　　　　　　D.6

7.用人单位未提供职业病防护设施和个人使用的职业病防护用品,或者提供的职业病防护设施和个人使用的职业病防护用品不符合国家职业卫生标准和卫生要求的,卫生行政部门除给予警告,责令限期改正,逾期不改正的,处(　　)20万元以下的罚款。

A.10万元以上　　B.8万元以上　　C.5万元以上　　D.2万元以上

模块三　专项安全技术与管理

【导读】

随着建筑物复杂程度的不断增加、规模日益扩大,新技术、新材料、新设备、新工艺层出不穷,建筑施工环境日趋复杂,施工难度和现场管理难度也不断增大,而建筑施工危险工程的风险防范是控制事故的重要环节。本模块主要介绍土方工程、脚手架工程、模板工程、起重吊装、塔式起重机、施工升降机安全技术和管理要求,并针对坍塌、触电、机械伤害、物体打击、高处坠落事故的常见急救措施做了讲解。

【学习目标】

知识目标:
(1)掌握土石方开挖工程、基坑开挖支护、降排水等安全技术要点;
(2)掌握落地式脚手架常见错误搭设和安全风险点;
(3)掌握门式脚手架安全技术要求;
(4)熟悉高大支模专项施工方案编制、评审、实施的基本流程;
(5)掌握起重吊装、塔式起重机、施工升降机安全使用要求;
(6)熟悉坍塌、触电、机械伤害、物体打击、高处坠落事故的常见急救措施。

技能目标:
(1)能针对性地编制土石方工程、基坑工程、脚手架工程、模板工程等专项施工方案;
(2)能进行土石方开挖、脚手架搭设、高支模的现场安全检查;
(3)能指导土石方开挖、脚手架搭设、高支模现场安全技术措施的整改;
(4)能进行塔式起重机、施工升降机的常规安全检查;
(5)具备心肺复苏、止血包扎、搬运固定等常规急救能力。

素质目标:
(1)培养积极有效的沟通能力;
(2)培养精益求精的工匠精神。

项目 3.1　土方工程安全技术与管理

【导入】

20××年 1 月 3 日上午 10 点左右,某公司承包商管道工 6 人在安装地管。10 点 20 分左右,6 人将一段地管放入刚开挖好的管沟内(地管沟深 2.92 m,宽 1.7 m,管子为直径 200 mm 钢骨架塑料管),此后队长赵某安排陈某、张某两人下到地管沟安装接管,刘某和张某在上面监护。

10点40分左右,陈某、张某两人下到管沟,陈某开始打磨管口,张某站在旁边协助(站在靠塌方沟壁前)。10点45分左右,东侧管沟壁突然塌方,张某被掩埋在下面,陈某因靠前仅左腿被压,后拔腿跑出。刘某看见塌方后,急忙赶去刨土救人,大约1分钟后,刘某刨出张某头部,发现张某身体被一石块挤压并掩埋,就和旁边施工的人员喊来不远处的挖掘机前来挖土救人。11点5分左右,张某被挖出,经人工呼吸急救无效死亡。

思考:造成该起事故的主要原因是什么?

【理论基础】

深基坑工程施工安全准备

3.1.1 深基坑工程施工安全准备

土方工程包括土的开挖、运输和填筑等施工过程,有时还要进行排水、降水、土壁支撑等准备工作。在工程建设中,最常见的土方工程有场地平整、基坑(槽)开挖、地坪填土、路基填筑及基坑回填土等。土方工程施工应由具有相应资质及安全生产许可证的企业承担。土方工程应编制专项安全施工方案,并严格按照方案实施。施工前针对安全风险进行安全教育及施工安全技术交底。特种作业人员必须持证上岗,机械操作人员应经过专业技术培训。

①土方开挖前,应查明施工场地内明、暗设置物(电线、地下电缆、管道、坑道等)的地点及走向,并采用明显记号标示。严禁在离电缆1 m距离以内作业。应根据专项安全施工方案的要求,将施工区域内的地下、地上障碍物消除完毕。

②建筑物或构筑物的位置或场地的定位控制线(桩)、标准水平桩及开槽的灰线尺寸,必须经过检验合格,并办完预检手续。

③夜间施工时,应有足够的照明设施。在危险地段应设置明显标志,并要合理安排开挖顺序,防止错挖或超挖。

④开挖有地下水位的基坑(槽)、管沟时,应根据当地工程地质资料,采取措施降低地下水位。一般要将其降至开挖面以下0.5 m,然后才能开挖。

⑤施工机械进入现场所经过的道路、桥梁和卸车设施等,应事先经过检查,必要时要进行加固或加宽等准备工作。

⑥选择土方机械,应将施工区域的地形与作业条件、土的类别与厚度、总工程量和工期综合考虑,以发挥施工机械的效率。

⑦在施工机械无法作业的部位和修整边坡坡度、清理槽底时,应配备人工进行配合。

3.1.2 基坑工程安全技术措施

基坑工程安全技术措施

1)土石方工程开挖安全技术措施

(1)基坑工程安全技术措施

①土石方挖掘方法和顺序应根据支护方案和降排水要求进行。当采用局部放坡或全部放坡开挖时,放坡的坡度必须满足坡体稳定性要求。

②当基坑开挖深度大于相邻建筑的基础深度时,应保持一定距离或采取相应的边坡支撑加固措施,并进行沉降和移位监测。

③土石方施工前需做好地面排水和降低地下水位的工作,若为人工降水,要降至坑底0.5～1.0 m时,方可开挖。

④土石方挖掘应自上而下进行,严禁预先挖掘坡脚,软土基坑无可靠措施时应分层均衡开挖,每层高不宜超过 1 m。土石方每次开挖深度和挖掘顺序必须严格按照设计要求。

⑤当基坑施工深度超过 2 m 时,坑边应按照高处作业的要求设置临边防护设施,作业人员上下应有专用梯道,不应踩踏土壁或边坡支撑上下。当深基坑施工中形成立体交叉作业时,应合理布局机位、人员、运输通道,并设置防止落物伤害的防护层。

⑥开挖中的基坑(槽)沟边 1 m 以内不得堆土、堆料,不得停放机械。当土质良好时,可以堆载,但堆放高度不能超过 1.5 m。载重汽车与坑、沟边沿的距离不得小于 3 m;塔式起重机等振动较大的机械与坑、沟边沿的距离不得小于 6 m。

⑦人工开挖时,两个人操作间距应保持 2～3 m,应自上而下逐层挖掘,严禁采用掏洞的挖掘操作方法。用挖土机施工时,挖土机的作业范围内,不得进行其他作业,且应至少保留 0.3 m 厚不挖,最后由人工修挖至设计标高。

⑧挖土机作业的边坡应验算其稳定性,当不能满足时,应采取加固措施。在停机作业面以下挖土应选用反铲或拉铲作业,当使用正铲作业时,挖掘深度应严格按其说明书规定进行。有支撑的基坑使用机械挖掘时,应防止作业中碰撞支撑。

⑨配合挖土机的作业人员,应在其作业半径以外工作,当挖土机停止回转并制动后,方可进入作业半径内工作。

⑩挖土时要随时注意土壁的变异情况,如发现有裂纹或部分塌落现象,要及时进行支撑或改缓放坡,并注意支撑的稳固和边坡的变化。

⑪开挖至坑底标高后,应及时进行下道工序基础工程施工,减少暴露时间。如果不能立即进行下道工序施工,应预留 0.3 m 厚的覆盖层。

⑫深基坑内光线不足时,不论白天还是黑夜,均应保证设置的电气照明。电气照明的安装和设置应符合有关的安全规定。

⑬施工中如发现不能辨认的物品时,应立即停止施工,保护现场,并报告工程所在地有关部门处理,严禁擅自处理、随意敲击或玩弄。

⑭大型机械行驶及机械开挖应尽力防止损坏给排水、燃气、电力等市政管道。如果发现管道出现损坏,应及时修复。

(2)土石方开挖施工中的安全管理措施

①前期注重资质和规范。土石方工程的勘察、设计和施工任务,应由具有相应资质的单位承接,并实行统一管理。工程监理单位应对土石方工程的设计和施工进行全面监理。

土石方工程的设计和施工必须遵守相关规范,结合当地成熟经验,因地制宜地进行。深基坑工程施工方案应经建设主管部门审批,并经专家论证审查通过后方可实施。

②过程中注重监测和预报。加强土石方工程的监测和预报工作,包括对支护结构、周围环境及对岩土变化的监测,应通过监测分析及时预报并提出建议,做到信息化施工,随时检验设计施工的正确性,防止隐患扩大。

③后期注重档案齐全。应建立健全基坑工程档案,内容包括勘察、设计、施工、监理及监测等单位的有关资料。

(3)特殊土石方开挖工程

对于一些特殊地区、特殊基坑类型的土石方开挖工程,除满足上述土石方开挖的一般安全要求外,还需要满足以下相应的安全技术要点:

①深基坑(≥5 m)土石方开挖的安全技术措施：

a.防止深基坑挖土后土体回弹变形过大。

有效措施：设法减少土体中应力的变化，减少暴露时间，并防止地基土浸水。

因此，在基坑开挖过程中和开挖后，均应保持降水措施正常工作，并在挖至设计标高后，尽快浇筑垫层和底板。必要时，可对基础底部土层进行适当加固。

b.防止边坡失稳。当挖土速度过快即卸载过快时，会迅速改变原来土体的平衡状态，降低土体的抗剪强度，易造成边坡塌方；当边坡堆载给边坡增加过大的附加荷载时，也易形成边坡失稳。

因此，深基坑的土石方开挖，要根据地质条件、基础埋深、基坑暴露时间、挖土及运土机械、堆土等情况，拟定合理的施工方案。

c.基坑支护结构。随着挖土加深侧压力加大，边坡变形增大，周围地面沉降也随之加大。为了减少边坡的变形，应先支撑后挖土，并且要求支撑浇筑后养护至一定强度才可以继续向下开挖。挖土时，挖土机械应避免直接碰撞到支撑。

d.防止桩位移和倾斜。对先打桩后挖土的工程，由于打桩时挤土和动力波的作用，致使原来处于静平衡状态的地基土遭到破坏。如果打桩后紧接着开挖基坑，由于开挖时的应力作用，再加上挖土高差形成一侧卸荷而另一侧产生侧向推力，土体易发生一定的水平位移，进而使原先打入的桩体产生水平位移。一般而言，在群桩基础的桩施工完后，应停留一定时间，并用降水设备预抽地下水，使土中由于打桩积聚的应力有所释放，孔隙压力有所降低，被扰动的土体重新固结后，方可开挖基坑土石方。开挖时宜均匀、分层，尽量减少开挖时的土压力差，以保证桩位正确和边坡稳定。

e.加强临边防护措施。在开挖深基础(坑、槽)时，其临边应设置防止人员及物体坠落基坑的设施并设警示标志，必要时应配专人监护。基坑周边搭设的防护栏杆的规格、连接及搭设方式必须符合《建筑施工高处作业安全技术规范》(JGJ 80—2016)的规定。

②斜坡土石方开挖的安全技术措施。在斜坡场地进行土石方开挖施工时，应注意以下安全技术要点：

a.土坡坡度要根据工程地质资料和土坡高度，结合当地同类土体的稳定坡度值来确定。

b.土石方开挖宜从上到下分层分段依次进行，并做成一定的坡度以利于泄水，不应在影响边坡稳定的范围内积水。

c.斜坡上方弃土时，应保证挖方边坡的稳定。弃土堆应连续设置，其顶面应向外倾斜，以防止山坡水流入挖方场地。坡度1/5以上或在软土地区，禁止在挖方上侧弃土。在挖方下侧弃土时，要将弃土堆表面整平，并向外倾斜。弃土表面要低于挖方场地的设计标高，并在弃土堆与挖方场地间设置排水沟，防止地表水流入挖方场地。

③滑坡地段开挖的安全技术措施。在滑坡地段进行开挖施工时，由于滑坡体本身的不稳定性，为了安全施工应遵守以下基本规定：

a.工前先认真查阅工程地质勘察资料，了解场地的地形、地貌、水文地质条件以及滑坡体稳定性等情况，工程和线路定要选在边坡稳定的地段。

b.不宜在雨季施工，同时不应破坏挖方上坡的自然植被，并且要事先做好地面截排水和地下降水措施；主排水沟宜与滑坡方向一致，支排水沟与滑坡方向成30°~45°斜交，防止冲刷坡脚。

c. 遵循先整治后开挖的施工顺序。开挖时,必须遵循由上到下的开挖顺序,严禁先切除坡脚。

d. 尽量采用对滑坡体稳定性扰动小的施工方法。在条件允许采用爆破施工时,注意控制爆破能量,严防因爆破震动过大产生滑坡。

e. 土墙基槽开挖应分段进行,并及时加设支撑,开挖一段就要及时做好该段的挡土墙,再进行下一段开挖。

f. 开挖过程中发现坡体出现裂缝、滑动等滑坡迹象时,应暂停施工。必要时,所有人员和机械要撤离至安全地带。

④基坑(槽)和管沟开挖的安全技术措施。基坑、基槽和管沟开挖的一般程序是:测量放线→切线分层开挖→排降水→修坡→平整→预留土层等。施工时,应注重时空效应问题,根据基坑面积大小、围护机构形式、开挖深度和工程环境等因素决定开挖工艺。除上述一般安全注意事项外,还应注意以下要点:

a. 雨季施工,基坑槽应分段施工,挖好一段浇筑一段垫层。开挖施工过程中应做好地表截排水,防止地面水流入基坑、沟槽内,以免积水造成边坡塌方。

b. 挖方边坡要随挖随撑,支撑牢固,且在施工过程中应经常检查,如坑壁有松动、变形等现象,要及时加固或更换。

c. 相邻基坑和管沟开挖时,要先深后浅或同时进行施工,并及时做好基础,避免相互影响。

⑤膨胀土地区挖方的安全技术措施。在有膨胀性土质的地区进行土石方开挖时,要遵循以下相关要求:

a. 开挖前要做好截排水工作,防止地表水、施工用水和生活废水浸入施工现场或冲刷边坡。

b. 挖后的地基土不允许受到烈日暴晒或水浸泡。

c. 开挖、作垫层、基础施工和回填土等要连续施工作业。其中,回填土料应符合设计要求,宜选用非膨胀土、弱膨胀土或掺有适当比例的石灰及其他松散材料的膨胀土。

d. 采用砂地基时,要先将砂浇水至饱和后再铺填夯实,不能采用在基坑(槽)或管沟内浇水使砂沉落的方法施工。

e. 对钢(木)支撑进行拆除时,要按回填顺序依次进行。拆除多层支撑时,应自下而上逐层拆除同时随拆随填。

2)基坑(槽)边坡的稳定及支护

(1)基坑(槽)边坡坡度和垂直开挖深度的规定

①基坑(槽)边坡坡度的规定。当地质情况良好、土质均匀、地下水位低于基坑(槽)底面标高时,可不加支撑,这时的边坡最陡坡度应按表3.1.1的规定确定。

表3.1.1 边坡最陡坡度的规定

土的类别	边坡坡度		
	坡顶无荷载	坡顶有静载	坡顶有动载
中密的砂土	1:1.00	1:1.25	1:1.50

续表

土的类别	边坡坡度		
	坡顶无荷载	坡顶有静载	坡顶有动载
中密的碎石土	1：0.75	1：1.00	1：1.25
硬塑的粉土	1：0.67	1：0.75	1：1.00
中密的碎石土（充填物为黏土）	1：0.50	1：0.67	1：0.75
硬塑的粉质黏土、黏土	1：0.33	1：0.50	1：0.67
老黄土	1：0.10	1：0.25	1：0.33
软土（轻型井点降水后）	1：1.00	—	—

注：静载指堆土或材料等，动载指接卸挖土或汽车运输作业等。静载或动载与挖方边缘的距离应在1 m以外，堆土或材料堆积高度不应超过1.5 m。

若有成熟的经验或科学的理论计算并经试验证明者可不受本表限制。

②基坑（槽）土壁垂直挖深规定。当基坑（槽）不放边坡时，其垂直开挖深度应满足以下相关规定：

a. 当无地下水或地下水位低于基坑（槽）底面且土质均匀时，土壁不加支撑的垂直挖深不宜超过表3.1.2的规定。

表3.1.2　基坑（槽）土壁垂直挖深规定

土的类别	深度/m
密实、中密的砂土和碎石类土（充填物为砂土）	1.00
硬塑、可塑的粉土及粉质黏土	1.25
硬塑、可塑的黏土和碎石类土（充填物为黏性土）	1.50
坚硬的黏土	2.00

b. 当确定天然冻结速度和深度能保证土石方开挖时的安全操作时，深度4 m以内的基坑（槽）开挖时可以采用天然冻结法垂直开挖而不加设支撑，但对于干燥的砂土应严禁采用天然冻结法施工。

c. 土质为黏性土的不加支撑的基坑（槽）最大垂直挖深可根据坑壁的重量、内摩擦角、坑顶部的均布荷载及安全系数等参数进行计算。

（2）基坑边坡支护与支撑

①边坡支护：

a. 支护方法。浅基础（≤5 m）边坡支护形式多种多样，而深基础（≥5 m）的支护，应符合《建筑基坑支护技术规范》（JGJ 120—2012）的规定。常见的支撑形式和使用条件详见表3.1.3。

表 3.1.3 基坑支护结构选型表

结构形式	适用条件
排桩和地下连续墙	基坑侧壁安全等级为一、二、三级的场地； 悬臂式结构在软土场地中不宜大于 5 m； 当地下水位高于基坑底面时,宜采用降水、排桩+截水帷幕或地下连续墙
与锚杆相结合的挡土护坡桩	基坑侧壁安全等级为一、二、三级的场地； 大型较深基坑开挖,邻近有高层建筑、不允许支护有较大变形； 采用机械挖土,不允许内部设置支承； 当地下水位高于基坑底面时,宜采用降水和排水措施； 不适用于地下水量多、含有化学腐蚀物的涂层和松散软弱土层
与锚杆相结合的地下连续墙	基坑侧壁安全等级为一、二、三级的场地； 大型较深基坑开挖,邻近有高层建筑、不允许支护有较大变形； 采用机械挖土,不允许内部设置支承； 适用于土质条件差,地下水位高要求既挡土又挡水防渗的基坑
水泥土墙	基坑侧壁安全等级为二、三级的场地； 水泥土桩施工范围内地基土承载力不宜大于 150 kPa； 基坑深度不宜大于 6 m； 基坑周边具备水泥土墙的施工宽度
土钉墙	基坑侧壁安全等级为二、三级的场地； 基坑深度不宜大于 12 m,喷锚支护适用于无流沙和水量不高、非淤泥等流塑土层的基坑,开挖深度不超过 18 m； 当地下水位高于基坑底面时,应采用降水和排水措施
逆作拱墙	基坑侧壁安全等级为二、三级的场地； 淤泥和淤泥质土场地不应采用； 拱墙轴线的矢跨比不宜小于 1/85； 基坑深度不宜大于 12 m； 当地下水位高于基坑底面时,应采用降水和排水措施
放坡	基坑侧壁安全等级为三级的场地； 施工场地应满足放坡条件； 可独立或与上述其他结构结合使用； 当地下水位高于基坑坡脚时,应采用降水措施

b. 支护结构选型。基坑支护结构的选型应考虑基坑周边环境、工程地质与水文地质、开挖深度、施工作业设备和施工季节等条件,选择有利于支护的结构形式或采用几种形式相结合。当采用悬臂结构支护时,基坑深度不宜大于 6 m。如果深度超过 6 m 时,可选用单支点和

多支点的支护结构。地下水位低的地区，当能保证降水施工时，可采用土钉支护。

②支撑体系选型与装拆：

a.支撑体系选型。对于排桩、板墙式支护结构，当基坑深度较大时，为了使围护墙受力合理和受力后变形控制在一定范围内，应沿着围护墙竖向增设支撑点，以减小跨度。

内支撑：在坑内对围护墙加设支撑。

内支撑受力合理、安全可靠、易于控制围护墙的变形，但内支撑的设置会给基坑内土方开挖和地下室结构的支模和浇筑带来不便，需通过换撑施工。

拉锚：在坑外对围护墙加设拉支撑。

拉锚结构围护墙，坑内施工无任何阻挡，但位于软土地区的变形较难控制，并且拉锚有一定的长度，在建筑密集区受红线的限制。一般情况下，在土质好的地区，如具备锚杆施工设备、技术和环境条件，宜选用拉锚围护；而在软土地区为了便于控制变形，应采用钢支撑或混凝土支撑。

b.支撑的布置与安装拆除顺序。基坑支撑的安装和拆除顺序必须与施工组织设计工况相符合，并与土方开挖和主体工程的施工顺序相配合。

分层开挖时，应先支撑后开挖；同层开挖时，应边支撑边开挖、支撑拆除前，应采取换撑措施，防止边坡卸载过快。挡土板或板桩与坑壁间的回填土应分层回填夯实。

③基坑支护的一般技术要求。深基础在施工前必须编制安全专项施工方案，由施工现场技术负责人，总监理工程师及相关部门审核，并根据建质〔2009〕87 号文规定，由安全专项方案专家组对方案进行论证审查，形成书面论证审查报告，施工现场应根据论证审查报告对方案进行完善，由施工现场技术负责人，总监理工程师及相关部门签字认可后，方可按安全专项方案组织施工。施工过程中应满足以下安全要求：

a.施工中应先采用降水措施对基坑进行有效降水，将地下水位降低到开挖基底 0.5 m 以下，以减少桩侧土压力和水渗入基坑使桩产生位移。

b.施工期间应按照设计规定的程序施工，不得随意改动支护结构的受力状态，严格控制基坑边缘地面堆土、堆放材料、行驶机械和运输车辆等施工荷载。

c.基坑开挖前应将整个支护系统包括土层锚杆、桩顶圈梁、地下连续墙等施工完毕，即做到先支护后开挖。挡土桩墙应达到设计强度，以保证支护结构的强度和整体刚度。

d.锚杆施工必须保证质量，锚杆深入到可靠锚固层内。

e.挡土桩宜穿透基坑底部粉细砂层。当挡土桩之间存在间隙，应在背面设旋喷止水桩挡水，避免出现流水缺口，造成水土流失涌入基坑。

f.支撑安装必须按设计位置进行，施工过程严禁随意变更，并应砌实，使围檩与挡土桩墙结合紧密，挡土板或板桩与坑壁间的回填土应分层回填夯实。支撑拆除时，应按回填的速度，按顺序及要求依次拆除，即填土填好一层拆除一层，不能事先将支撑全部拆除。

3）地面及基坑（槽）排（降）水

施工场地聚集的地表水和地下水对于基坑边坡稳定、地基承载力，以及土方开挖施工等影响都非常大，特别湿陷性黄土地区要格外注意，不但影响施工进度，而且存在很大的安全隐患。因此，在基坑（槽）开挖前和开挖时，必须做好排（降）水工作，保持土体干燥，而且要持续到基础工程施工完毕,并进行回填后方可停止。

(1)场地地面排水

施工场地内的地面排水需根据场地坡度的不同情况,采用相应的措施。

①地面坡度不大时,进行场地平整,应将低洼地带或可泄水地带平整成慢坡,并且在场地四周设排水沟,分段设渗水井,以便排出地表水,防止场地积水。

②地面坡度较大时,在场地四周设排水主沟,并在场地范围内设置纵横向排水支沟,将水流疏干,也可在下游设集水井,用水泵排出。

③地面遇有山坡地段时,应在山坡底脚处挖截水沟,使地表水流入截水沟内排出场地外。

(2)基坑(槽)排水及降水

施工基坑(槽)的地表水排放和地下水的控制可采用明排水和人工降水两种方法。

①明排水法。明排水法设备简单,排水方便,主要适用于粗粒土层,也可用于渗水量小的黏性土层。但是,当施工的土层为细砂和粉砂时,抽出的地下水流会带走细砂而发生流沙现象,将会造成边坡坍塌,坑底隆起,无法排水和难以施工等现象。此时,应改用人工降低地下水位的方法。明排水法施工过程中应注意以下安全要求:

a.在雨期施工时,应该在基坑四周或地表水的上游,开挖截水沟或修筑土堤,以防止基坑周围的地表水流入基坑(槽)内。

b.基坑(槽)开挖过程中,在坑底设置集水井,并沿着坑底的周围或中央开挖排水沟,使水流入集水井中然后用水泵抽走,抽出的水严防倒流。

c.排水沟及集水井应设置在基础范围以外地下水走向的上游,并根据地下水的水量大小、基坑平面形状及水泵功率每隔 $20 \sim 40$ m 设一个集水井。集水井的直径或宽度一般为 $0.6 \sim 0.8$ m,深度随着开挖的加深而加深,并且随时保持低于开挖底面 $0.7 \sim 1.0$ m。集水井壁可用竹、木等材料进行简单加固。当基坑(槽)挖至设计标高后集水井底应低于基坑 $1 \sim 2$ m,并铺设碎石滤水层,以避免在抽水时将泥沙抽出,并且可以防止集水井底的土被扰动。

②人工降水。人工降低地下水位就是在基坑开挖前,预先在基坑(槽)四周埋设一定数量的滤水管(井),利用抽水设备从中抽水,使地下水位降落到基坑底以下的降水方法。这种方法能使所挖的土始终保持干燥状态,而且从根本上防止抽出细砂和粉砂土而产生流沙现象,从而改善挖土工作的条件;同时,土内的水分排出后,边坡坡度可适当增加,从而减少挖土量。人工降水的设计与施工应符合现行《建筑与市政降水工程技术规范》(JGJ/T 111—1998)的有关规定。人工降水的方法有轻型井点、喷射井点管径井点、深井泵以及电渗井点等。

a.轻型井点降水。在各种人工降水方法中,轻型井点应用最为广泛,一般用于土壤渗透系数 $k \geqslant 0.1$ m/d 的土壤,当用于渗透系数 $k = 5 \sim 20$ m/d 的土壤时效果最好。

b.电渗井点。对渗透系数 $k < 0.1$ m/d 的土壤,可在轻型井点管的内圈增设一些钢筋或钢管作为电极,通入直流电,以加速地下水向井点管渗透,此法称为电渗井点降水。

c.喷射井点。当地下水位较高,基坑开挖较深时,应采用"喷射井点"进行降水。喷射井点的设备主要包括喷射井管、高压水泵和管网系统(进水总管、排水总管等)。一台高压水泵约可带动 $20 \sim 30$ 根喷射井管。

d. 管井井点。沿基坑每隔 20~50 m 设置 1 个深度为 8~15 m 的管井,每个管井单独用一台潜水泵或离心泵不断抽水以降低地下水位,此方法适用于渗透系数较大,如 $k = 20 \sim 200$ m/d,且地下水量大的土层中。

e. 深井泵。当施工中降水深度较大,用一般水泵满足不了要求时,将其改为深井泵的降水方法。

施工中采用何种降水方法,应根据土的渗透系数、降低水位的深度、含水层岩性,以及适用条件等确定,参照表3.1.4选择。

表3.1.4　各种井点的适用范围

适用条件、井点类别	适合土质	土的渗透系数/$(m \cdot d^{-1})$	降低水位深度/m
一级轻型井点	黏性土、砂土	0.1~20	3~6
二级轻型井点	黏性土、砂土	0.1~20	6~9
电渗井点	黏性土	<0.1	5~6
管井井点	砂土、碎石土、可熔岩、破碎带	1.0~200	6~10
喷射井点	砂土	0.1~50	8~20
深井泵	砂土、碎石土	1.0~80	>15

③回灌。回灌是在降水井点和被保护的建筑之间搭设一排井点,在降水井点抽水的同时,通过回灌井点向土层内灌入相当于降水井点抽出的水量的水,形成一道隔水帷幕,从而阻止或减少回灌井点外侧被保护的建筑物地下水流失。这样不会因降水使地基自重应力增加而引起地面沉降。回灌主要包括井点回灌和砂沟、砂井回灌两种方法。

a. 井点回灌。回灌井点的间距应根据降水井点的间距和被保护建筑物的平面位置确定,其与降水井点的间距不应小于 6 m。回灌井点宜进入稳定水面以下 1 m,且位于渗透性较好的土层中,过滤器的长度应大于降水井点过滤器的长度。回灌水量可以通过水位观测孔中水位变化进行控制与调节,不宜超过原水位标高。回灌水箱高度可根据灌入水量配置。实际施工时应协调控制降水井点与回灌井点。

b. 砂沟、砂井回灌。在降水井点与被保护建筑物之间设置砂井,并沿砂井布置一道砂沟,将降水井点抽出的水适时、适量排入砂沟,再经砂井回灌到地下。回灌砂井的灌砂量,应取井孔体积的95%,填料应采用含泥量不大于3%、不均匀系数在 3~5 的纯净中粗砂。

④降水控制一般要求:

a. 地下水控制的设计与施工应满足支护结构设计要求,应根据场地及周边工程地质条件、水文地质条件和环境条件并结合基坑支护和基础施工方案综合分析,合理选择方案。

b. 为排除暴雨和其他突然而来的明水倒灌,基坑内应设置明沟和集水井,以为防止大雨对边坡的侵蚀。基坑边坡视需要可覆盖塑料布。

c. 膨胀土场地应在基坑边缘采取封闭坡顶及坡面的防水措施,防止各种水流(渗)入坑壁,如采用抹水泥地面等。不得向基坑边缘倾倒各种废水,并应防止水管泄漏冲走桩间土。

d. 软土基坑、高水位地区应做截水帷幕,防止降水造成基土流失。

e. 基坑截水结构的设计,必须依据场地的水文地质资料及开挖深度等条件,截水结构必须满足隔渗要求,且其支护结构必须满足变形要求。

f. 在降水井点与周边重要建筑物之间宜设置回灌井(沟),在基坑降水的同时应沿建筑物地下回灌,以保持原地下水位,或采取减缓降水速度的方法来控制地面沉降。

g. 当基坑底为隔水层且底层作用有承压水时,应进行坑底突涌验算,必要时采取水平封底隔渗或钻孔减压措施,保证基坑底土层稳定。

3.1.3　基坑工程安全检查与隐患整改

城市建设中,高层建筑、超高层建筑所占比例逐年增多,如何解决这些建筑深基础施工中的安全问题也越来越突出。近几年的事故统计中,坍塌事故成了建筑业常见的"五大伤害"(高处坠落、物体打击、坍塌、机械伤害、触电)安全事故之一。在坍塌事故中,基坑(槽)开挖、人工挖孔桩施工造成的坍塌和基坑支护坍塌占坍塌事故总数的百分比较高。

针对以上问题,必须对基坑支护进行安全控制,主要控制措施有:在施工前必须进行勘察,明确地下情况,制定施工方案;按照土质情况和深度设置安全边坡或固壁支撑,对于较深的沟坑,必须进行专项设计和支护;对于边坡和支护应随时检查,发现问题立即采取措施消除隐患;按照规定坑槽周边不得堆放材料和施工机械,以确保边坡的稳定,如施工机械确需到坑槽边作业时,应对机械作业范围内的地面采取加固措施。施工方案、临边防护、坑壁支护、排水措施、坑边荷载、上下通道、土方开挖、基坑支护变形监测、作业环境是安全控制的重点。

在基坑开挖中造成坍塌事故的主要原因有以下几个:

①基坑开挖放坡不够,没按土质的类别、坡度的容许值和规定的高宽比进行放坡(不按施工组织设计或方案进行),造成坍塌。

②基坑边坡顶部超载或由于振动,破坏了土体的内聚力,土体受重压后,引起内部结构破坏,造成坍塌。

③施工方法不正确、开挖程序不对、超标高挖土(未按设计设定层次),造成坍塌。

④支撑设置或拆除不正确,或者排水措施不力(基坑长时间水浸)以及解冻时造成坍塌。

基坑支护、土方作业安全检查评定应符合现行国家标准《建筑基坑工程监测技术规范》(GB 50497—2019)、现行行业标准《建筑基坑支护技术规程》(JGJ120—2012)、《建筑施工土石方工程安全技术规范》(JGJ180—2009)的规定。检查评定保证项目包括施工方案、临边防护、基坑支护及支撑拆除、基坑降排水、坑边荷载。一般项目包括上下通道、土方开挖、基坑支护变形监测、作业环境。

基坑工程安全
检查与隐患整改

表3.1.5 基坑支护、土方作业检查评分表

序号	检查项目		扣分标准	应得分数	扣减分数	实得分数
1	保证项目	施工方案	深基坑施工未编制支护方案,扣20分 基坑深度超过5 m未编制专项支护设计,扣20分 开挖深度3 m及以上未编制专项方案,扣20分 开挖深度5 m及以上专项方案未经过专家论证,扣20分 支护设计及土方开挖方案未经审批,扣15分 施工方案针对性差不能指导施工,扣12~15分	20		
2		临边防护	深度超过2 m的基坑施工未采取临边防护措施,扣10分 临边及其他防护不符合要求,扣5分	10		
3		基坑支护及支撑拆除	坑槽开挖设置安全边坡不符合安全要求,扣10分 特殊支护的做法不符合设计方案,扣5~8分 支护设施已产生局部变形又未采取措施调整,扣6分 混凝土支护结构未达到设计强度提前开挖,超挖扣10分 支撑拆除没有拆除方案,扣10分 未按拆除方案施工,扣5~8分 用专业方法拆除支撑,施工队伍没有专业资质,扣10分	10		
4		基坑降排水	高水位地区深基坑内未设置有效降水措施,扣10分 深基坑边界周围地面未设置排水沟,扣10分 基坑施工未设置有效排水措施,扣10分 深基础施工采用坑外降水,未采取防止邻近建筑和管线沉降措施,扣10分	10		
5		坑边荷载	积土、料具堆放距槽边距离小于设计规定,扣10分 机械设备施工与槽边距离不符合要求且未采取措施,扣10分	10		
	小计			60		
6	一般项目	上下通道	人员上下未设置专用通道,扣10分 设置的通道不符合要求,扣6分	10		
7		土方开挖	施工机械进场未经验收,扣5分 挖土机作业时,有人员进入挖土机作业半径内,扣6分 挖土机作业位置不牢、不安全,扣10分 司机无证作业,扣10分 未按规定程序挖土或超挖,扣10分	10		
8		基坑支护变形监测	未按规定进行基坑工程监测,扣10分 未按规定对毗邻建筑物和重要管线、道路进行沉降观测,扣10分	10		
9		作业环境	基坑内作业人员缺少安全作业面,扣10分 垂直作业上下未采取隔离防护措施,扣10分 光线不足,未设置足够照明,扣5分	10		
	小计			40		
检查项目合计				100		

1)施工方案

基坑开挖之前,要按照土质情况、基坑深度以及周边环境确定支护方案,其内容应包括放坡要求、支护结构设计、机械选择、开挖时间、开挖顺序、分层开挖深度、坡道位置、车辆进出道路、降水措施及监测要求等。施工方案必须针对施工工艺结合作业条件,对施工过程中可能造成坍塌的因素和作业人员的安全以及防止周边建筑、道路等产生不均匀沉降等一系列问题,设计制订具体可行措施,并在施工中付诸实施。施工方案的合理与否,不但影响施工的工期、造价,还会对施工过程中能否保证安全产生直接影响,因此必须经上级审批。基坑深度超过 3 m 时,必须执行文件《危险性较大的分部分项工程安全管理规定》(住建部令〔2018〕第 37 号)的要求。开挖深度超过 5 m 的基坑,或开挖深度虽未超过 5 m 但地质情况和周边环境较复杂的基坑,必须由具有资质的设计单位进行专项支护设计,支护方案或施工组织设计必须按企业内部管理规定进行审批。超过一定规模的危险性较大的专项施工方案由施工单位组织专家进行论证。

2)临边防护

深度超过 2 m 的基坑,坑边必须设置防护栏杆,并且用密目网封闭,栏杆立杆应与便道预埋件通过电焊连接,栏杆宜采用 ϕ48.3 m×3.6 mm 钢管,表面喷黄漆标志。坑口应砖砌翻口,以防坑边碎石和坑外水进入坑内。对于取土口、栈桥边、行人支撑边等部位,必须设置安全防护设施并符合要求。

3)基坑支护及支撑拆除

不同深度的基坑和作业条件,所采取的支护方式和放坡大小也不同。

(1)原状土放坡

一般基坑深度小于 3 m 时,可采用一次性放坡。当深度达到 4~5 m 时,可采取分级(阶梯式)放坡。明挖放坡必须保证边坡的稳定。根据土质类别进行稳定计算确定安全系数。原状土放坡适用于较浅的基坑(挖深限制见表 3.1.6),深基坑可采用打桩、土钉墙和地下连续墙的方法来确保其边坡稳定。

表 3.1.6 直立壁不加支撑的挖深限制

土的类别	深度/m
密实、中密的砂土和碎石类土(填充物为砂土)	1.00
硬塑、可塑的粉土及粉质黏土	1.25
硬塑、可塑的黏土和碎石类土(填充物为黏性土)	1.50
坚硬的黏土	2.00

(2)排桩(护坡桩)

当周边无条件放坡时,可设计成挡土墙结构,采用预制桩、钢筋混凝土桩和钢桩。间隔排桩利用高压旋喷或深层搅拌办法,将桩与桩之间的土体固化形成桩墙挡土结构。其好处是土体整体性好,同时可以阻止地下水渗入基坑形成隔渗结构。桩墙挡土结构实际上是利用桩的入土深度形成悬臂结构,当基础较深时,可采用坑外拉锚或坑内支撑来保护桩的稳定。

(3)坑外拉锚与坑内支撑

①坑外拉锚。用锚具将锚杆固定在桩的悬臂部分,将锚杆的另一端伸向基坑边土层内锚

固,以增加桩的稳定。锚杆由锚头、自由段和锚固段组成。锚杆必须有足够长度,锚固段不能设置在土层的滑动面之内。锚杆可设计成一层或多层,并要现场进行抗拔力确定试验。

②坑内支撑。坑内支撑有单层平面和多层支撑,一般材料取型钢或钢筋混凝土。操作时要注意支撑安装和拆除顺序。多层支撑必须在上道支撑混凝土强度达80%后才可挖下层,钢支撑严禁在负荷状态下焊接。

（4）地下连续墙

地下连续墙就是在深层地下浇注一道钢筋混凝土墙,既可挡土护壁又可起隔渗作用,还可以成为工程主体结构的一部分,也可以代替地下室墙的外模板。地下连续墙也可简称为地连墙。地连墙施工是指利用成槽机械,按照建筑平面图挖出一条长槽,用膨润土泥浆护壁,在槽内放入钢筋笼,然后浇注混凝土的过程。施工时,可以将长槽分成若干单元（5～8 m一段）,最后将各段进行接头连接,即形成一道地连墙。

（5）逆作法施工

逆作法的施工工艺和一般正常施工流程相反,一般基础施工先挖方至设计深度,然后自下向上施工到正负零标高,再继续施工上部主体。逆作法是先施工地下一层（离地面最近的一层）,在打完第一层楼板时,进行养护,在养护期间可以施工上部主体。当第一层楼板达到强度时,可继续施工地下二层（同时向上方施工）,此时的地下主体结构梁板体系就作为挡土结构的支撑体系,地下室外的墙体又是基坑的护壁。这时梁板的施工只需将其插入土中,作为柱子钢筋。梁板施工完毕后再挖方施工柱子。第一层楼板以下部分由于楼板封闭,只能采用人工挖土,可利用电梯间垂直通道运输。逆作法不仅节省工料,上下同时施工缩短工期,而且由于利用工程梁板结构做内支撑,可以避免装拆临时支撑造成的土体变形。

此外,应有针对支护设施产生变形的防治预案,并及时采取措施,施工中应严格按支护方案的要求进行土方开挖及支撑的拆除,采用专业方法拆除支撑的施工队伍必须具备专业的施工资质。

4）基坑降排水

基坑施工常遇地下水。对地下水的控制一般有排水、降水、隔渗等方法。

（1）排水

基坑深度较浅,常采用明排,即沿槽底挖出两道水沟,每隔30～40 m设一集水井,用水泵将水抽走。

（2）降水

开挖深度大于3 m时,可采用井点降水,井点降水每级可降6 m。再深时,可采用多级降水。水量大时,可采用深井降水。降水井井点位置距坑边1 m左右。基坑外面应挖排水沟,防止雨水流入坑内。为了防止降水后造成周围建筑物的不均匀沉降,可在降水的同时,采取回灌措施,以保持原有的地下水位不变。抽水过程中要经常检查真空度,防止漏气。

（3）隔渗

隔渗是用高压旋喷、深层搅拌形成的水泥土墙和底板筑成的止水帷幕,阻止地下水渗入坑内的方法。

①坑内抽水。此方法不会造成周边建筑物、道路的沉降问题。坑外高水位,坑内低水位应于干燥条件下作业。止水帷幕向下插入不透水层落底,对坑内封闭,应注意防漏。

②坑外抽水。这种方法减轻了挡土桩的侧压力,但对周边建筑物的沉降问题有不利影

响,适合含水层较厚的基坑,此时止水帷幕悬吊在透水层中。

5)坑边荷载

基坑边沿堆置的建筑材料距槽边最小距离必须满足设计规定,禁止基坑边堆置弃土;施工机械施工行走路线必须按方案执行。

6)上下通道

①基坑施工作业人员上下必须设置专用通道,不得攀爬栏杆和自挖土级上下。

②人员专用通道应在施工组织设计中确定。视条件可采用梯子,斜道(有踏步级)两侧要设扶手栏杆。

③设备进出时按基坑部位设置专用坡道(推土机25°,挖掘机20°,铲运机25°)。

7)土方开挖

①施工机械必须实行进场验收制度,操作人员持证上岗。

②严禁施工人员进入施工机械作业半径内。

③基坑开挖应严格按方案执行,宜采用分层开挖的方法,严格控制开挖面的坡度和分层厚度,防止边坡和挖土机下的土体滑动,严禁超挖。

④基坑支护结构必须在达到设计要求的强度后,方可开挖下层土方。

⑤挖土机不能超标高挖土,以免造成土体结构破坏。

8)基坑支护变形监测

基坑开挖之前应做出系统的监测方案,包括监测方法、精度要求、监测点布置、观测周期、工序管理、记录制度、信息反馈等。基坑开挖过程中特别注意监测支护体系变形、基坑外地面沉降或隆起变形、邻近建筑物动态、支护结构的开裂和位移等情况,重点监测桩位、护壁墙面、主要支撑杆、连接点以及渗漏情况。

开挖深度大于5 m的基坑应由建设单位委托具备相应资质的第三方单位实施监测。总包单位应自行安排基坑监测工作,并与第三方单位监测资料定期对比分析,指导施工作业。

基坑工程监测必须由基坑设计方确定监测报警值,施工单位应及时通报变形情况。

9)作业环境

基坑内作业人员必须有足够的安全作业面,垂直作业必须有隔离防护措施,夜间施工必须有足够的照明设施。电箱的设置、周围环境以及各种电气设备的架设、使用均应符合电气规范规定。

【典型安全隐患】

图3.1.1　隐患点:场地不平整,有积水

图 3.1.2　钢板桩支护坍塌

图 3.1.3　施工现场西北部边坡未及时进行防护

图 3.1.4　进入土方施工现场,人员未戴安全帽

图 3.1.5　通道基坑边无防护措施,坑边堆土未清理

图 3.1.6　坑内支撑拆除作业,拆除设备放在梁面上操作,梁面上临边防护缺失

图 3.1.7　基坑未按照方案要求放坡,基坑局部出现坍塌

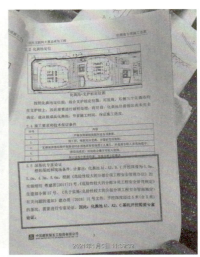

图 3.1.8　现场化粪池基坑未按照要求进行专家论证

图 3.1.9　基坑底部 A 区通道土方局部开裂,存在边坡失稳风险

图 3.1.10　施工现场通道未实行人车分流,存在车辆伤害风险

图 3.1.11 基坑两侧 1.5 m 范围内堆放有较多的建筑材料和机械设备

图 3.1.12 基坑边沿有一道较长裂纹,施工方无基坑稳定性自检记录

3.1.4 坍塌事故现场救护

【案例分析】

10月12日上午,原本井然有序的工地突发情况,两名女工被埋。医院紧急前往救护,抬出的担架上却躺着一名护士,这背后究竟发生了什么?

10月12日上午10时许,综合管廊项目安全员范某和领工员白某对施工现场进行日常安全巡查,并往巡视过程中发现基坑东侧冠梁的外侧地面有一个坑洞。范某随即向安全总监马某报告了情况。10时30分左右,领工员白某安排6名女工进入现场用沙袋填补坑洞。

在10时57分,由于基坑坑壁、坑底渗漏、涌砂,造成地表下被掏空形成空洞,在填充作业中,板结的素填土和地下砂层承载能力不足以承载人员荷载,造成地表层坍塌,2名女工被埋。见此情况,白某立即召集人员抢救,并将此情况汇报给马某,马某拨打120求救。

马某马上亲赴现场指挥救援,由于事发区域沙量太大,马某调来一台挖掘机在外侧辅助救援。救护车到达现场后,医生游某和护士林某进入现场准备实施救护,但意外发生了,基坑二次坍塌,前来救援的1名女护士不幸坠落。项目负责人唐某立即分流救援人员,并调来另外一台挖掘机,对林某进行抢救。12时30分,3人被救出并送往医院。下午5时30分,医院宣布3人经抢救无效死亡。

【思考1】白某发现坑洞的应急处置方法对吗?

从事故调查报告中我们得知,施工单位编制了《基坑周围出现空洞处理方案》,那么正确的应对方式是当发现坑洞时,首先对坑洞的类型进行判断,并根据方案进行处理。如方案中没有提及相关的解决措施,应暂停坑洞周边区域施工,撤离人员,组织专家组调查评估基坑稳定性及出现坑洞的原因。显然,坑洞应急处置方法不当。

【思考2】安全事故上报时间的规定是有哪些?

事故发生后,事故现场有关人员应当立即向本单位负责人报告;单位负责人接到报告后,应当于1小时内向事故发生地县级以上人民政府安全生产监督管理部门和负有安全生产监督管理职责的有关部门报告。安全生产监督管理部门和负有安全生产监督管理职责的有关部门逐级上报事故情况,每级上报的时间不得超过2小时。

安全生产事故等级不同,其上报部门层级也不一致。安全生产监督管理部门和负有安全生产监督管理职责的有关部门接到事故报告后,应当依照下列规定上报事故情况,并通知公安机关、劳动保障行政部门、工会和人民检察院:

(1)特别重大事故、重大事故逐级上报至国务院安全生产监督管理部门和负有安全生产监督管理职责的有关部门。

(2)较大事故逐级上报至省、自治区、直辖市人民政府安全生产监督管理部门和负有安全生产监督管理职责的有关部门。

(3)一般事故上报至设区的市级人民政府安全生产监督管理部门和负有安全生产监督管理职责的有关部门。

对于特殊情况可以特殊处理,必要时可以越级上报事故情况。但是无论什么情况,瞒报事故是不可取的,这是违法行为,需要承担相应的法律责任。

【思考3】为何基坑会二次坍塌呢?

原来马某在不了解基坑坍塌的情况下,擅自调来一台挖掘机在外侧辅助救援,进一步扰动地层,导致护士林某进入现场后,所在区域再次发生坍塌。正确的应对方式是:在出现基坑坍塌事故后,应立即启动应急预案,疏散周围人员,对基坑稳定性进行初步判断。如有继续坍塌迹象,应立即组织人员将基坑周围机械物资撤离,防止边坡失稳,对救援人员造成二次伤害。同时,立即向政府有关部门报告,请求派驻专业救援队伍实施救援,切勿盲目自行施救。

【思考4】错误的处置方法导致基坑坍塌事故的发生,错误的救援方式导致二次伤害的发生。其实,从人员及时被救出,为鲜活生命争取时间,仍有"黄金四分钟",这就是心肺复苏。心肺复苏如何做呢?

心肺复苏的步骤如下:首先,要确认病人周围的环境是否安全,如果环境不安全,需要把病人移到安全的环境下,迅速拨打急救电话,请急救人员过来抢救;现场开始对病人进行心肺复苏。其次,要给病人开放气道,采用仰头举颏的办法开放气道,清除口鼻内的异物,进行口对口的人工呼吸,捏住鼻孔,尽量不要漏气,抢救者用嘴包住病人的嘴,向内吹气,每次吹气的量为800～1 200 mL,标准是能看到病人的胸廓有上抬为主。再次,进行胸外按压,胸外按压的部位是胸部正中,两乳头连线的中点,把两个手掌根部同向交联,十指相扣,掌心贴紧胸壁,手指离开胸壁,双臂伸直,上身前倾,以髋关节为支点,垂直地向下用力,要有节奏地按压,按压的频率是100～120次/分,按压与通气的比例是30∶2,深度是5 cm。最后,做完5个循环以后,可以观察患者的呼吸和脉搏,如果有自主心跳恢复,说明复苏已经成功,如果没有,需要继续复苏。

【技能实践】

土石方工程施工管理及应急救援

知识拓展:土方工程施工模拟

实训项目:

1.技能训练目标

①具备编制土石方工程安全技术措施的能力。

②熟悉应急救援体系,能够组织进行应急救援演练。

2.土石方工程施工案例

(1)工程特征

某园幼儿园为三层框架结构,基础形式为独立钢筋混凝土基础。基础的持力层为粉质黏土层,基础底面进入持力层0.2 m深;建筑面积为1 500 m²;每层层高为3.5 m;位于正兴建的白云骏景家园住宅小区用地范围的东面,邻近A8栋。

幼儿园基坑东面、南面为离幼儿园边线1.8～4 m的砖砌围墙,围墙内墙脚有一已铺电缆的电缆沟,电缆沟边离幼儿园轴边线最近为0.1 m,东、北角距幼儿园K轴4 m处有一市政高压变电箱,西面为A1～A8栋施工道路及在建A8栋建筑。

(2)地质情况

现自然地面标高约12.8 m(即−1.3 m),根据地质资料(鉴75孔柱状图),从−2.21～−1.3 m标高范围为碎砖等杂填土,从−3.41～−2.21 m为耕植土,从−5.21～−3.41 m为黏土(即4—2层,其岩土层承载力标准值fk=150 kPa,为本工程基础的持力层)。因此,本工程的基础开挖至标高−3.41～−0.2 m=−3.61 m,即自然地面下挖−1.3～3.61 m=2.31 m。

（3）整体施工顺序

围墙与电缆沟处理；基坑土石方开挖；基坑边坡支护；降排水；钢筋混凝土基础施工；土石方回填；地梁施工；土石方回填；地骨施工。

详细施工步骤：围墙与电缆沟处理；基坑土石方开挖，根据幼儿园基础形式及周边的实际情况，为防止天然基础受水浸泡而软化，采取先开挖施工一部分，将挖出来的土石方堆于未开挖的部分，再用挖出来的土石方回填该部分，再开挖施工另一部分，逐步推进完成的方案；边坡基坑支护；降排水；钢筋混凝土基础施工；土石方回填；地梁施工；地骨施工。

根据幼儿园的基础工程施工概况，以小组为单位完成以下任务：

技能点一：编写土石方开挖安全技术措施。

技能点二：编制土石方工程应急救援组织表格。

技能点三：根据工程概况，为土石方工程配备应急救援器材、设备、机具。

表 3.1.7　技能训练效果评价表

技能要点	评价关键点	分值	自我评价（20%）	小组互评（30%）	教师评价（50%）
土石方开挖安全技术措施	在规范标准中参考内容	10			
	技术措施准确全面	30			
应急救援组织表格	应急领导小组与专业救援小组分组正确	25			
	表格制作精美规范	5			
应急救援物资	物资配备全面合理	25			
	表格制作精美规范	5			
总得分					

【阅读与思考】

福建泉州欣佳酒店"3·7"坍塌事故——提高安全意识，树立大爱精神

2020 年 3 月 7 日，泉州欣佳酒店发生坍塌，事发时楼内共有 71 人被困，大多是外地来泉州的人员。经过救援，42 人得以生还，另外 29 人不幸遇难。

事故的发生，并非毫无预兆。据调查，酒店坍塌前曾有两次极为短暂的预警。

而家住欣佳酒店附近小区的陈女士，就是这次事故的预警者之一。3 月 7 日当晚 7 时 10 分，陈女士从外面开车返回家中，途经欣佳酒店时，发现酒店楼上不断有碎玻璃掉下，有细颗粒，有大碎片。她感到很奇怪，朝楼上看时听到嘈杂声，以为楼上有人在吵架扔酒瓶。她把这一异常情况告知了旁边三个穿制服的工作人员，但对方并未在意，也未核实处理。此外，在事故发生前，房主曾接到了现场施工人员电话，称正在进行装修作业的一楼房屋的一根柱子发生变形。但房主并未在意，三四分钟后，楼房整体坍塌。

根据事故调查组的调查结论表明，这是一起主要因违法违规建设、改建和加固施工导致建筑物坍塌的重大生产安全责任事故。随着调查的深入，一些党员干部、公职人员搞形式、走过场，失职渎职，没有守住安全底线，最终酿成惨烈事故的整个过程被逐步揭开。

　　由此可见,在房屋的建设过程中,一定要遵循相关法律法规的规定,严格按照设计方案,在保证安全的情况下进行建设活动,更不能私自违法改扩建,以免埋下安全事故的重大隐患。同时,在生活中,还要提高安全意识,掌握一定的安全预警知识,以避免事故的发生。

【安全小测试】

　　1. 人工开挖土方时,两人的操作间距应保持(　　　)。

　　A. 1 m　　　　　　　B. 1～2 m　　　　　　C. 2～3 m　　　　　　D. 3.5～4 m

　　2. 在临边堆放弃土,材料和移动施工机械应与坑边保持一定距离,当土质良好时,要距坑边(　　　)远。

　　A. 0.5 m 以外,高度不超 0.5 m

　　B. 1 m 以外,高度不超 1.5 m

　　C. 1 m 以外,高度不超 1 m

　　D. 1.5 m 以外,高度不超 2 m

　　3. 基坑(槽)上口堆放模板为(　　　)以外。

　　A. 2 m　　　　　　　B. 1 m　　　　　　C. 2.5 m　　　　　　D. 0.8 m

　　4. 按照规定,开挖深度超过(　　　)的基坑,槽的土方开挖工程应当编制专项施工方案。

　　A. 3 m(含 3 m)　　 B. 5 m　　　　　　C. 5 m(含 5 m)　　 D. 8 m

　　5. 在下列哪些部位进行高处作业必须设置防护栏杆?(　　　)

　　A. 基坑周边　　　　 B. 雨篷边　　　　　 C. 挑檐边

　　D. 无外脚手的屋面与楼层周边　　　　　 E. 料台与挑平台周边

项目 3.2　脚手架工程安全技术与管理

【导入】

　　事故案例 1:20××年 3 月 26 日,南宁市一工地的在建工业标准厂房的脚手架发生大面积坍塌,造成 3 人死亡、10 人受伤。

图 3.2.1　南宁在建工业厂房脚手架坍塌现场图

　　事故发生的直接原因:外脚手架使用了不合格扣件,且未按专项施工方案搭设;施工作业人员违规将拆除的钢管、扣件及脚手板堆放于架体上增加荷载,导致架体失稳坍塌。

事故发生的间接原因:一是施工单位安全生产管理混乱,项目部未认真履行安全教育培训、安全技术交底职责,违规使用未经抽样送检合格的钢管、扣件等材料。二是劳务单位未履行安全教育培训和安全技术交底程序,违规组织外脚手架拆除作业等。

事故追责:涉及的责任单位和责任人被依法追刑责。3 家企业被暂扣安全生产许可证或暂停投标。

事故案例 2:2009 年 6 月 30 日,浙江临安××大酒店外墙装修改造工程,外立面石材幕墙,共 1 600 m²,共 1~3 层。8 点 10 分左右,吊机吊起最后一批石料至脚手架顶层作业面时,脚手架因载荷过重突然坍塌,多名正在作业的装修工人被埋压,最终导致两名搬运工跌落,一人摔至人行道当场死亡,一人被埋压在坍塌的脚手架下当场死亡。

图 3.2.2　浙江临安××大酒店外墙作业脚手架坍塌现场图

造成事故主要原因:

①连墙件设置不足或被拆除;

②主节点未按规定设置小横杆或缺少扣件连接;

③材质差以及放置物料过多。

思考:

①两起案件都涉及脚手架的"超载",那么规范中对架体荷载要求是怎样的呢?

②搭设脚手架时主要检查哪些材料?有哪些要求?

【理论基础】

脚手架工程
施工安全准备

3.2.1　脚手架工程施工安全准备

1)了解脚手架相关规范及项目内容

脚手架是指施工现场为工人操作并解决垂直和水平运输而搭设的各种支架。主要用于施工人员上下操作或外围安全网围护及高空安装构件等作业。脚手架的种类较多,可按照用途、构架方式、设置形式、支固方式、脚手架平杆与立杆的连接方式以及材料来划分种类。常用的有扣件式钢管脚手架、碗扣式脚手架和门式脚手架三大类。脚手架施工相关规范很多,主要包括《建筑施工脚手架安全技术统一标准》GB 51210—2016、《建筑施工扣件式钢管脚手架安全技术规范》JGJ 130—2011、《建筑施工竹脚手架安全技术规范》JGJ/ 254—2011、《建筑施工门式钢管脚手架安全技术规范》JGJ 128—2010、《建筑施工工具式脚手架安全技术规范》JGJ 202—2010、《建筑施工木脚手架安全技术规范》JGJ 164—2008、《建筑施工碗扣式钢管脚手架安全技术规范》JGJ 166—2008。

除此之外,在脚手架工程施工之前,还需了解相关项目施工图纸、论证后的施工组织方案、脚手架专业分包施工合同等。

2)技术准备

①脚手架属危险性较大的分部分项工程,必须编制安全专项施工方案。对搭设高度50 m及以上落地式钢管脚手架工程,提升高度150 m及以上附着式整体和分片提升脚手架工程,架体高度20 m及以上悬挑式脚手架等超过一定规模的危险性较大的分部分项工程,应当组织专家对专项方案进行论证。

②脚手架搭设前应并对架子工进行安全技术交底,如若没有参加安全交底,不得参加脚手架搭设工作。

③施工前仔细阅读图纸、施工组织设计,详细了解现场情况及施工进度计划。

④脚手架施工人员进场前,必须进行三级安全教育和相应考核。考核合格人员办理进场手续,才可上岗操作,每周进行一次安全教育培训。

3)施工人员及安全防护用品准备

①对脚手架施工人员的要求:架体搭设人员必须持证上岗(力工人员除外),要具有良好的安全意识和职业道德,并且要有很好的责任感和团结协作精神,要自觉遵守劳动纪律,讲究文明施工,要有健康的身体和较高的技术素质。

②对施工班组长的素质要求:除具有以上人员的素质外,还要精通图纸,理解设计意图,能根据现场情况灵活解决搭设过程中出现的问题,熟练掌握脚手架的搭设方法,具有丰富的行业经验。

③搭设脚手架人员必须戴安全帽、防护眼镜,穿反光背心、劳保鞋,系安全带。

4)材料准备

①依据施工方案技术部出具材料用量总量单,施工管理人员按照现场施工计划、工期要求、人员数量、存放场地、机械设备等因素提材料分批进场计划。

②对钢管、扣件、脚手板等构配件,应按要求进行质量检查验收,对不合格产品一律不得使用,经检验合格的构配件应按品种、规格分类,堆放整齐、平稳,堆放场地不得有积水。

钢管:钢管采用外径48~51 mm,壁厚3~3.5 mm的管材。钢管应平直光滑,无裂缝、结疤、分层、错位、硬弯、毛刺、压痕和深的划道。钢管应有产品质量合格证,钢管必须涂有防锈漆并严禁打孔,每根钢管的最大质量不应大于25 kg。

扣件:扣件是采用螺栓紧固的扣接连接件,用于钢管之间的连接。其基本形式有三种:直角扣件(十字扣),用于两根钢管呈垂直交叉连接;旋转扣件(回转扣),用于两根钢管呈任意角度交叉连接;对接扣件(一字扣),用于两根钢管的对接连接。

图 3.2.3　直角扣件、旋转扣件、对接扣件

扣件应有生产许可证、法定检测单位的测试报告和产品质量合格证。当对扣件质量有怀疑时,应按现行国家标准《钢管脚手架扣件》GB 15831 的规定抽样检测。扣件的技术要求应符合现行国家标准《钢管脚手架扣件》GB 15831 的相关规定。

新、旧扣件均应进行防锈处理。扣件进入施工现场应进行抽样复试,使用前应逐个挑选,有裂缝、变形、螺栓滑丝的严禁使用。

扣件规格应与钢管外径相同,扣件在螺栓拧紧扭力矩达到 65 N·m 时,不得发生破坏(可采用力矩扳手进行检测)。

脚手板:脚手板可采用钢、木材料两种,每块质量不宜大于 30 kg。

冲压新钢脚手板,必须有产品质量合格证。板长度为 1.5 ~ 3.6 m,厚 2 ~ 3 mm,肋高5 cm,宽 23 ~ 25 cm,其外表锈蚀斑点直径不大于 5 mm,并沿横截面方向不得多于 3 处。脚手板一端应压连接卡口,以便铺设时扣住另一块的端部,板面应冲有防滑圆孔。

木脚手板应采用杉木或松木制作,其长度为 2 ~ 6 m,厚度不小于 5 cm,宽 23 ~ 25 cm,不得使用有腐朽、裂缝、斜纹及大横透节的板材。两端应设直径为 4 mm 的镀锌钢丝箍两道。

安全网:宽度不得小于 3 m,长度不得大于 6 m,网眼不得大于 10 cm,必须使用维纶、锦纶、尼龙等材料,严禁使用损坏或腐朽的安全网和丙纶网。密目式安全网只准做立网使用。

检测工具:水平水准仪、经纬仪、卷尺、游标卡尺、力矩扳手等。

5)场地准备

①应清除搭设场地杂物,平整搭设场地,并应使排水畅通。

②对高层脚手架或荷载较大而场地土软弱的脚手架,还应按设计要求对场地土壤进行加固处理,如原土夯实、加设垫层(碎石或素混凝土)等。

③脚手架底座底面标高宜高于自然地坪 50 mm。当脚手架基础下有设备基础、管沟时,在脚手架使用过程中不应开挖,否则必须采取加固措施。

④脚手架基础经验收合格后,应按施工组织设计或专项方案的要求放线定位。

3.2.2 脚手架工程安全技术措施

脚手架工程
安全技术措施

1)扣件式钢管脚手架安全技术

扣件式钢管脚手架是为建筑施工而搭设的、承受荷载的、由扣件和钢管等构成的脚手架与支撑架。虽然其一次性投资较大,但因周转次数多、摊销费低、装拆方便、搭设高度大、能适应建筑物平立面的变化,是目前国内应用较为广泛的脚手架类型。落地式外脚手架由钢管、扣件、脚手板和底座等组成。

(1)地基

脚手架地基与基础的施工,应根据脚手架所受荷载、搭设高度、搭设场地土质情况与现行国家标准《建筑地基基础工程施工质量验收规范》GB 50202 的有关规定进行。压实填土地基应符合现行国家标准《建筑地基基础设计规范》GB 50007 的相关规定;灰土地基应符合现行国家标准《建筑地基基础工程施工质量验收规范》的相关规定。直接落地的脚手架应对地面进行平整,夯实,并浇筑 100 mm 厚 C15 混凝土垫层,高于自然地坪 50 ~ 100 mm,基础周边应设置排水沟,不得有积水。当有坑槽时,立杆应下到槽底或在槽上设置工字钢底梁,基础经检查验收合格后才能搭设脚手架。应在脚手架搭设前清除搭设场地杂物,平整搭设场地,并应

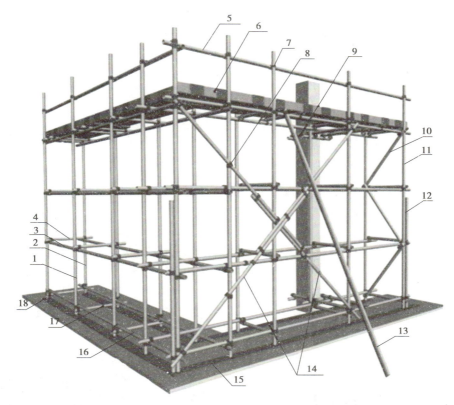

图 3.2.4 落地式外脚手架的构造

1—外立杆;2—内立杆;3—纵向水平杆;4—横向水平杆;5 栏杆;6—挡胶板;7—直角扣件;
8—旋转扣件;9—连墙杆;10—横向斜撑;11—主力杆;12—副立杆;13—抛撑;
14—剪刀撑;15—垫板;16—纵向扫地杆;17—横向扫地杆;18 底座

使排水畅通。

立杆的地基和基础构造可参照表3.2.1的要求处理。搭设在楼面上的脚手架,其立杆底端宜设置底座或垫板,并根据立柱集中荷载进行楼面结构验算。

高于自然地坪50~100 mm

图 3.2.5 脚手架地基处理

排水沟

图 3.2.6 四周设排水沟

139

表3.2.1　立杆的地基和基础构造

搭设高度	地基土质		
	中、低压缩性且压缩性均匀	回填土	高压缩性或压缩性不均匀
≤24m	夯实原土,立杆底座置于面积不小于0.075 m^2 的垫块、垫木上	土夹石或灰土回填夯实,立杆底座置于面积不小于0.10 m^2 的混凝土垫块或垫木上	夯实原土,铺设宽度不小于200 mm的通长槽钢或垫木
25～35 m	垫块、垫木面积不小于0.10 m^2,其余同上	砂夹石回填夯实,其余同上	夯实原土,铺厚度不小于200 mm砂垫层,其余同上
36～50 m	垫块、垫木面积不小于0.15 m^2,或铺通长槽钢或木板,其余同上	砂夹石回填夯实,垫块或垫木面积不小于0.15 m^2,或铺通长槽钢或木板	夯实原土,铺150 mm厚道渣夯实,再铺通长槽钢或垫木,其余同上

注:表中混凝土垫块厚度不小于200 mm,垫木厚度不小于50 mm。

脚手架基础经验收合格后,应按施工组织设计或专项方案的要求放线定位。

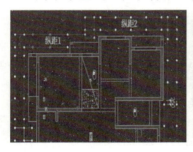

图3.2.7　立杆放线定位

(2)搭设作业流程

搭设作业施工工艺流程如图3.2.8所示:放置纵向扫地杆;自角部起依次向两边竖立底(第1根)立杆;装设横向扫地杆并与立杆固定;装设第一步大、小横杆;按40～65 N·m力矩拧紧扣件螺栓;第一步架交圈完成,设置连墙件(或加抛撑);按第一步架的作业程序和要求搭设第二步架、第三步架;随搭设进程及时装设连墙件和剪刀撑;装设作业层间横杆并铺设脚手板,装设作业层栏杆、挡脚板或采取围护、封闭措施。

外架立杆应该先内排后外排搭设,内外排连线应与墙面垂直,每排立杆宜从两边向中间搭设。立杆纵横间距应符合专项方案要求,各转角处均应设置内外立杆。每根立杆底部宜设置底座或垫板,脚手架立杆垂直插入底座内,底座、垫板均应准确地放在定位线上。

常用密目式安全立网全封闭双排脚手架结构的设计尺寸,可按表3.2.2采用。

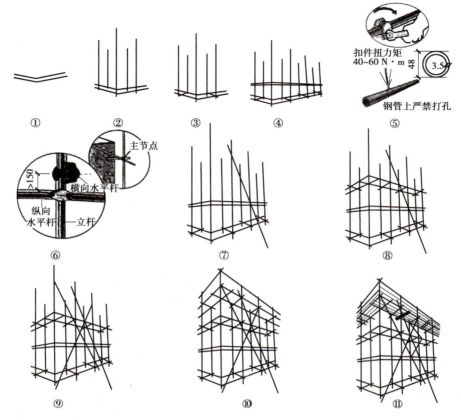

图3.2.8　扣件式钢管脚手架搭设作业流程

表3.2.2　常用密目式安全立网全封闭式双排脚手架的设计尺寸(m)

连墙件设置	立杆横距l_b	步距h	下列荷载时的立杆纵距				脚手架允许搭设高度$[H]$
			2+0.35（kN/m²）	2+2+2×0.35（kN/m²）	3+0.35（kN/m²）	3+2+2×0.35（kN/m²）	
二步三跨	1.05	1.50	2.0	1.5	1.5	1.5	50
		1.80	1.8	1.5	1.5	1.5	32
	1.30	1.50	1.8	1.5	1.5	1.5	50
		1.80	1.8	1.2	1.5	1.2	30
	1.55	1.50	1.8	1.5	1.5	1.5	38
		1.80	L8	1.2	1.5	1.2	22
三步三跨	1.05	1.50	2.0	1.5	1.5	1.5	43
		1.80	1.8	1.2	1.5	1.2	24
	1.30	1.50	1.8	1.5	L5	1.2	30
		1.80	1.8	1.2	1.5	1.2	17

注:表中所示2+2+2×0.35(kN/m²),包括下列荷载:2+2(kN/m²)为二层装修作业层施工荷载标准值;2×0.35(kN/m²)为二层作业层脚手板自重荷载标准值。

作业层横向水平杆间距,应按不大于 $l_a/2$ 设置。

地面粗糙度为 B 类,基本风压 $w_0 = 0.4$ kN/m^2。

（3）扫地杆

贴近楼（地）面,连接立杆根部的纵、横向水平杆件包括纵向扫地杆、横向扫地杆。脚手架必须设置纵、横向扫地杆。纵向扫地杆应采用直角扣件固定在距钢管底端不大于 200 mm 处的立杆上。横向扫地杆应采用直角扣件固定在紧靠纵向扫地杆下方的立杆上。

（4）立杆

①脚手架立杆基础不在同一高度上时,必须将高处的纵向扫地杆向低处延长两跨与立杆固定,高低差不应大于 1 m。靠边坡上方的立杆轴线到边坡的距离不应小于 500 mm。

②单、双排脚手架底层步距均不应大于 2 m。抛撑是用于脚手架侧面支撑,与脚手架外侧面斜交的杆件。脚手架开始搭设立杆时,应每隔 6 跨设置一根抛撑,直至连墙件安装稳定后,方可根据情况拆除。

③单排、双排与满堂脚手架立杆接长除顶层顶步外,其余各层各步接头必须采用对接扣件连接。立杆搭接长度不应小于 1 m,并应采用不少于 2 个旋转扣件固定。

④脚手架立杆顶端宜高出女儿墙上端 1 m,宜高出檐口上端 1.5 m。

⑤当立杆采用对接接长时,立杆的对接扣件应交错布置,两根相邻立杆的接头不应设置在同步内,同步内隔一根立杆的两个相隔接头在高度方向错开的距离不宜小于 500 mm;各接头中心至主节点的距离不宜大于步距的 1/3。

图 3.2.9　立杆接头设置示意

图 3.2.10　接头开口朝内

（5）纵向水平杆

①沿脚手架纵向设置的水平杆为纵向水平杆（长度 6.5 m）,脚手架纵向水平杆应随立杆按步搭设,并应采用直角扣件与立杆固定。纵向水平杆应设置在立杆内侧,单根杆长度不应小于 3 跨。

②两根相邻纵向水平杆的接头不应设置在同步或同跨内;不同步或不同跨两个相邻接头在水平方向错开的距离不应小于 500 mm;各接头中心至最近主节点的距离不应大于纵距的 1/3。

③纵向水平杆搭接长度不应小于 1 m,应等间距设置 3 个旋转扣件固定;端部扣件盖板边缘至搭接纵向水平杆杆端的距离不应小于 100 mm。

不大于纵距1/3　不小于500 mm

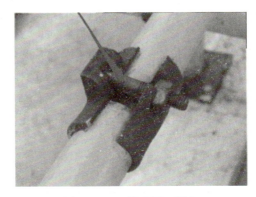

图 3.2.11　纵向水平杆对接接头位置设置图　　　图 3.2.12　接头开口朝上

④当使用冲压钢脚手板、木脚手板、竹串片脚手板时,纵向水平杆应作为横向水平杆的支座,用直角扣件固定在立杆上。立杆、纵向水平杆、横向水平杆三杆紧靠的扣接点为主节点。

⑤当使用竹笆脚手板时,纵向水平杆应采用直角扣件固定在横向水平杆上,并应等间距设置,间距不应大于 400 mm。

（6）横向水平杆

①沿脚手架横向设置的水平杆为横向水平杆（长度 1.5 ~ 2 m）,主节点处必须设置一根横向水平杆,用直角扣件扣接且严禁拆除。作业层上非主节点处的横向水平杆,宜根据支承脚手板的需要等间距设置,最大间距不应大于纵距的 1/2。

②当使用冲压钢脚手板、木脚手板、竹串片脚手板时,双排脚手架的横向水平杆两端均应采用直角扣件固定在纵向水平杆上;单排脚手架的横向水平杆的一端应用直角扣件固定在纵向水平杆上,另一端应插入墙内,插入长度不应小于 180 mm。

③当使用钢笆片、竹笆脚手板时,双排脚手架的横向水平杆的两端,应用直角扣件固定在立杆上。单排脚手架的横向水平杆的一端,应用直角扣件固定在立杆上,另一端插入墙内,插入长度不应小于 180 mm。

双排脚手架横向水平杆的靠墙一端至墙装饰面的距离不应大于 100 mm。

（7）脚手板

①作业层脚手板应铺满、铺稳、铺实。应用安全网双层兜底,离墙面距离不应大于 150 mm。

②冲压钢脚手板、木脚手板、竹串片脚手板等,应设置在三根横向水平杆上。脚手板的铺设应采用对接平铺或搭接铺设。脚手板对接平铺时,接头处应设两根横向水平杆,脚手板外伸长度应取 130 ~ 150 mm,两块脚手板外伸长度的和不应大于 300 mm。脚手板搭接铺设时,接头应支在横向水平杆上,搭接长度不应小于 200 mm,其伸出横向水平杆的长度不应小于 100 mm。

③当脚手板长度小于 2 m 时,可采用两根横向水平杆支承,但应将脚手板两端与横向水平杆可靠固定,严防倾翻。

④钢笆片、竹笆脚手板应按其主竹筋垂直于纵向水平杆方向铺设,且应对接平铺,四个角应用直径不小于 1.2 mm 的镀锌钢丝固定在纵向水平杆上。

⑤作业层端部脚手板探头长度应取 150 mm,脚手板探头应用直径 3.2 mm 的镀锌钢丝固定在支承杆件上。在拐角、斜道平台口处的脚手板应用镀锌钢丝固定在横向水平杆上,防止滑动。

（8）连墙件

连墙件是将脚手架架体与建筑物主体构件连接,能够传递拉力和压力的构件。脚手架连墙件设置的位置、数量应按专项施工方案确定。连墙件的安装应随脚手架搭设同步进行,不得滞后安装。当架体搭设至有连墙件的主节点时,在搭设完该处的立杆、纵向水平杆、横向水平杆后,应立即设置连墙件。脚手架连墙件数量的设置除应满足 JGJ 130—2011 的计算要求外,还应符合表 3.2.3 的规定。

表 3.2.3　连墙件布置最大间距

搭设方法	高度	竖向间距	水平间距	每根连墙件覆盖面积（m²）
双排落地	≤50 m	3h	3l_a	≤40
双排悬挑	>50 m	2h	3l_a	≤27
单排	≤24 m	3h	3l_a	≤40

注:h—步距;l_a—纵距。

①连墙件的布置应靠近主节点设置,偏离主节点的距离不应大于 300 mm;应从底层第一步纵向水平杆处开始设置,当该处设置有困难时,应采用其他可靠措施固定;应优先采用菱形布置,或采用方形、矩形布置。当脚手架下部暂不能设连墙件时,应采取防倾覆措施。当搭设抛撑时,抛撑应采用通长杆件,并用旋转扣件固定在脚手架上,与地面的倾角应为 45°～60°;连接点中心至主节点的距离不应大于 300 mm。抛撑应在连墙件搭设后方可拆除。

②沿建筑周边非交圈设置的脚手架为开口型脚手架,其中直线型的脚手架为一字形脚手架。开口型脚手架的两端必须设置连墙件,连墙件的垂直间距不应大于建筑物的层高,并且不应大于 4 m。

③连墙件中的连墙杆应呈水平设置,当不能水平设置时,应向脚手架一端下斜连接。

④连墙件必须采用可承受拉力和压力的构造。对高度 24 m 以上的双排脚手架,应采用刚性连墙件与建筑物连接。架高超过 40 m 且有风涡流作用时,应采取抗上升翻流作用的连墙措施。单、双排脚手架必须配合施工进度搭设,一次搭设高度不应超过相邻连墙件以上两步;如果超过相邻连墙件以上两步,无法设置连墙件时,应采取确保脚手架稳定的临时拉结措施,直到上一层连墙件安装完毕后再根据情况拆除。

（9）剪刀撑与横向斜撑

剪刀撑是在脚手架竖向或水平方向成对设置的交叉斜杆。横向斜撑是与双排脚手架内、外立杆或水平杆斜交呈之字形的斜杆。双排脚手架应设置剪刀撑与横向斜撑,单排脚手架应设置剪刀撑。脚手架剪刀撑与双排脚手架横向斜撑应随立杆、纵向和横向水平杆等同步搭设,不得滞后安装。每道剪刀撑跨越立杆的根数应按表 3.2.4 的规定确定。

表 3.2.4　剪刀撑跨越立杆的最多根数

剪刀撑斜杆与地面的倾角 α	45°	50°	60°
剪刀撑跨越立杆的最多根数 n	7	6	5

每道剪刀撑宽度不应小于 4 跨,且不应小于 6 m,斜杆与地面的倾角应在 45°~60°。

图 3.2.13　剪刀撑宽度

图 3.2.14　斜杆与地面的倾角

①剪刀撑斜杆的接长应采用搭接或对接,当采用搭接接长时,搭接长度不应小于 1 m,并应采用不少于 2 个旋转扣件固定。端部扣件盖板的边缘至杆端距离不应小于 100 mm。

②剪刀撑斜杆应用旋转扣件固定在与之相交的横向水平杆的伸出端或立杆上,旋转扣件中心线至主节点的距离不应大于 150 mm。

③高度在 24 m 以下的单、双排脚手架,均必须在外侧两端、转角及中间间隔不超过 15 m 的立面上各设置一道剪刀撑,并应由底至顶连续设置;高度在 24 m 及以上的双排脚手架应在外侧全立面连续设置剪刀撑。

④开口型双排脚手架的两端均必须设置横向斜撑。横向斜撑应在同一节间,由底至顶层呈之字形连续布置。高度在 24 m 以下的封闭型双排脚手架可不设横向斜撑,高度在 24 m 以上的封闭型脚手架,除拐角应设置横向斜撑外,中间应每隔 6 跨距设置一道。

⑤脚手架在电梯出口时,架体应断开;在断开的两处立杆处分设一道连墙件,并加密处理。

图 3.2.15　搭接长度

图 3.2.16　端部扣件盖板的边缘至杆端距离

（10）斜道

人行并兼作材料运输的斜道的形式宜按下列要求确定:高度不大于 6 m 的脚手架,宜采用一字形斜道;高度大于 6 m 的脚手架,宜采用之字形斜道。

图 3.2.17　之字形斜道　　　　　　　图 3.2.18　一字型斜道

①斜道应附着外脚手架或建筑物设置;运料斜道宽度不应小于1.5 m,坡度不应大于1：6;人行斜道宽度不应小于1 m,坡度不应大于1：3。

②拐弯处应设置平台,其宽度不应小于斜道宽度。斜道两侧及平台外围均应设置栏杆及挡脚板;栏杆高度应为1.2 m,挡脚板高度不应小于180 mm。

③运料斜道两端、平台外围和端部均应按规定设置连墙件,每两步应加设水平斜杆,按规定设置剪刀撑和横向斜撑。

④脚手板横铺时,应在横向水平杆下增设纵向支托杆,纵向支托杆间距不应大于500 mm;脚手板顺铺时,接头应采用搭接,下面的板头应压住上面的板头,板头的凸棱处应采用三角木填顺;人行斜道和运料斜道的脚手板上应每隔250～300 mm设置一根防滑木条,木条厚度应为20～30 mm。

(11)安全防护要求

①落地式脚手架外侧必须满挂密目式安全网,且用专用绳索牢固而严密地固定在纵向水平杆上。

②作业层脚手板下每隔10 m必须用水平安全网进行封闭。

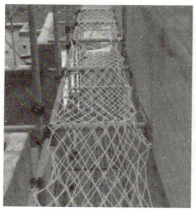

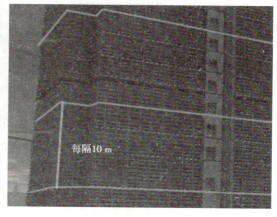

图 3.2.19　作业层脚手板下　　　　　图 3.2.20　每隔10 m用水平安全网进行封闭
用水平安全网进行封闭

③作业层、斜道的栏杆和挡脚板均应搭设在外立杆的内侧;上栏杆上皮高度应为 1.2 m;挡脚板高度不应小于 180 mm;中栏杆应居中设置。

（12）搭设要求

每搭完一步脚手架后,应校正步距、纵距、横距及立杆的垂直度。扣件规格应与钢管外径相同;螺栓拧紧扭力矩不应小于 40 N·m,且不应大于 65 N·m;各杆件端头伸出扣件盖板边缘的长度不应小于 100 mm。

单排脚手架的横向水平杆不应设置在下列部位:

①设计上不允许留脚手眼的部位;

②过梁上与过梁两端成 60°角的三角形范围内及过梁净跨度 1/2 的高度范围内;

③宽度小于 1 m 的窗间墙;

④梁或梁垫下及其两侧各 500 mm 的范围内;

⑤砖砌体的门窗洞口两侧 200 mm 和转角处 450 mm 的范围内,其他砌体的门窗洞口两侧 300 mm 和转角处 600 mm 的范围内;

⑥厚度不大于 180 mm 的墙体;

⑦独立或附墙砖柱,空斗砖墙、加气块墙等轻质墙体;

⑧砌筑砂浆强度等级不大于 M2.5 的砖墙。

（13）拆除要求

脚手架拆除应按专项方案施工,拆除前应做好下列准备工作:

①应全面检查脚手架的扣件连接、连墙件、支撑体系等是否符合构造要求;

②应根据检查结果补充完善脚手架专项方案中的拆除顺序和措施,经审批后方可实施;

③拆除前应对施工人员进行交底;

④应清除脚手架上杂物及地面障碍物。

拆除作业时,单、双排脚手架拆除作业必须由上而下逐层进行,严禁上下同时作业;连墙件必须随脚手架逐层拆除,严禁先将连墙件整层或数层拆除后再拆脚手架;分段拆除高差大于两步时,应增设连墙件加固。

当脚手架拆至下部最后一根长立杆的高度（约 6.5 m）时,应先在适当位置搭设临时抛撑加固后,再拆除连墙件。当单、双排脚手架采取分段、分立面拆除时,对不拆除的脚手架两端,应先设置连墙件和横向斜撑加固。

架体拆除作业应设专人指挥,当有多人同时操作时,应明确分工、统一行动,且应具有足够的操作面。

卸料时各构配件严禁抛掷至地面,运至地面的构配件应按本规范的规定及时检查、整修与保养,并应按品种、规格分别存放。

2）型钢悬挑脚手架安全技术

（1）定义及其组成

悬挑式脚手架是指其垂直方向荷载通过底部型钢支承架传递到主体结构上的施工用外脚手架,一般由型钢支承架、扣件式钢管脚手架及连墙件等组合而成。

①悬挑式脚手架的适用范围。适用于在高度不大于 100 m 的高层建筑或高耸构筑物上使用的悬挑式脚手架,每道型钢支承架上部的脚手架高度不宜大于 20 m。不适用于作为模板支撑体系等特殊用途的悬挑式脚手架系统。

②常用悬挑式脚手架的几种形式。

按型钢支承架与主体结构的连接方式可分为：

a. 搁置固定于主体结构层上的形式。

b. 搁置加斜支撑或加上张拉与预埋件连接。

c. 与主体结构面上的预埋件焊接形式。

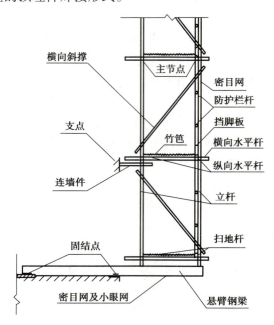

图 3.2.21　搁置固定于主体结构层上的形式（悬臂钢梁式）

③悬挑式脚手架的基本参数：

a. 起挑层高。一般从第四、五层开始起挑，根据工程需要决定。

b. 挑梁型号规格。挑梁一般采用工字钢等型钢。根据荷载大小设计选用工字钢等的型号规格。

c. 步高（步距）。步高一般在 1.8 m 左右。

d. 步宽（立杆横向间距）。步宽一般在 1.0 m 左右。

e. 立杆纵向间距（跨）。立杆纵向间距需根据工程需要设计。

f. 连墙件竖向间距、水平间距。连墙件竖向间距不大于 2 倍步距，水平间距不大于 3 倍纵距，每根连墙件覆盖面积不大于 27 m^2。

g. 单挑高度。每道型钢支承架上部的脚手架高度不宜大于 24 m。对每道型钢支承架上部的脚手架高度大于 24 m 的悬挑式脚手架，应对风荷载取值、架体及连墙件构造等方面进行专门研究后作出相应的加强设计。

h. 总高度。根据主体结构总高度及施工需要确定。对使用总高度超过 100 m 的悬挑式脚手架，应对风荷载取值、架体及连墙件构造等方面进行专门研究后作出相应的加强设计。

（2）悬挑式脚手架的构造要求

①连墙件。连墙件的布置间距除应满足计算要求外，还不应大于表 3.2.3 规定的最大间距。

连墙件宜靠近主节点设置，偏离主节点的距离不应大于 300 mm；连墙件应从底部第一步

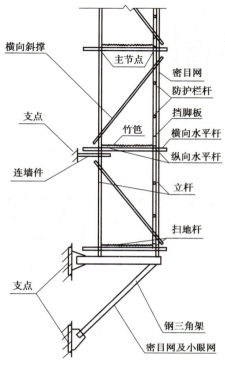

横向斜撑

主节点

密目网

防护栏杆

挡脚板

支点

竹笆

横向水平杆

纵向水平杆

连墙件

立杆

扫地杆

支点

钢三角架

密目网及小眼网

图 3.2.22　与主体结构面上的预埋件焊接形式(附着钢三脚架式)

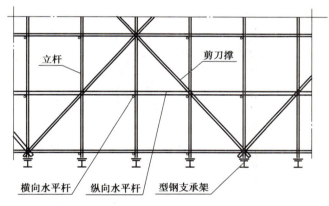

立杆

剪刀撑

横向水平杆　纵向水平杆　型钢支承架

图 3.2.23　悬挑式脚手架

纵向水平杆开始设置,设置有困难时,应采用其他可靠措施固定。主体结构阳角或阴角部位,两个方向均应设置连墙件。连墙件设置点宜优先采用菱形布置,也可采用方形、矩形布置。

连墙件必须采用刚性构件与主体结构可靠连接,严禁使用柔性连墙件。连墙件中的连墙杆宜于主体结构面垂直设置,当不能垂直设置时,连墙件与脚手架连接的一端不应高于与主体结构连接的一端。

一字型、开口型脚手架的端部应增设连墙件。

②型钢支撑架。悬挑式脚手架底部立杆支承点型钢宜采用双轴对称截面构件,如工字钢等。

a. 型钢支承架与预埋件等焊接连接时必须采用与主体钢材相适应的焊条,焊缝必须达到设计要求,并符合《钢结构设计规范》(GB 50017)的要求。

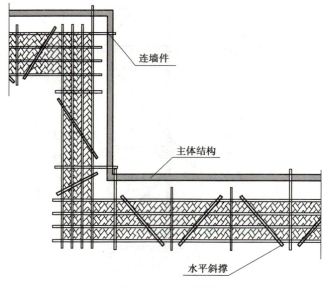

图 3.2.24　连墙件

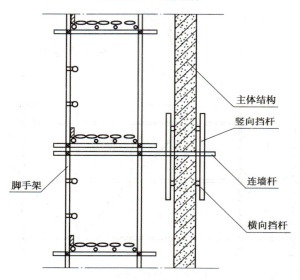

图 3.2.25　连墙件构造示意图

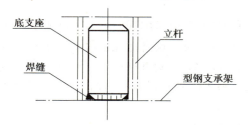

图 3.2.26　底支座构造示意图

　　b. 型钢支承架纵向间距与立杆纵距不相等时,应设置纵向钢梁,确保立杆上的荷载通过纵向钢梁传递到型钢支承架及主体结构。

　　c. 型钢支承架间应设置保证水平方向稳定的构造措施。

d. 型钢支承架必须固定在建（构）筑物的主体结构上。与主体混凝土结构的固定可采用预埋件焊接固定、预埋螺栓固定等方法。

e. 转角等特殊部位应根据现场实际情况采取加强措施，并且在专项方案中应有验算和构造详图。

f. 钢丝绳等柔性材料不得作为悬挑结构的受拉杆件。

③悬挑式脚手架的安装。

a. 施工准备：

● 悬挑式脚手架在搭设之前，应制订专项施工方案和安全技术措施，并绘制施工图指导施工，施工图应包括平面图、立面图、剖面图、主要节点图及其他必要的构造图。

● 悬挑式脚手架专项施工方案和安全技术措施必须经企业技术负责人审核批准后方可组织实施。

● 预埋件等隐蔽工程的设置应按实际要求执行，保证质量；隐蔽工程验收手续应齐全。

脚手架搭设人员必须持证上岗，并定期参加体检；搭拆作业时必须佩戴安全帽，系安全带、穿防滑鞋。

● 悬挑式脚手架搭设时，连墙件、型钢支承架对应的主体结构混凝土必须达到设计计算要求的强度，上部的脚手架搭设时型钢支承架对应的混凝土强度不得小于 C15。

b. 安装：

● 悬挑式脚手架搭设之前，方案编制人员和专职安全员必须按专项方案和安全技术措施的要求对参加搭设人员进行安全技术书面交底，并履行签字手续。

● 悬挑式脚手架搭设过程中，应保证搭设人员进行安全作业的位置，安全设施及措施应齐全，对应的地面位置应设置临时围护和警戒标志，并应有专人监护。

● 悬挑式脚手架的底部及外侧应有防止坠物伤人的防护措施。

● 应按专项施工方案的要求准确放线定位，并应按照规定的尺寸构造和顺序进行搭设。

● 悬挑式脚手架的特殊部位（如阳台、转角、采光井、架体开口处等），必须按专项施工方案和安全技术措施的要求施工。

● 搭设过程中应将脚手架及时与主体结构拉结或采用临时支撑，以确保安全。对没有完成的外架，在每日收工时，应确保架子稳定，必要时可采取其他可靠措施固定。

● 搭设过程中应按规范要求及时校正步距、纵距、横距及立杆垂直度。每搭设完 10～12 m 高度后应按规范要求进行安全检查，检查合格后方可继续搭设。

c. 使用：

● 悬挑式脚手架搭设完毕投入使用之前，应组织方案编制人员和专职安全员等有关人员按专项施工方案、安全技术措施及附录 A 的要求进行验收，验收合格方可投入使用。

● 悬挑式脚手架在使用过程中，架体上的施工荷载必须符合设计要求，结构施工阶段不得超过 2 层同时作业，装修施工阶段不得超过 3 层同时作业，在一个跨距内各操作层施工均布荷载标准值总和不得超过 6 kN/m²，集中堆载不得超过 300 kg；架体上的建筑垃圾及其他杂物应及时清理。

● 严禁随意扩大悬挑式脚手架的使用范围。

● 使用过程中，严禁进行下列违章作业：利用架体吊运物料；在架体上推车；任意拆除架体结构件或连接件；任意拆除或移动架体上的安全防护设施；其他影响悬挑式脚手架使用安全的违章作业。

- 在脚手架上进行电、气焊作业时,必须有防火措施和安全监护。
- 六级(含六级)以上大风及雷雨、雾、大雪等天气时严禁继续在脚手架上作业。雨、雪后上架作业前应清除积水、积雪,并应有防滑措施。夜间施工应制订专项施工方案,提供足够的照明及采取必要的安全措施。
- 悬挑式脚手架在使用过程中,应定期(一个月不少于1次)进行安全检查,不合格部位应立即整改。
- 悬挑式脚手架停用时间超过一个月或遇六级(含六级)以上大风或大雨(雪)后,应按要求进行安全检查,检查合格后方可继续使用。

d. 拆卸:

- 拆卸作业前,方案编制人员和专职安全员必须按专项施工方案和安全技术措施的要求对参加拆卸人员进行安全技术书面交底,并履行签字手续。
- 拆除脚手架前应全面检查脚手架的扣件、连墙件、支撑体系等是否符合构造要求,同时应清除脚手架上的杂物及影响拆卸作业的障碍物。
- 拆卸作业时,应设置警戒区,严禁无关人员进入施工现场。施工现场应当设置负责统一指挥的人员和专职监护的人员。作业人员应严格执行施工方案及有关安全技术规定。
- 拆卸时应有可靠的防止人员与物料坠落的措施。拆除杆件及构配件均应逐层向下传递,严禁抛掷物料。
- 拆除作业必须由上而下逐层拆除,严禁上下同时作业。
- 拆除脚手架时连墙件必须随脚手架逐层拆除,严禁先将连墙件整层或数层拆除后再拆脚手架。
- 当脚手架采取分段、分立面拆除时,事先应确定技术方案,对不拆除的脚手架两端,事先必须采取必要的加固措施。

e. 检验:

- 悬挑式脚手架在安装前应查对隐蔽工程验收记录,符合要求方可进行安装。
- 安装完毕投入使用前应组织有关人员验收。
- 验收合格后方可投入使用。
- 使用过程中应加强动态管理。
- 拆卸前应对悬挑式脚手架进行检查。

表 3.2.5　悬挑式脚手架安装质量检验项目、要求和方法

序号	项目	技术要求	检查方法	备注
1	型钢、钢管、扣件的质量证明材料	须有检测报告和产品质量合格证等质量证明材料	检查	扣件须提供生产许可证
2	专项施工方案	须有审批手续	检查	
3	隐蔽工程	须有验收手续	检查	
4	型钢支承架	符合设计要求	钢尺、检查	

续表

序号	项目		技术要求	检查方法	备注
5	型钢支承架与建筑物的连接		按设计规定要求设置	检查	
6	焊接质量		焊缝高度须符合设计要求。焊缝表面应平整,无可见裂纹、气孔、夹渣、漏焊等明显缺陷	钢尺、检查	必要时可探伤抽检
7	立杆垂直度偏差		≤3‰	经纬仪或垂直线和钢尺	立杆连接头不得在同一平面,立杆底部固定应牢固
8	杆件间距容许偏差	步距	±20 mm	钢尺	
9		纵距	±20 mm	钢尺	
10		横距	±20 mm	钢尺	
11	剪刀撑水平夹角		45°~60°	角尺	
12	与建筑结构拉结		按设计规定的间距和要求设置	钢尺、检查	
13	脚手板		铺设严密、牢固,无探头板	检查	
14	施工层外侧防护栏杆、踢脚板设置		按设计规定要求设置	钢尺、检查	
15	防护		脚手架外侧、作业层下按设计规定要求设置密目式安全网和小眼网	检查	
16	扣件拧紧力矩		40~65 N·m	力矩扳手	抽检数 5 8 13 20 32 50 / 允许不合格数 0 1 1 2 3 5 / 扣件数量 51~90 91~150 151~280 281~500 501~1 200 1 201~3 200
17	钢管壁厚允许偏差		≤10%	测厚仪	按30%的比例抽检,不合格比例大于10%的应扩大抽检比例,扩大抽检比例应不小于30%

④安全管理:

a.悬挑式脚手架搭设完毕投入使用之前,应组织方案编制人员和专职安全员等有关人员按专项施工方案、安全技术措施及其他规范要求进行验收,验收合格方可投入使用。

b.悬挑式脚手架在使用过程中,架体上的施工荷载必须符合设计要求,结构施工阶段不得超过2层同时作业,装修施工阶段不得超过3层同时作业,在一个跨距内各操作层施工均布荷载标准值总和不得超过6 kN/m²,集中堆载不得超过300 kg;架体上的建筑垃圾及其他杂物应及时清理。

c.严禁随意扩大悬挑式脚手架的使用范围。

d.使用过程中,严禁进行下列违章作业:利用架体吊运物料;在架体上推车;任意拆除架体结构件或连接件;任意拆除或移动架体上的安全防护设施。其他影响悬挑式脚手架使用安全的违章作业。

e.在脚手架上进行电、气焊作业时,必须有防火措施和安全监护。

f.六级(含六级)以上大风及雷雨、雾、大雪等天气时严禁继续在脚手架上作业。雨、雪后上架作业前应清除积水、积雪,并应有防滑措施。夜间施工应制订专项施工方案,提供足够的照明及采取必要的安全措施。

g.悬挑式脚手架在使用过程中,应按规范要求定期(一个月不少于1次)进行安全检查,不合格部位应立即整改。

h.悬挑式脚手架停用时间超过一个月或遇六级(含六级)以上大风或大雨(雪)后,应按规范要求进行安全检查,检查合格后方可继续使用。

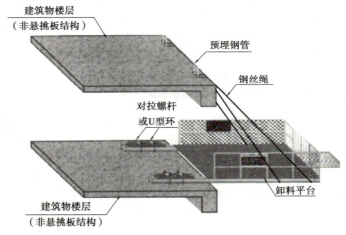

图3.2.27　卸料平台安全防护应用示意图

3)附着式升降脚手架安全技术

附着式升降脚手架是在挑、吊、挂脚手架的基础上发展起来的,是适应高层建筑,特别是超高层建筑施工需要的新型脚手架。发展至今,已经得到市场的认可,并作为一种先进的辅助施工技术被越来越多的建筑企业接受,广泛在建筑工程中应用。尤其是近年来随着我国经济飞速发展,城市建设用地资源的限制,使得建筑结构高层、超高层成为发展趋势,附着式升降脚手架得到迅速推广。

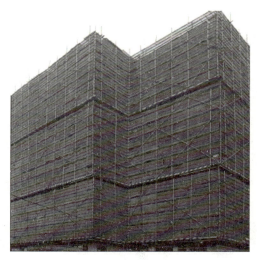

图 3.2.28　传统悬挑脚手架

图 3.2.29　附着式升降脚手架

附着式升降脚手架是指搭设一定高度并附着于工程结构上,依靠自身的升降设备和装置,可随工程结构逐层爬升或下降,具有防倾覆、防坠落装置的外脚手架;主要由附着升降脚手架架体结构、附着支座、防倾装置、防坠落装置、升降机构及控制装置等构成。附着升降脚手架的优点主要如下:

节约材料费用:爬架架体搭设不超过五层楼高,根据施工进度逐层升降,比双排脚手架从地面一直搭设到结构顶层,节约大量的钢管、扣件、脚手板及安全网。

节约人工费用:爬架架体搭设好后,只需少量人员就可对架体进行升降,节约大量的人工。

节约塔吊台班费用:爬架搭设好后,利用自身升降系统就可对爬架进行升降,比挂架节约大量塔吊台班费用。

提高工作效率:采用爬架施工,四天左右可以施工一层,节约工期,减少成本支出。

爬架一次分摊费用少:爬架作为周转用设备,购买成本低,可多次使用,摊销费用少。

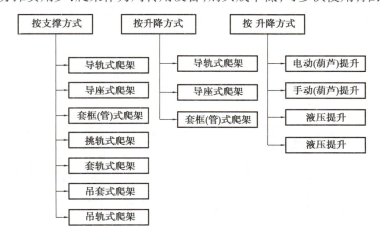

图 3.2.30　附着式升降脚手架的分类

（1）各部件的功能

①架体。架体结构是爬架的主体,它具有足够的强度和适当的刚度,可承受架体的自重、施工荷载。

架体结构应沿建筑物施工层外围形成一个封闭的空间,并通过设置有效的安全防护,确保架体上操作人员的安全及防止高空坠物伤人事故的发生。

架体上应有适当的操作平台提供给施工人员操作和防护使用。

②附着支撑。附着支撑是为了确保架体在升降过程中处于稳定状态,避免晃动和抵抗倾覆作用,满足各种工况下的支承、防倾和防坠落的承力要求。

③提升设备。提升设备包括提升块、提升吊钩以及动力设备(电动葫芦等)。主要功能是为爬架的升降提供有效的动力。

图3.2.31　电动葫芦　　　　图3.2.32　液压设备　　　　图3.2.33　小型卷扬机

④安全和控制装置。附着式升降脚手架的安全装置包括防坠装置和防倾装置。

防坠装置是防止架体坠落的装置,防倾装置采用防倾导轨及其他合适的控制架体水平位移的构造。

图3.2.34　防坠装置　　　　　　　　图3.2.35　限载预警装置

控制系统确保实现同步提升和限载保安全的要求。对升降同步性的控制应实现自动显示、自动调整和遇故障自停的要求。

电控柜控制系统　　　　　　PC控制机　　　　　　　信息收集器

销轴传感器　　　　　荷载传感器　　　　　位移传感器

图 3.2.36　控制系统

（2）爬架的搭设与安装前的准备工作

①根据工程特点与使用要求编制专项施工方案。对特殊尺寸的架体应进行专门设计，架体在使用过程中因工程结构的变化而需要局部变动时，应制订专门的处理方案。

②根据施工方案设计的要求，落实现场施工人员及组织机构，并进行安全技术交底。

③核对脚手架搭设材料与设备的数量、规格，查验产品质量合格证、材质检验报告等文件资料，必要时进行抽样检验。主要搭设材料应满足以下规定：

a.脚手管外观质量平直光滑，没有裂纹、分层、压痕、硬弯等缺陷，并应进行防锈处理；立杆最大弯曲变形应小于 $L/500$，横杆最大弯曲变形应小于 $L/150$；端面平整，切斜偏角应小于 1.70 mm；实际壁厚不得小于标准公称壁厚的 90%。

b.安装需要施工塔吊配合时，应核验塔吊的施工技术参数是否满足需要。

c.焊接件焊缝应饱满，焊缝高度符合设计要求，并满足钢结构 GB 50221—2001、JGJ 81—2001 规范要求，没有咬肉、夹渣、气孔、未焊透、裂纹等缺陷。

d.螺纹连接件应无滑丝、严重变形、严重锈蚀等现象。

e.扣件应符合现行《钢管脚手架扣件》(JGJ 22)的规定；安全围护材料及其他辅助材料应符合国家标准的有关规定。

f.安装需要施工塔吊配合时，应核验塔吊的施工技术参数是否满足需要。

（3）附着式升降脚手架的安装与搭设

①预留螺栓孔或预埋件的中心位置偏差应小于 15 mm。

②水平梁架及竖向主框架在相邻附着支承结构处的高差应不大于 20 mm。

③竖向主框架和防倾导向装置的垂直偏差应不大于 5‰和 60 mm。

④爬架安装搭设前，应核验工程结构施工时留设的预留螺栓孔或预埋件的平面位置、标高和预留螺栓孔的孔径、垂直度等，还应该核实预留螺栓孔或预埋件处混凝土的强度等级。预留孔应垂直于结构外表面。不能满足要求时应采取合理可行的补救措施。

⑤爬架在安装搭设前，应设置安全可靠的安装平台来承受安装时的竖向荷载。安装平台上应设有安全防护措施。安装平台水平精度应满足架体安装精度要求，任意两点间的高差最大值不应大于 20 mm。

⑥在地面进行爬架的拼装。用垫木把主框架下节、标准节垫平，穿好螺栓（M16×50、M16×90）、垫圈，并紧固所有螺栓。注意：拼接时要把每两节之间的导轨找正对齐；把导向装置组装好安装在相应位置；把支座（附着支承结构）固定在主框架相应连接位置上，并紧固。

⑦爬架的吊装。当结构混凝土强度达到设计要求，把支座与结构进行可靠连接；用起重设备把拼接好的主框架吊起，吊点设在上部 1/3 位置上；按照爬架方案要求，把主框架临时固定在建筑结构上；安装底部桁架，并搭设架体。

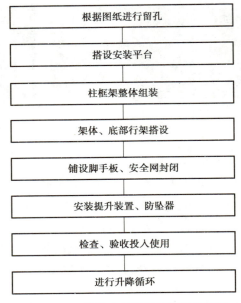

图 3.2.37　附着式升降脚手架搭设流程

⑧爬架架体构架的搭设。

立杆:架体构架立杆纵距≤1 500 mm,立杆轴向最大偏差应小于 20 mm,相邻立杆接头不应在同一步架内。

大横杆:外侧大横杆步距 1 800 mm,内侧大横杆步距 1 800 mm,上下横杆接头应布置在不同立杆纵矩内。最下层大横杆搭设时应起拱 30~50 mm。

小横杆:小横杆贴近立杆布置,搭于大横杆之上。外侧伸出立杆 100 mm,内侧伸出立杆 100~400 mm。内侧悬臂端可铺脚手板或翻板,使架体底部与建筑物封闭。

剪刀撑:架体外侧必须沿全高设置剪刀撑,剪刀撑跨度不得大于 6 000 mm。其水平夹角为 45°~60°,并应将竖向主框架、架体水平梁架和架体构架连成一体。

脚手板:脚手板设计铺设四层,最下层脚手板距离外墙不超过 100 mm 并用翻板封闭。翻板保持架体底层脚手板与建筑物表面在升降和正常使用中的间隙,防止物料坠落。

密目网:架体底层的脚手板必须铺设严密,且应用大眼网(平网)和密眼网双层网进行兜底。整个升降架外侧满挂安全网,安全网应上,下绷紧,每处均用 16# 铁丝绑牢,组与组之间应搭接好,不能留有空隙,转角处用 $\Phi10$—$\Phi16$ 钢筋压角,与立杆绑扎牢固。相邻安全网搭接长度不少于 200 mm,底部密封板、翻板处在条件许可时将架子提升约 1 500 mm 后在其底部兜挂安全网,在翻板处上翻钉牢。

注意事项:

a. 安装过程中应严格控制架体水平梁架与竖向主框架的安装偏差。架体水平梁架相邻二吊点处的高差应小于 20 mm;相邻两榀竖向主框架的水平高差应小于 20 mm;竖向主框架和防倾导向装置的垂直偏差应不大于 5‰和 60 mm。

b. 安装过程中架体与工程结构间应采取可靠的临时水平拉撑措施。确保架体稳定。

c. 扣件式脚手杆件搭设的架体,搭设质量应符合相关标准的要求。

d. 扣件螺栓螺母的预紧力矩应控制在 40~60 N·m 范围内。

e. 脚手杆端头扣件以外的长度应不小于 100 mm, 架体外侧小横杆的端头外露长度应不小于 100 mm。

f. 作业层与安全围护设施的搭设应满足设计与使用要求。脚手架邻近高压线时, 必须有相应的防护措施。

（4）安装后的调试与验收

架体搭设完毕后, 应立即组织有关部门会同爬架单位对下列项目进行调试与检验, 调试与检验情况应作详细的书面记录：

架体结构中采用扣件式脚手杆件搭设的部分, 应对扣件拧紧质量按 50% 的比例进行抽查, 合格率应达到 95% 以上；对所有螺纹连接处进行全数检查；进行架体提升试验, 检查升降机具设备是否正常运行；对架体整个防护情况进行检查；其他必要的检验调试项目。

架体调试验收合格后方可办理投入使用的手续。

（5）附着式升降脚手架的使用

①爬架提升的总体思路。插上防坠销, 将提升支座提升至最上一层并固定, 将调节顶撑拆开, 调整电动升降设备并预紧, 拔下承重支座承重销、松开防坠器。提升架体, 支座上部插防坠销, 承重支座安装好承重销, 防坠支座安装好调节顶撑, 锁紧防坠器后才能使用。

②爬架升降前的准备工作。由安全技术负责人对爬架提升的操作人员进行安全技术交底, 明确分工, 责任落实到位, 并记录和签字。按分工清除架体上的活荷载、杂物与建筑的连接物、障碍物, 安装电动升降装置, 接通电源, 进行空载试验, 检查防坠器, 准备操作工具, 专用扳手、手锤、千斤顶、撬棍等。

在升降爬架之前, 需对爬架进行全面检查, 详细的书面记录内容包括：

a. 附着支撑结构附着处混凝土实际强度已达到脚手架设计要求。

b. 所有螺栓连接处螺母已拧紧。

c. 应撤去的施工活荷载已撤离完毕。

d. 所有障碍物已拆除, 所有不必要的约束已解除。

e. 电动升降系统能正常运行。

f. 所有相关人员已到位, 无关人员已全部撤离。

g. 所有预留螺栓孔洞或预埋件符合要求。

h. 所有防坠装置功能正常。

i. 所有安全措施已落实。

j. 其他必要的检查项目。

如上述检查项目有一项不合格, 应停止升降作业, 查明原因、排除隐患后方可作业。

③爬架的提升。人员落实到位, 架体操作的人员组织：以若干个单片提升作为一个作业组, 做到统一指挥、分工明确、各负其责。下设组长 1 名, 负责全面指挥；操作人员 1 名, 负责电动装置管理、操作、调试、保养的全部责任；在一个工程中, 根据工期要求, 可组织几个作业组各自同时对架体进行提升。作业组完成一架体的提升时间约为 45 分钟。

升降过程中必须统一指挥, 指令规范, 并应配备必要的巡视人员。

④爬架升降后的检查验收。检查验收内容包括：

a. 检查拆装后的螺栓螺母是否真正按扭矩拧到位, 检查是否有该装的螺栓没有装上；架体上拆除的临时脚手杆及与建筑的连接杆要按规定搭接的, 检查脚手杆、安全网是否按规定围护好。

b. 检查承重销及顶撑是否安装到位。

c. 检查防坠器是否锁紧。

d. 架体提升后,要由爬架施工负责人组织对架体各部位进行认真的检查验收,每跨架体都要有检查记录,存在问题必须立即整改。

e. 检查合格达到使用要求后由爬架施工负责人填写《附着式升降脚手架施工检查验收表》,双方签字盖章后方可投入下一步使用。

⑤在提升过程中需要注意的事项。升降过程中,若出现异常情况,必须立即停止升降进行检查,彻底查明原因、消除故障后方能继续升降。每一次异常情况均应作详细的书面记录。

整体电动爬架升降过程中由于升降动力不同步(相邻两榀主框架高差超过 50 mm)引起超载或失载过度时,应通过控制柜点动予以调整。

邻近塔吊、施工电梯的爬架进行升降作业时,塔吊、施工电梯等设备应暂停使用。

升降到位后,爬架必须及时予以固定。在没有完成固定工作且未办妥交付使用前,爬架操作人员不得交班或下班。

⑥爬架的使用注意事项:

a. 爬架不得超载使用,不得使用体积较小而重量过重的集中荷载。如设置装有混凝土养护用水的水槽、集中堆放物料等。

b. 禁止下列违章作业:不得超载,不得将模板支架、缆风绳,泵送混凝土和砂浆的输送管等固定在脚手架上;严禁悬挂起重设备,任意拆除结构件或松动连接件、拆除或移动架体上的安全防护设施,起吊构件时碰撞或扯动脚手架;使用中的物料平台与架体仍连接在一起;在脚手架上推车。

c. 爬架穿墙螺栓应牢固拧紧(扭矩为 700 ~ 800 N·m)。检测方法:一个成年劳力靠自身体重以 1.0 m 加力杆紧固螺栓,拧紧为止。

d. 施工期间,定期对架体及爬架连接螺栓进行检查,如发现连接螺栓脱扣或架体变形现象,应及时处理。

e. 每次提升,使用前都必须对穿墙螺栓进行严格检查,如发现裂纹或螺纹损坏现象,必须予以更换。

f. 对架体上的杂物、垃圾、障碍物要及时清理。

g. 螺栓连接件、升降动力设备、防倾装置、防坠装置、电控设备等应至少每月维护保养一次。

h. 遇五级以上(包括五级)大风、大雨、大雪、浓雾等恶劣天气时禁止进行爬架升降和拆卸作业,并应事先对爬架架体采取必要的加固措施或其他应急措施。如将架体上部悬挑部位用钢管和扣件与建筑物拉结,以及撤离架体上的所有施工活荷载等。夜间禁止进行爬架的升降作业。

i. 当附着升降脚手架停用超过 3 个月时,应提前采取加固措施;如增加临时拉结、抗上翻装置、固定所有构件等,确保停工期间的安全;脚手架停用超过 1 个月或遇六级以上大风后复工时,应进行检查,确认合格后方可使用。

⑦作业过程中的检查保养:

a. 施工期间,每次浇注完混凝土后,必须将导向架滑轮表面的杂物及时清除,以便导轨自由上下;

b. 防坠器的检查与保养:各转动部位是否灵活,并且严禁硬性碰撞;使用保管过程中应注意防坠、防水、防锈;每次使用前必须检查其灵敏度;爬架的下降过程为提升的逆过程。

(6)附着式升降脚手架的拆除

①附着式升降脚手架的拆除步骤:

a.制订方案。根据施工组织设计和爬架专项施工方案,并结合拆除现场的实际情况,有针对性地编制爬架拆除方案,对人员组织、拆除步骤、安全技术措施提出详细要求。拆除方案必须经脚手架施工单位安全、技术主管部门审批后方可实施。

b.方案交底。方案审批后,由施工单位技术负责人和脚手架项目负责人对操作人员进行拆除工作的安全技术交底;拆除人员需配戴完备的安全防护,在拆除区域设立标志、警戒线及安检员。

c.清理现场。拆除工作开始前,应清理架体上堆放的材料、工具和杂物,清理拆除现场周围的障碍物。

d.人员组织。施工单位应组织足够的操作人员参加架体拆除工作。

②爬架拆除的原则:

a.架体拆除顺序为先搭后拆,后搭先拆,严禁按搭设程序拆除架体。

b.拆除架体各步时应一步一清,不得同时拆除2步以上每步上铺设的脚手板以及架体外侧的安全网应随架体逐层拆除。

c.各杆件或零部件拆除时,应用绳索捆扎牢固,缓慢放至地面、群楼顶或楼面,不得抛掷脚手架上的各种材料及工具。

d.拆下的结构件和杆件应分类堆放,并及时运出施工现场,集中清理保养,以备重复使用。

e.拆除作业应在白天进行,遇五级及以上大风和大雨、大雪、浓雾和雷雨等恶劣天气时,不得进行拆除作业。

表3.2.6　附着式升降脚手架安全要求

部位	安全要求
架体	1.架体高度≤5倍层高; 2.架体宽度≤1.2 m;架体全高×支承宽度≤110 m²; 3.直线布置:支承跨度≤7 m;折线或曲线布置:支承宽度≤5.4 m,具体规定:(1)阳台长度大于3.0 m的需设置双机位;(2)塔吊附着最小处间距大于3.0m须设置双机位;(3)住宅大阳角处有外挑雨棚的,折线5.4 m无法设置机位的,需做特殊加强措施,特殊措施经《专项施工方案》确定; 4.架体水平悬挑长度≤2 m,且不大于跨度的1/2,悬挑端应以竖向主框架为中心成对设置对称斜拉杆; 5.水平支承桁架不能连续设置时,局部可采用脚手架杆件进行连接,但长度不得大于2 m,且应采取加强措施,确保其强度和刚度不得低于原有的桁架。
附墙支座	1.附墙支座应在竖向主框架所覆盖的每个楼层处设置一道,具体应按厂家设计设置; 2.建筑结构物应能承受相应的荷载,需进行验算并在现场进行安装前验收; 3.附墙支座与建筑物连接应背面贴紧,各产品螺栓个数、大小应按厂家设计配置; 4.附墙支座与建筑物连接的受拉螺栓的螺母不得少于两个或应采用弹簧垫圈加单螺帽,螺杆露出螺母端部的长度不少于3扣;非原厂标件及其配件必须按厂家设计安装,并经厂家验证。

续表

部位	安全要求
安全装置	1. 每一升降装置处不得少于1个防坠装置,并不得低于厂家要求,且保证在使用和升降工况下必须起作用; 2. 各安全装置必须有防污染、防尘措施,保障灵敏有效可靠,运转自如; 3. 防坠装置与升降设备必须分别独立固定在建筑物上(即单独的两套附墙装置); 4. 每个竖向主框架上防倾覆装置不得少于2处,且在任何工况下,最上和最下之间的最小间距不得小于2.8 m或架体高度的1/4。
升降系统	1. 在每个竖向主框架处设置升降设备、施工现场安全文明标准化手册; 2. 安装升降设备处的附墙支座和建筑物结构应安全可靠; 3. 升降设备必须与防坠装置分别独立固定在建筑物上。
物料平台	1. 不与架体任何部位连接; 2. 与建筑结构相连:必须连续可靠,螺栓、连接板、悬臂梁等符合规范及方案要求。
架体安全防护	1. 底部和侧面应防护严密; 2. 外立面除设置密目式安全立网,还应在内侧设置硬质防护防止穿透; 3. 架体间水平防护按JGJ 130、JGJ 80、JGJ 59的有关规定执行。
施工用电	电源、电缆及控制柜等设置应符合JGJ 46的有关规定
使用规定	1. 应符合JGJ 202的有关规定; 2. 应符合厂家的产品使用说明书要求,必须持有厂家出具的《产品确认书》; 3. 必须编制专项施工方案,提升高度在150 m及以上的必须组织专家对专项施工方案进行论证; 4. 原则上应当将附着式升降脚手架专业工程发包给具有"附着升降脚手架专业承包资质"的专业承包单位实施,并按规定做好安装、拆卸、升降及定期检查维护保养;使用过程管理应符合《附着式升降脚手架管理暂行规定》(建建〔2000〕230号)规定; 5. 首次安装完毕、使用前和每次升降、使用前应进行验收,验收合格后,方可投入使用或进入下一道工序。

3.2.3 脚手架工程安全检查与隐患整改

脚手架工程安全
检查与隐患整改

1)脚手架检查与验收

(1)脚手架及其地基基础应在下列阶段进行检查与验收

①基础完工后及脚手架搭设前;

②作业层上施加荷载前;

③每搭设完6~8 m高度后;

④达到设计高度后;

⑤遇有六级强风及以上风或大雨后,冻结地区解冻后;

⑥停用超过一个月。

（2）应根据下列技术文件进行脚手架检查、验收

①规范规定内容；

②专项施工方案及变更文件；

③技术交底文件；

④构配件质量检查表。

（3）脚手架使用中，应定期检查的内容

①杆件的设置和连接，连墙件、支撑、门洞桁架等的构造应符合本规范和专项施工方案的要求；

②地基应无积水，底座应无松动，立杆应无悬空；

③扣件螺栓应无松动；

④高度在 24 m 以上的双排、满堂脚手架，其立杆的沉降与垂直度的偏差应符合要求；

⑤安全防护措施应符合本规范要求；

⑥应无超载使用。

安装后的扣件螺栓拧紧扭力矩应采用扭力扳手检查，抽样方法应按随机分布原则进行。抽样检查数目与质量判定，应符合现行规范标准，不合格的应重新拧紧至合格。

2）安全隐患

（1）缺方案、少计算书

脚手架高度超过规范规定无设计计算书，脚手架施工方案未经审核批准，脚手架施工方案不具体、不能指导施工。

（2）材料不符合规范要求

①钢管型号品质不规范，存在锈蚀、变形、打孔等现象。

图 3.2.38　钢管表面孔洞

图 3.2.39　端部卷边、端部被氧割、斜口、端部被压扁、炸口

以《建筑施工扣件式钢管脚手架安全技术规范》(JGJ 130—2011)规定为例：

8.1.1 新钢管的检查应符合下列规定：

应有产品质量合格证；

应有质量检验报告,钢管材质的检验方法应符合现行国家标准《金属材料室温拉伸试验方法》GB/T 228 的有关规定,其质量应符合本规范第3.1.1条的规定；

钢管表面应平直光滑,不应有裂纹、结疤、分层、错位、硬弯、毛刺、压痕和深的划道；

钢管外径、壁厚、端面等的偏差,应分别符合本规范表8.1.8的规定；

钢管应涂有防锈漆。

【强条】9.0.4 钢管上严禁打孔。

②扣件品质不符合要求、扣件的螺栓拧紧扭力矩未达到65 N·m 即破坏。

图3.2.40　对接扣件芯子断裂、对接扣件搭板损坏、正常的对接扣件

图3.2.41　旋转扣件搭板破裂、直角扣件搭板裂纹

以《建筑施工扣件式钢管脚手架安全技术规范》(JGJ 130—2011)规定为例：

8.1.3 扣件验收应符合下列规定：

扣件应有生产许可证、法定检测单位的测试报告和产品质量合格证。当对扣件质量有怀疑时,应按现行国家标准《钢管脚手架扣件》GB 15831 的规定抽样检测。新、旧扣件均应进行防锈处理。扣件的技术要求应符合现行国家标准《钢管脚手架扣件》GB 15831 的相关规定。

【强条】8.1.4 扣件进入施工现场应检查产品合格证,并应进行抽样复试,技术性能应符合现行国家标准《钢管脚手架扣件》GB 15831 的规定。扣件在使用前应逐个挑选,有裂缝、变形、螺栓出现滑丝的严禁使用。

③使用不符合现行标准的安全网,质量、耐冲击强度不符合要求。

图 3.2.42　安全网合格证

以《建筑施工高处作业安全技术规范》(JGJ 80—2016)规定为例:

8.1.1 建筑施工安全网的选用应符合下列规定:

安全网材质、规格、物理性能、耐火性、阻燃性应满足现行国家标准《安全网》GB 5725 的规定;

密目式安全立网网目密度应为 10 cm×10 cm 面积上大于或等于 2000 目。

(3)架体构造不符合规范要求

①基础承载力不符合要求。

以《建筑施工扣件式钢管脚手架安全技术规范》规定为例:

5.5.3 对搭设在楼面等建筑结构上的脚手架,应对支撑架体的建筑结构进行承载力验算,当不能满足承载力要求时应采取可靠的加固措施。

7.1.4 应清除搭设场地杂物,平整搭设场地,并应使排水畅通。

7.2.1 脚手架地基与基础的施工,应根据脚手架所受荷载、搭设高度、搭设场地土质情况与现行国家标准《建筑地基基础工程施工质量验收规范》GB50202 的有关规定进行。

正确　　　　　　　　　　　　　　　　不正确

图 3.2.43　架体构造不符合规范要求

②架体搭设构造错误。

a. 立杆间距偏大。

图 3.2.44　主节点处扣件中心点距离超过规范要求

以《建筑施工扣件式钢管脚手架安全技术规范》规定为例:

【强条】6.2.3 主节点处必须设置一根横向水平杆,用直角扣件扣接且严禁拆除。第 8 章检查与验收表 8.2.4 第 9 款扣件安装:主节点处各扣件中心点相互距离 $a \leqslant 150$ mm。

错误做法

正确做法

图 3.2.45　主节点处小横杆设置

b. 高低处搭设错误。

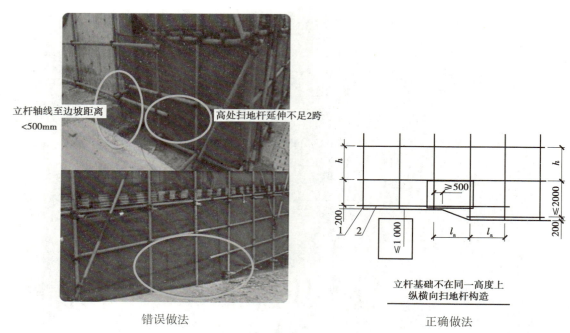

立杆轴线至边坡距离 <500mm

高处扫地杆延伸不足2跨

≥500

立杆基础不在同一高度上
纵横向扫地杆构造

错误做法　　　　　　　正确做法

图3.2.46　高低处搭设做法

以《建筑施工扣件式钢管脚手架安全技术规范》规定为例：

【强条】6.3.3 脚手架立杆基础不在同一高度上时，必须将高处的纵向扫地杆向低处延长两跨与立杆固定，高低差不应大于1 m。靠边坡上方的立杆轴线到边坡的距离不应小于500 mm。

c.女儿墙位置搭设高度错误。

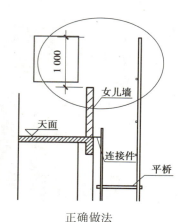

1 000　女儿墙

天面　连接件　平桥

错误做法　　　　　　　正确做法

图3.2.47　女儿墙处搭设高度要求

以《建筑施工扣件式钢管脚手架安全技术规范》规定为例：

6.3.7 脚手架立杆顶端栏杆宜高出女儿墙上端1 m，宜高出檐口上端1.5 m。

d.架体立杆连接、受力不符合要求。

图 3.2.48　立杆接头未错开

e. 非顶层顶部立杆违反规范要求，采用搭接方式接长。

以《建筑施工扣件式钢管脚手架安全技术规范》规定为例：

【强条】6.3.5 单排、双排与满堂脚手架立杆接长除顶层顶步外，其余各层各步必须采用对接扣件连接。

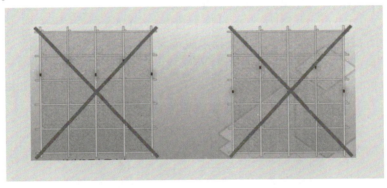

图 3.2.49　接头设置在同步内

以《建筑施工扣件式钢管脚手架安全技术规范》规定为例：

6.3.6 第 1 款当立杆采用对接接长时，立杆的对接扣件应交错布置，两根相邻立杆的接头不应设置在同步内，同步内隔一根立杆的两个相隔接头在高度方向错开的距离不宜小于 500 mm；各接头中心至主节点的距离不宜大于步距的 1/3。

f. 扫地杆构造不符合要求。

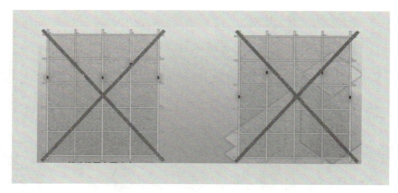

图 3.2.50　接头设置距离主节点大于步距 1/3

图 3.2.51　扫地杆构造不符合要求

以《建筑施工扣件式钢管脚手架安全技术规范》规定为例：

6.3.2 脚手架必须设置纵、横向扫地杆。纵向扫地杆应采用直角扣件固定在距钢管底端不大于 200 mm 处的立杆上。横向扫地杆应采用直角扣件固定在紧靠纵向扫地杆下方的立杆上。

图 3.2.52　扫地杆设置高度超过规范要求

错误做法　　　　　　　　　　　　　正确做法

图 3.2.53　纵、横向扫地杆

图 3.2.54　横向斜撑

以《建筑施工扣件式钢管脚手架安全技术规范》规定为例：

【强条】6.6.5 开口型双排脚手架的两端必须设置横向斜撑。

条文说明：开口型脚手架两端是薄弱环节。将其两端设置横向斜撑，并与主体结构加强连接，可为这类脚手架提供较强的整体刚度。静力模拟试验表明：对于一字形脚手架，两端有横向斜撑（之字形），外侧有剪刀撑时，脚手架的承载能力可比不设的提高约 20%。

（4）架体剪刀撑、门洞处构造错误

①架体剪刀撑交叉处钢管搭接错误。

错误做法：图中搭接长度小于 1 m，且端部扣件盖板距离杆端距离小于 100 mm，违反规范要求

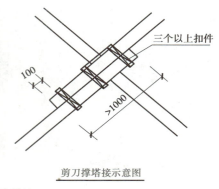

三个以上扣件

剪刀撑塔接示意图

正确做法

图 3.2.55　剪刀撑

以《建筑施工扣件式钢管脚手架安全技术规范》规定为例：

6.6.2 第 2 款剪刀撑斜杆的接长应采用搭接或对接,搭接应符合本规范第 6.3.6 第 2 款的规定。

6.3.6 第 2 款当立杆采用搭接接长时,搭接长度不应小于 1 m,并应采用不少于 2 个旋转扣件固定。端部扣件盖板的边缘至杆端距离不应小于 100 mm。

②架体剪刀撑上不到顶、下不到底。

图 3.2.56　外架剪刀撑未设置置顶,个别搭接不规范

以《建筑施工扣件式钢管脚手架安全技术规范》规定为例：

【强条】6.6.3 高度在 24 m 及以上的双排脚手架应在外侧全立面连续设置剪刀撑;高度在 24 m 以下的单、双排脚手架,均必须在外侧两端、转角及中间间隔不超过 15 m 的立面上各设置一道剪刀撑,并应由底至顶连续设置。

③剪刀撑不连续:间距或位置不符合规范要求。

④架体施工通道处预留洞口无加固措施。

图 3.2.57 间距超过了 15 m

图 3.2.58 高度 24 m 以下的双排脚手架转角处无剪刀撑

错误做法

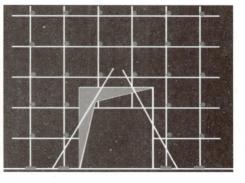

正确做法

图 3.2.59 施工通道处预留洞口

以《建筑施工扣件式钢管脚手架安全技术规范》规定为例：

6.5.1 单、双排脚手架门洞宜采用上升斜杆、平行弦杆桁架结构形式，斜杆与地面的倾角应为45°～60°。门洞桁架的形式宜按下列要求确定：

当步距小于纵距时，应采用A型；当步距大于纵距时，应采用B型，并应符合下列规定：步距＝1.8 m时，纵距不应大于1.5 m；步距＝2.0 m时，纵距不应大于1.2 m。

6.5.2 单、双排脚手架门洞桁架的构造应符合下列规定：

1 单排脚手架门洞处，应在平面桁架的每一节间设置一根斜腹杆；双排脚手架门洞处的空间桁架，除下平面外，应在其余5个平面内的图示节间设置一根斜腹杆

斜腹杆宜采用旋转扣件。

……

6.5.4 门洞桁架下的两侧立杆应为双管立杆，副立杆高度应高于门洞口1～2步。

（5）架体连墙件设置不规范

①架体连墙件设置数量不符合规范要求或未设置连墙件。

图3.2.60 落地双排脚手架未设置连墙件或设置抛撑

以《建筑施工扣件式钢管脚手架安全技术规范》规定为例：

6.4.1 脚手架连墙件设置的位置、数量应按专项施工方案确定。

6.4.2 脚手架连墙件数量的设置除应满足本规范的计算要求外，还应符合本规范的规定。

②架体连墙件因施工原因被擅自拆除未恢复。

图3.2.61 架体连墙件的错误做法

　　主体结构施工完毕后,二次结构及外墙保温、饰面和其他配套工程施工是连墙件被拆除或破坏的高峰期,需要加强工人安全教育和安全技术交底,安全管理人员要加强巡查监管。严禁拆除下列杆件:主节点处纵、横向水平杆,纵、横向扫地杆;连墙件。

　　以《建筑施工扣件式钢管脚手架安全技术规范》规定为例:

　　【强条】9.0.13 在脚手架使用期间,严禁拆除下列杆件:1. 主节点处纵、横向水平杆,纵、横向扫地杆;2. 连墙件。

　　③架体连墙件设置不符合要求。

图 3.2.62　柔性连墙件　　　　　　图 3.2.63　连墙件设置错误做法

　　以《建筑施工扣件式钢管脚手架安全技术规范》规定为例:

　　6.4.5 连墙件中的连墙杆应呈水平设置,当不能水平设置时,应向脚手架一端下斜连接。

　　6.4.6 连墙件必须采用可承受拉力和压力的构造。对高度超过 24 m 的双排脚手架,应采用刚性连墙件与建筑物连接。

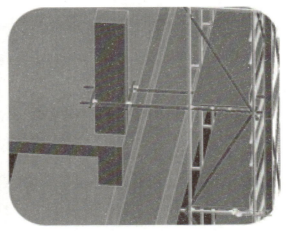

图 3.2.64　连墙件设置正确做法

　　专项方案编制要求:

　　建筑物层高 5 m 以下:外脚手架搭设高度在 50 m 以下的按每层三跨设置;50 m 以上的按每层两跨设置;100 m 以上的按每层一跨设置。

　　注:如层高 5 m 以上的,要求搭设高度 50 m 以下按每层两跨设置,50 m 以上按每层一跨设置。

（6）架体安全防护措施不规范

①架体安全网设置不符合要求。

图 3.2.65　外架未及时张挂安全网

图 3.2.66　外架安全网破损或拆除

以《建筑施工扣件式钢管脚手架安全技术规范》规定为例：

9.0.12 单、双排脚手架、悬挑式脚手架沿架体外围应用密目式安全网全封闭，密目式安全网宜设置在脚手架外立杆的内侧，并应与架体绑扎牢固。

②架体与建筑物之间防护措施不到位。

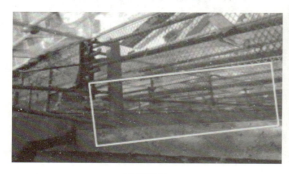

错误做法　　　　　　　　　　　　　　　　正确做法

图 3.2.67　架体与建筑物之间的防护措施

以《建筑施工扣件式钢管脚手架安全技术规范》规定为例：

7.3.13 第 1 款脚手板应铺满、铺稳,高墙面的距高不应大于 150 mm;

7.3.6 第 2 款双排脚手架横向水平杆的靠墙一端至墙装饰面的距离不应大于 100 mm。

以《建筑施工安全检查标准》(JGJ 59—2011)规定为例:

3.3.4 第 3 款第 2 条作业层里排架体与建筑物之间应采用脚手板或安全平网封闭。

③外侧水平挑网设置不规范。

错误做法

正确做法

图 3.2.68　外侧水平挑网设置

(7)架体脚手板设置不规范

①架体脚手板本身构造不规范。

<table>
<tr><td>错误做法</td><td>正确做法</td></tr>
</table>

图 3.2.69　架体脚手板错误做法

以《建筑施工扣件式钢管脚手架安全技术规范》规定为例：

3.3　脚手板

3.3.1　脚手板可采纳钢、木、竹材料制作，单块脚手板的质量不宜大于 30 kg；

3.3.2　冲压钢脚手板的材质应符合现行国家标准《碳素结构钢》GB/T 700 中 Q235 级钢的规定；

3.3.3　木脚手板材质应符合现行国家标准《木结构设计规范》GB 50005 中 Ⅱa 级材质的规定；脚手板厚度不应小于 50 mm，两端宜各设直径不小于 4 mm 的镀锌钢丝箍两道；

3.3.4　竹脚手板宜采纳由毛竹或楠竹制作的竹串片板，竹笆板；竹串片脚手板应符合现行行业标准《建筑施工脚手架安全技术规范》

②架体脚手板设置不规范。

<table>
<tr><td>错误做法</td><td>正确做法</td></tr>
</table>

图 3.2.70　有探头板、未铺设脚手板

以《建筑施工扣件式钢管脚手架安全技术规范》规定为例：

6.2.4　第 4 条作业层端部脚手板探头长度应取 150 mm，其板的两端均应固定于支承杆件上。

9.0.11　脚手板应铺设牢靠、严实，并应用安全网双层兜底。施工层以下每隔 10 m 应用安全网封闭。

③架体脚手板搭接不规范。

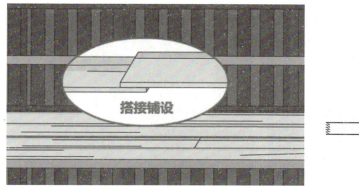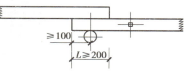

图 3.2.71 脚手板搭接正确做法

以《建筑施工扣件式钢管脚手架安全技术规范》规定为例：

6.2.4 第 1 条作业层脚手板应铺满、铺稳、铺实。

6.2.4 第 2 条脚手板搭接铺设时，接头应支在横向水平杆上，搭接长度不应小于 200 mm，其伸出横向水平杆的长度不应小于 100 mm。

（8）架体管理安全隐患

①部分架体脚手板上建筑垃圾未及时清理。

图 3.2.72 架体脚手板上建筑垃圾未及时清理

以《建筑施工悬挑式钢管脚手架安全技术规程》（DGJ32/J 121—2011）规定为例：

8.0.8 架体上的施工荷载必须符合设计要求，严禁超载使用。架体上的建筑垃圾及杂物应及时清理。

②部分周转材料堆放在架体上。

图3.2.73　砌块堆放过多、钢管大量堆放在外架上

以《建筑施工扣件式钢管脚手架安全技术规范》规定为例：

【强条】9.0.5 作业层上的施工荷载应符合设计要求,不得超载。

③外装料平台与架体相连、架体上有外加荷载或受力构件。

图3.2.74　外装料平台与架体相连、架体上有外加荷载或受力构件

以《建筑施工扣件式钢管脚手架安全技术规范》规定为例：

【强条】9.0.5 作业层上的施工荷载应符合设计要求,不得超载。不得将模板支架、缆风绳、泵送混凝土和砂浆的输送管等固定在架体上;严禁悬挂起重设备,严禁拆除或移动架体上安全防护设施。

④临时用电线路架设在架体上。

电缆线路沿外脚手架敷设，未采取绝缘防护措施直接缠绕在钢管上

图 3.2.75　临时用电线路架设在架体上

以《施工现场临时用电安全技术规范》（JGJ46—2005）规定为例：

7.1.2 架空线必须设在专用电杆上，严禁架设在树木、脚手架及其他设施上。

⑤架体部分建筑物上焊接作业无防火措施。

图 3.2.76　架体失火

以江苏省工程建设标准《建筑施工悬挑式钢管脚手架安全技术规程》规定为例：

【强条】8.1.12 在悬挑式钢管脚手架上进行电、气焊等动火作业，必须实行审批制度，有可靠的防火措施，并设专人进行监护。

⑥架体无防雷保护措施。

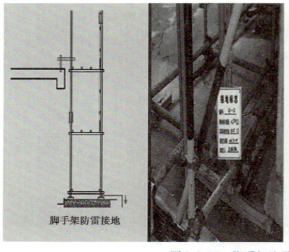

图 3.2.77　脚手架防雷接地

以《建筑施工扣件式钢管脚手架安全技术规范》规定为例：

9.0.18　工地临时用电线路的架设及脚手架接地、避雷措施等，应按现行行业标准《施工现场临时用电安全技术规范》JGJ46 的有关规定执行。

以《施工现场临时用电安全技术规范》（JGJ46—2005）规定为例：

5.4.2　施工现场内的起重机、井字架、龙门架等机械设备，以及钢脚手架和正在施工的在建工程等的金属结构，当在相邻建筑物、构筑物等设施的防雷装置接闪器的保护范围以外时，应按本规范规定安装防雷装置。

当最高机械设备上的避雷针（接闪器）的保护范围能覆盖其他设备，且又最后退出现场，则其他设备可不设防雷装置。

3.2.4　施工临时用电触电事故应急处理

在施工现场，为使用电动设备和照明经常会需要临时用电，若是没有遵守安全技术规范，很容易引发安全事故。一旦发生触电事故，人体受到电流刺激会产生损害作用，严重时心跳、呼吸骤停，立即让人处于"假死"状态。如现场抢救及时，方法正确，呈"假死"状态的人就可获救。有数据显示，触电后 1 min 开始救治，90% 有良好效果；触电后 6 min 开始救治，10% 有良好效果；触电后 12 min 开始救治，救活的可能性很小。触电急救必须应争分夺秒，不能等待医务人员。为了做到及时急救，平时就要学习触电急救常识，开展必要的急救训练，具备急救能力。

触电现场急救八字原则"迅速、就地、准确、坚持"，见表 3.2.7。

表 3.2.7　触电现场急救原则

原则	含义
迅速	迅速使触电者脱离电源，立即检查触电者的伤情，并及时拨打 120
就地	立即就地抢救，谨慎选择长途送医院抢救，以免耽误最佳抢救时间
准确	人工呼吸、胸外按压动作和部位必须准确。如不准确，救生无望或胸骨压断
坚持	坚持就有希望，有抢救 7 个小时才把触电者救活的案例

1)事故报告

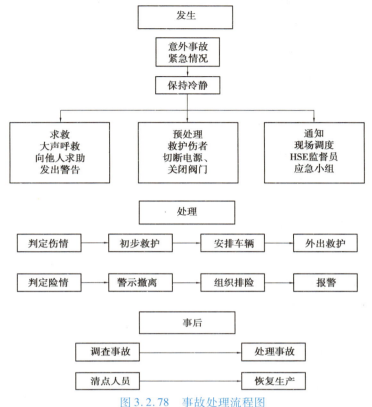

图 3.2.78　事故处理流程图

（1）及时报告

发现有人触电,应挥手大声呼救,拨打急救电话 120 和项目部救援组电话。

（2）报告人员

①报告对象(值班领导、安全生产部长或现场应急指挥长);

②报告地点;

③报告事故类型、受伤程度;

④报告受伤人数。

（3）增援人员

①佩戴安全帽;

②戴绝缘手套、穿绝缘鞋;

③带齐抢救所用工具(如绝缘棒等)。

2)救护

（1）脱离电源

快速判断现场情况,尽快切断电源,使伤者脱离电源。

①如果开关很近,应迅速关掉开关,切断电源。

②如果开关很远,可用绝缘手钳或用干燥绝缘柄的刀、斧、铁锹等切断电线。切线时要注意切断电源侧的电线,切断的电线不可触及人体。

③当导线搭在触电人身上或压在身下时,可用干燥的木棒、木板、竹竿或其他带有绝缘的

工具,迅速将电线挑开。千万不可用金属棒或潮湿的东西去挑电线,以免施救者本人触电。

④当在高压线路上触电时,应迅速拉开开关,或通知相关部门停电。如不能立即切断电源,可用一根较长的金属线,先将其一端绑在金属棒上打入地下,然后将另一端绑上石块,掷到高压线上,造成人为的短路接地停电。抛掷时应离开触电人一段距离,以免抛出的石块落到触电人身上。另外,抛掷者抛出金属线后,要迅速躲离,以防碰触落在高压线上的金属线。

(2)判断伤情,选择救护方案

确认环境安全
远离火源、电源、危险建筑、化学物品。

判断伤者有无意识,高声呼救
呼唤患者同时轻拍肩部左右两次,伤病意识丧失时,应求助他人帮助,在原地高声呼救。

判断呼吸
将脸颊靠近伤者口鼻 1 cm。
一听:伤病员口鼻呼吸声;
二看:胸部或上腹部有无起伏;
三感觉:面颊感觉是否有呼吸气流。

判断脉搏
触摸喉结旁 2 cm 处判断颈动脉有无脉搏。

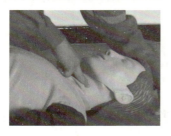

判断意识、呼吸和脉搏的时间
在 5～10 s 完成。

图 3.2.79　判断伤情后选择救护方案

表 3.2.8 触电现场情况判断表

项目	神志情况	心跳	呼吸	对症救治措施
解脱电源进行抢救并通知医疗部门	清醒	存在	存在	使其静卧,保暖,严密观察
	昏迷	存在	存在	严密观察,做好复苏准备,立即护送医院
	昏迷	停止	存在	体外心脏按压来维持血液循环
	昏迷	存在	停止	口对口人工呼吸来维持气体交换
	昏迷	停止	停止	同时进行心脏体外按压和口对口人工呼吸

（3）救护体位

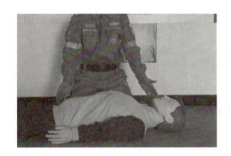

将伤者仰卧于坚实的平面,施救者站立或跪贴于伤者身体右侧,两腿自然分开。

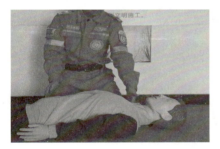

施救者身体左侧外缘与伤者肩线平齐,两肩正对伤者胸骨上方。

为伤者松解衣物。不随意移动,以免造成伤害。

图 3.2.80 救护体位

（4）成人胸外按压

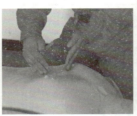

图 3.2.81　成人胸外按压

①两手重叠,五指相扣,手指翘起,肘关节不得弯曲,以髋关节为轴用上半身的体重及肩臂部的力量垂直向下按压胸骨。

②按压部位:两乳头连线与胸骨相交点下一横指处。

③按压深度:5~6 cm 按压频率 100~120 次/min。

④按压应稳定、有规律地进行,不能猛压猛放,下压与放松时间应基本一致。放松要完全,但掌根不能离开胸壁。

（5）人工呼吸

图 3.2.82　人工呼吸

①患者置于仰卧位,看有无义齿,头偏向一侧,清理口鼻分泌物,头复位,仰头抬颌,开放气道,进行人工通气。

②口对口人工呼吸两次,每次吹气时间不少于 1 s,吹气是否有效以胸廓有明显起伏为标准。吹气时,施救者用自己的嘴严密包绕伤者嘴部,同时,用拇指、食指紧捏伤者双侧鼻翼,缓慢向伤者肺内吹气,避免用力吹气。

（6）心肺复苏 CPR 循环

图 3.2.83　心肺复苏 CPR 循环

每30次按压后进行2次人工呼吸为一个循环,每5个循环约2 min判断呼吸、循环体征一次。

3)总结

(1)各步骤操作时间

表3.2.9 各步骤操作时间表

时间	程序	重点
5～10 s	判断意识,高声求助	回忆心脏复苏程序
10 s	开放气道、检查呼吸	检查呼吸畅通气道
5～6 s	口对口吹气	注意胸部隆起
5～10 s	检查脉搏	不要花费更长时间
30～40 s	实施胸外心脏按压、人工呼吸	按压定位要准确
10 s	检查呼吸、循环体征	如无呼吸、脉搏,继续心脏复苏

(2)出现复苏有效指征

呼吸、脉搏恢复

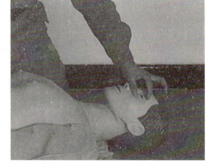

眼球活动,瞳孔由大缩小

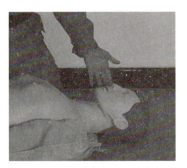

面色由紫转红

甲床红润,手脚抽动

图3.2.84 出现复苏有效指征

防止施工现场触电事故发生最根本的办法是现场安全管理规范,作业人员严格遵守作业规范和安全操作规程,持证上岗。做到规范安全,这样才能真正避免触电事故的发生。当然,也对我们提出了要求,主要如下:

①履职尽责,做好临时用电日常安全检查和管理工作;

②熟悉现场,发生事故时能够快速找到开关以断开电源;

③沉着冷静,正确选择断开电源方法,正确处置触电事故突发情况;

④加强训练,正确进行现场救护。

知识拓展:自动升降式脚手架

【技能实践】

表3.2.10 脚手架工程安全技术实训指导书

课程名称	建筑工程安全技术与管理	项目名称	脚手架工程安装与拆除	任务名称	扣件式钢管脚手架的搭设及验收	参考教材	《建筑施工扣件式钢管脚手架安全技术规范》JGJ 130—2011
实训目的		本训练项目是掌握架子工搭设、拆除脚手架的工种技能以及对脚手架实施安全检查技能的重要训练。通过训练,可提高对施工工艺的感性认识,积累施工安全管理经验,并对所学的建筑施工安全技术、架子构造等有关知识进行深化与拓宽。					
实训任务安排及纪律	1. 实训任务安排 本项训练分两组进行,每个组均按下列安排扮演相应角色进行作业。 (1)安排5小组学生,每组3人,担任架子工,搭设一组钢管脚手架(需领取工具、劳动装备)。 (2)对脚手架搭设进行交底,该项安排2名同学担任交底人(需自编交底书,戴安全帽)。 (3)搭设脚手架物料机具领取,该项安排1名同学担任领料员(需自编物料机具领用清单,戴安全帽)。 (4)对脚手架搭设过程进行监护,该项安排1名同学担任监护员(需戴安全帽)。 (5)对脚手架搭设过程实施监理,该项安排1名同学担任旁站监理员(需自编监理检查表,戴安全帽)。 (6)对所搭脚手架进行安全自检,并记录,该项安排2名同学担任现场安全员,1人检查,1人作记录(需自编检查表,戴安全帽)。 (7)对所搭脚手架进行安全验收,并记录,该项安排2人名同学担任安全工程师,1人检查,1人作记录(需自验收表,戴安全帽)。 (8)安排5小组学生,每组3人,担任架子工,拆除一组钢管脚手架(需领取工具、劳动装备)。 (9)实训结束清理场地,归还工具,该项安排1人(需自编物料机具清点表,戴安全帽)。 (10)设立安全总监1名,监控作业全过程(需自编检查表,戴安全帽)。 2. 纪律 该项训练安排在校内实训楼CD栋之间室外空地进行,要求:①穿劳保服、劳保鞋,衣服袖口有缩紧带或纽扣,不准穿拖鞋;②留辫子的同学必须把辫子扎在头顶;③作业过程必须戴手套、安全帽,涉及高空作业的必须佩戴安全带。						

材料及工具准备	1. 材料准备： （1）φ48.3×3.6 钢管：1.2 m、1.5 m、2 m、4 m、6 m； （2）扣件：直角扣件、对接扣件、旋转扣件。 　　脚手架钢管质量必须符合国标《碳素结构钢》（GB/T700）中 Q235—A 级钢的规定。脚手架钢管的尺寸采用 Φ48×3.5 mm，长度采用 6 m、4 m、2 m 及 1.2 m 几种；6m 管 5 条、4 m 管 9 条、2 m 管 15 条、1.2 m 管 8 条。直角扣件 30 个；旋转扣件 20 个；对接扣件 20 个。踢脚板 10 m、竹芭 2 条、钢制脚手板 1 块；安全立网 1.8×3 m，3 张，铁丝 1 扎。 2. 工具准备 　　钢卷尺、墨线盒、扳手。
实训内容、步骤及要求	1. 实训内容 　　拟搭设的落地式脚手架是由立杆、顺水杆、斜杆、小横杆、护栏杆及排竹等组成。长 6 m，宽 1.2 m，高 4 m。要求完成搭、拆全过程。搭设参与人员适宜 6 人。 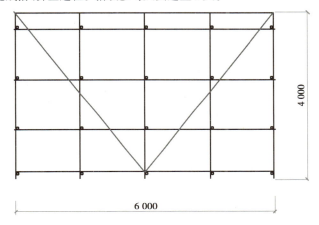 2. 搭设顺序 　　竖向立杆→纵向扫地杆→横向扫地杆→小横杆→大横杆→剪刀撑→连墙件→铺脚手板→扎防护栏杆→扎安全网→自检→考核评定→设置警戒线→拆卸。 3. 搭设与拆除要求 　　（1）立杆用 4 m 和 6 m 两种规格交叉配置，不接长； 　　（2）纵向水平杆用 6 m、4 m、2 m 三种规格交叉接长； 　　（3）在第一步纵向水平杆适当位置处设置 1 根连墙件； 　　（4）纵向扫地杆距底座上皮不大于 200 mm，横向扫地杆采用直角扣件固定在紧靠纵向扫地杆下方的立杆上； 　　（5）拆除要求：经检查评分后，按规范要求拆除。
成果要求	1. 记录搭拆过程 　　用手机或相机记录搭拆过程（安排 1 名同学负责全过程跟踪拍照摄影）。 2. 评分标准 　　（1）安全要求（20 分）：佩戴安全帽、手套，穿紧身衣服，无安全事故发生； 　　（2）团队协作（20 分）：分工协作，发挥集体智慧； 　　（3）搭设与拆除要求（60 分）：符合《建筑施工扣件式钢管脚手架安全技术规范》（JGJ 130—2001）规范要求。

表3.2.11　材料及工具清单

序号	名称	型号	规格	类别	单位	数量	用途	使用班级	人数
1	脚手架钢管	φ48×3.5 mm	6 m	五金材料	条	5	脚手架搭拆		
2	脚手架钢管	φ48×3.5 mm	4 m	五金材料	条	9	脚手架搭拆		
3	脚手架钢管	φ48×3.5 mm	2 m	五金材料	条	15	脚手架搭拆		
4	脚手架钢管	φ48×3.5 mm	1.2 m	五金材料	条	8	脚手架搭拆		
5	直角扣件	直角	φ48 mm	五金材料	个	30	脚手架搭拆		
6	旋转扣件	旋转	φ48 mm	五金材料	个	20	脚手架搭拆		
7	对接扣件	对接	φ48 mm	五金材料	个	20	脚手架搭拆		
8	脚手架底座	Q235	140 mm×140 mm×5 mm	五金材料	个	10	脚手架搭拆		
9	踢脚板	PVC	100 mm	杂项	米	10	脚手架搭拆		
10	竹芭		1 000 mm×1 500 mm	杂项	块	2	脚手架搭拆		
11	钢制脚手板		300 mm×50 mm 1.2 mm×3 000 mm	杂项	块	1	脚手架搭拆		
12	安全立网		1.8 m×3 m	杂项	张	3	脚手架搭拆		
13	铁丝			杂项	扎	1	脚手架搭拆		
14	钢卷尺		7.5 m×25 mm	杂项	个	3	脚手架搭拆		
15	墨线盒			杂项	个	3	脚手架搭拆		
16	扳手			杂项	个	3	脚手架搭拆		
17	警戒线	盒装	100 m	杂项	盒	5	脚手架搭拆		

【阅读与思考】

脚手架演变历程及未来

脚手架是随着人类建造建筑物的发展不断演进的。从简单的架体到复杂的架构,再到标准的材料和标准的搭设流程,随着更大建筑和更复杂建筑的建设,特别是当脚手架本身跟不上建筑规模的时候,就会发生一系列的问题,特别是特重大事故的发生,脚手架的演进就必然重新开始。

人类自从有了大型的建筑,就开始使用脚手架,而且脚手架的演进过程也是沿着标准化、流程化、格式化或者固定化这样一个路径发展演进。虽然古代脚手架搭设材料比较单一,搭设架体比较简单,一般就是比较挺直的树木做架杆,将竹子劈成条状作为捆绑的绑扎带,一个简单的脚手架通过架子工的辛苦劳作就成了(图3.2.85),脚手架就是在这样一个基础上发展起来的,为人类建造美好生活做出了巨大的贡献!

图 3.2.85　古时脚手架

　　图 3.2.86 是秦朝修建长城时搭设的脚手架，"井字架"应该是脚手架出现最初的形态，因为"井字架"是最稳固的形体架构——四平八稳。

　　逐步就开始搭设多层次砌体脚手架，支撑体系开始成型，已经形成比较复杂的技术结构，基本的脚手架结构到今天也没有大的改变。

图 3.2.86　秦朝修建长城时搭设的脚手架

　　一开始的脚手架是由于人类需要构建房屋而出现。但当达到一定技术规模，用于战争就是必然，并在战争中快速提升其复杂的结构以适应攻城略地的需要。图 3.2.87 是轮式脚手架最早的形式。

图 3.2.87　轮式脚手架

中华人民共和国成立后,解放军开始修建东起四川省省会成都市,西至西藏自治区首府拉萨市的川藏公路。在群山峻岭的峡谷上劈山修路,脚手架就又出现了新的形态——悬挂式脚手架。

图 3.2.88　悬挂式脚手架

图 3.2.88 是当时参加修建川藏公路的战士们搭设的悬挂式脚手架,几根棕绳,几块木板就连接成为一个悬挂吊架,在这样危险的作业平台上劈山修路是何等的危险。我们今天有这样好的脚手架材料,有这样好的条件,如果不能够做到认认真真地按照标准来搭设和验收脚手架,真是无地自容啊!

有的部位连搭设悬挂脚手架的条件都没有,战士们就靠一根棕绳作为基本的高处作业防护。那时国家还很穷,没有安全带可用。想想今天的我们,在这样劳动防护用品极大丰富的今天,在无饥寒困苦的今天,再不正确穿戴使用劳动防护用品,怎么对得起这些在没有防护条件下冒着生命危险建设"川藏公路"的工程建设者?

时代在进步,国家在发展。20 世纪七八十年代使用的木质架杆搭设的脚手架,虽然看着有些杂乱,但是已经有了基本的搭设标准、搭设流程和验收标准,已经开始成为建设小中型电站的关键辅助技术。

20 世纪 70 年代,后来被命名为"电建铁军"的电建人在山东枣庄十里泉电厂汽轮发电机基础模板脚手架平台上召开"誓师大会"(图 3.2.89)。

图 3.2.89　脚手架平台上的"誓师大会"

进入 20 世纪 80 年代开始使用扣件式脚手架,并开始慢慢地淘汰木质脚手架。因为建造大型电站,木质脚手架材料已经无法承担高大、重型结构的重任,替代升级是随着建设的升级而升级。

"扣件式脚手架"从那时起一直沿用到今天,但是它也基本上完成了它的使命,一种更安全、搭设更方便、更可以流程化搭设的脚手架已经开始应用。

还在使用的"扣件式"脚手架,如图3.2.90所示。

图3.2.90 扣件式脚手架

扣件式脚手架虽然解决了建造大型工程模板支撑系统和搭设脚手架用于高大作业平台的问题,但是由于"扣件式脚手架材料"易因作业人员技能水平差异和情绪影响,常常因为不按照搭设方案搭设和验收,因脚手架间距超标,扣件紧固不到位等原因,造成特重大垮塌事故伤害事故,给作业人员造成严重的健康损伤甚至生命。

因脚手架立杆、横杆间距过大以及缺少支撑或支撑数量不足及扣件紧固不到位造成脚手架垮塌事故(图3.2.91)。

图3.2.91 脚手架垮塌事故

这样的悲剧还要继续吗? 难道就没有更好的措施来解决这个问题? 当然有!

定尺的"盘扣式脚手架"就是解决这个问题的新材料。对于搭设脚手架这个事来说,人为因素越少,定尺规制的东西越多,出现偏差就会越少,事故风险也就会大大降低! 这是逻辑也是规律! 有了约束才有规整,靠人管不如靠物定。有了定尺的架材,什么探头长短问题、扫地杆高度问题、支撑杆角度问题,这些常见的问题就都不是问题了。

现在,"盘扣式脚手架材料"搭设脚手架已经开始大量使用,在这种新型脚手架带来方便的同时,也要看到由于"图省事、嫌麻烦、我以为"等思维顽疾还存在一些人的心中,不按照设定的横杆数量和支撑杆数量安装,出现"缺胳膊少腿"的现象,如不及时制止,将会成为新的事故风险!

搭设作业人员一定要按照方案规定的横杆间距布设搭设横杆,这样才能达到设计目的,并真正实现定尺定制的"盘扣式脚手架"的设计目的。验收人员也需要拿着搭设方案来验收才行。

图 3.2.92　定尺盘扣式脚手架

图 3.2.93　缺少横杆的"盘扣式脚手架"

图 3.2.94　高空作业车

　　盘扣式脚手架与扣件式脚手架要注重成本和功效的比对,但还应加入更重要的比对,那就是安全性!

　　而近几年开始投入使用的"高空作业车",已经开始替代部分脚手架作业平台。"高空作业车"用于高处作业更加安全,功效更高,成本更低,用途更广,也必将是将来工地上的主力军。

　　或许现在已经进入如淘汰竹木脚手架一样开始淘汰扣件式脚手架的新时代,也就是说,一旦工程建设全面进入"盘扣式脚手架和高空作业车"的时代,因搭设脚手架偏差引发特重大垮塌事故就会成为历史的记忆,这一天已经不太远了。

　　唯有按照程序和规则做事,并养成这样的思维和行为习惯,才能"安安全全工作,平平安安生活"!

【课证融通】

1.脚手架属危险性较大的分部分项工程,必须编制安全专项施工方案。对搭设高度(　　)m 及以上落地式钢管脚手架工程,提升高度(　　)m 及以上附着式整体和分片提升脚手架工程,架体高度20 m 及以上悬挑式脚手架等超过一定规模的危险性较大的分部分项工程,应当组织专家对专项方案进行论证。

2.脚手架钢管采用(　　),每根最大质量不应大于25.8 kg,使用前涂刷防锈漆、警示色。

3.密目式安全立网网目密度应为10 cm×10 cm 面积上大于或等于(　　)目。

4.脚手架底座底面标高宜高于自然地坪(　　)mm。当脚手架基础下有设备基础、管沟时,在脚手架使用过程中不应开挖,否则必须采取加固措施。

5.扣件与钢管贴合面应严密,与钢管扣紧时结合良好,当螺杆拧紧扭力矩达到(　　)N·m 时,扣件不得破裂。

6.脚手架立杆基础不在同一高度上时,必须将高处的纵向扫地杆向低处延长两跨与立杆固定,高低差不应大于(　　)m。

7.脚手架立杆顶端栏杆宜高出女儿墙上端1 m,宜高出檐口上端(　　)m。

8.脚手板搭接铺设时,接头应支在横向水平杆上,搭接长度不应小于(　　)mm,其伸出横向水平杆的长度不应小于100 mm。

9.脚手板应铺设牢靠、严实,并应用安全网双层兜底。施工层以下每隔(　　)m 应用安全网封闭。

10.发生触电事故的时候,第一步应迅速关掉开关,切断电源。(　　)

项目 3.3　模板工程安全技术与管理

【导入】

近几年,由于大跨度、大空间、大悬挑建筑越来越多,模板工程施工越来越困难,模板工程的安全事故在建筑施工伤亡事故中所占比例日益增加。因此,要加强做好模板工程施工安全管控,减少事故发生,降低人员伤亡,毕竟好运不是眷顾每个人。

图 3.3.1　事故现场

模板工程
施工安全准备

【理论基础】

3.3.1 模板工程施工安全准备

1）模板工程专项施工方案编制与审查

模板工程大多数是危险性较大的分部分项工程,应编制专项施工方案,经施工企业现场技术负责人审批,经总监理工程师签字后实施。模板工程安装前要审查设计审批手续是否齐全,模板结构设计与施工说明中的荷载、计算方法、节点构造是否符合规范要求及实际情况,是否有安装拆除方案。按照《中华人民共和国建筑法》和《建设工程安全生产管理条例》的要求,模板工程施工前应编制专项施工方案,其内容主要包括:

①该工程现浇混凝土工程的概况;

②拟选定的模板类型;

③模板支撑体系的设计计算机布料点的设置;

④绘制模板施工图;

⑤模板搭设的程序、步骤及要求;

⑥浇筑混凝土时的注意事项;

⑦模板拆除的程序及要求。

当模板工程属于超高、超重、大跨度(即高度超过 8 m,或跨度超过 18 m,或施工总荷载大于 10 kN/m² ,或集中荷载大于 15 kN/m)的模板支撑工程,则还需要对其施工安全专项方案进行专家论证,评审通过后方可实施。

2）安全技术交底

项目总工程师组织进行技术交底,项目专业工程师对模板作业班组进行安全技术交底,项目安全工程师参与监督。要全面详细交代模板工程的施工程序、安全技术措施、安全操作要求、应急处理及安全防范措施等,并填写安全交底记录,要求被交底人员签字确认。模板班组要根据交底书进行班前、班后的自检和互检。对大型和技术复杂的模板工程,要对操作人员进行技术训练,使作业人员充分熟悉和掌握施工设计及安全操作技术。

3）场地准备

根据施工现场总平面图,确定模板堆放区、配件堆放区及模板周转用地等;堆放场地应平整坚实、排水流畅。

模板支撑支柱的地基应满足承载要求,场地应事先清除杂物、平整夯实,并做好防水和排水;当模板支架基础下有设备基础、管沟时,在模板拆除前不应开挖,否则必须采取加固措施。

4）材料准备

模板、支撑、连接件等构件进场应有出厂合格证或当年检验报告,安装前检查型号、尺寸及材质是否符合规范要求,不符合要求的要及时更换,不能使用的物料及时清出现场。

（1）模板

最常用的模板应优先采用杨木板,模板厚度不低于 15 mm,墙柱模板应优先采用厚度 18 mm 的模板,不得腐朽、折裂。应采用截面为 50 mm×100 mm 的标准木方,厚度方向应过压刨,材质标准应符合现行国家标准。

①胶合模板板材表面应平整光滑,具有防水、耐磨、耐酸碱的保护膜,并应有保温性能好、

图 3.3.2　安全技术交底

易脱模和可两面使用等特点。板材厚度不应小于 12 mm，并应符合国家现行标准《混凝土模板用胶合板》(GB/T 17656—2018) 的规定。

②各层板的原材含水率不应大于 15%，且同一胶合模板各层原材间的含水率差别不应大于 5%。

③胶合模板应采用耐水胶，其胶合强度不应低于木材或竹材顺纹抗剪和横纹抗拉的强度，并应符合环境保护的要求。

④进场的胶合模板除应具有出厂质量合格证外，还应保证外观及尺寸合格。

⑤常用胶合模板的厚度宜为 12 mm、15 mm、18 mm。

(2) 钢管

钢管的钢材质量应符合现行国家标准《碳素结构钢》(GB/T 700—2006) 中 Q235 级钢的规定。宜采用 ϕ48.3×3.6 钢管 (外径 48.3 mm，允许偏差±0.5 mm，壁厚 3.6 mm，允许偏差±0.36 mm，最小壁厚 3.24 mm)。每根钢管的最大质量不应大于 25.8 kg。

新钢管的检查应符合下列规定：

①应有产品质量合格证和质量检验报告，检验方法应符合现行国家标准《金属材料室温拉伸试验方法》(GB/T 228) 的有关规定。

②钢管表面应平直光滑，不应有裂缝、结疤、分层、错位、硬弯、毛刺、压痕和深的划道。

③新钢管的外径、壁厚、端面偏差要求：焊接钢管尺寸外径 48.3 mm，允许偏差 0.5 mm；壁厚 3.6 mm，允许偏差 0.36 mm；钢管两端面切斜偏差，允许偏差 1.70 mm。

④钢管使用前涂刷警示色防锈漆。

旧钢管的检查应符合下列规定：

锈蚀检查应每年一次。检查时，应在锈蚀严重的钢管中抽取三根，在每根锈蚀严重的部位横向截断取样检查，当锈蚀深度超过规定值时不得使用。

(3) 扣件

①扣件应采用可锻铸铁或铸钢制作，其质量和性能应符合现行国家标准《钢管脚手架扣件》(GB 15831—2006) 的规定。扣件在螺栓拧紧扭力矩达到 65 N·m 时，不得发生破坏。

②不允许有裂缝、变形、螺栓滑丝；扣件与钢管接触部位不应有氧化皮；活动部位应能灵

活转动,旋转扣件两旋转面间隙应小于 1 mm,扣件表面应进行防锈处理。

③扣件是采用螺栓紧固的扣接连接件,用于钢管之间的连接,其基本形式有三种:直角扣件(十字扣),用于两根钢管呈垂直交叉连接;旋转扣件(回转扣),用于两根钢管呈任意角度交叉连接;对接扣件(一字扣),用于两根钢管的对接连接。

④扣件应有生产许可证、质量检测报告、产品质量合格证、复试报告。当对扣件质量有怀疑时,应按现行国家标准《钢管脚手架扣件》(GB 15831—2006)的规定抽样检测。

⑤新、旧扣件均应进行防锈处理。扣件进入施工现场应进行抽样复试,使用前应逐个挑选,有裂缝、变形、螺栓滑丝的严禁使用。

(4)垫板

竖向模板和支架立柱支承部分安装在基土上时,应加设垫板,垫板应有足够强度和支承面积,且应中心承载。垫板应采用长度不少于两跨、厚度不小于 50 mm、宽度不小于 200 mm 的木垫板。

(5)脚手板

脚手板可采用钢、木、竹材料制作,单块脚手板的质量不宜大于 30 kg。脚手板的厚度不应小于 50 mm,两端宜各设置直径不小于 4 mm 的镀锌钢丝箍两道。

竹脚手板宜采用由毛竹或楠竹制作的竹串片板、竹笆板,竹串片脚手板宜采用螺栓将并列的竹片串连而成。适用于不行车的脚手架:螺栓直径宜为 3 ~ 10 mm,螺栓间距宜为 500 ~ 600 mm,螺栓离板端宜为 200 ~ 250 mm。

木脚手板材质应符合现行国家标准《木结构设计标准》(GB 50005—2017)中 Ⅱ a 级材质的规定。脚手板厚度不应小于 50 mm 两端宜用直径不小于 4 mm 镀锌铁丝绕箍 2 圈。不得使用扭曲变形、劈裂、腐朽的脚手板。宽度、厚度允许偏差应符合现行国家标准《木结构工程施工质量验收规范》(GB 50206)的规定。

冲压钢脚手板的材质应符合现行国家标准《碳素结构钢》(GB/T 700—2006)中 Q235 级钢的规定。冲压钢脚手板的检查应符合下列规定:

①新脚手板应有产品质量合格证。

②冲压钢脚手板尺寸偏差要求:①板面挠曲≤4 m,允许偏差≤12 mm,板面挠曲<4 m,允许偏差)≤16 mm;②板面扭曲(任一角翘起),允许偏差≤5 mm。采用钢板尺检查。除尺寸偏差应符合上述规定外,也不得有裂纹、开焊与硬弯等外观质量缺陷。

③新、旧脚手板均应涂防锈漆。

④应有防滑措施。

(6)安全网

扣件式钢管脚手架多采用安全平网及密目式安全立网,应符合国家标准《安全网》(GB 5725—2009)的要求,阻燃性符合纵、横方向的续燃及阴燃时间不超过 4 s[《纺织品燃烧性能垂直方向损毁长度、阴燃和续燃时间的测定》(GB/T 5455—2014)]。

(7)可调托撑

可调托撑螺杆外径不得小于 36 mm,可调托撑的螺杆与支托板焊接应牢固,焊缝高度不得小于 6 m;可调托撑螺杆与螺母旋合长度不得少于 5 扣,螺母厚度不得小于 30 mm。可调托撑抗压承载力设计值不应小于 40 kN,支托板厚不应小于 5 mm。支托板、螺母有裂缝的严禁使用。

5）工具准备

①准备清理模板使用的扁铲、滚刷。

②工人操作所需要的圆盘锯、手锯、手刨、锤子、手枪钻等工具应配置有安全防护装置，并检查其安全性能等状况。临电线缆电箱应正确接线并架空架高

③模板操作工的锤子、钉子等小材料须放置在随身工具装内。

6）人员准备

①从事模板作业的人员，应经安全技术培训。从事高处作业人员，应定期体检，不符合要求的不得从事高处作业。

②安装和拆除模板时，操作人员，应配戴安全帽、系安全带穿防滑鞋。安全帽和安全带应定期检查，不合格者严禁使用。

③支撑脚手架搭设人员须持有架子工特种作业证，上岗作业。

④现场设专职人员、专业施工班组负责大模板的施工，要求熟悉模板平面图及模板设计方案，熟悉大模板的施工安全规定。

3.3.2　模板工程施工安全技术措施

1）模板工程安装与拆除施工安全基本要求

模板安装前要参与审查设计审批手续是否齐全，是否有安装拆除方案，审查施工组织设计中关于模板的设计资料，重点审查下列项目：

①审查模板结构设计与施工说明书中的荷载、计算方法、节点构造，设计审批手续应齐全。

②模板设计图包括结构构件大样及支撑体系、连接件等的设计是否安全合理，图纸是否齐全。

③模板设计中安全措施。

（1）模板安装施工安全要求

①楼层高度超过4 m或二层及二层以上的建筑物，安装和拆除钢模板时，周围应设置安全网或搭设脚手架和架设防护栏杆。在临街及交通要道地区，尚应设警示牌并设专人维持安全，防止伤及行人。

②模板安装必须按模板的施工设计进行，严禁任意变动。

③现浇整体式的多层房屋和构筑物安装上层楼板及其支架时，应符合下列要求：

a.下层楼板结构的强度要达到能承受上层模板、支撑系统和新浇筑混凝土的重量时，方可进行。否则下层楼板结构的支撑系统不能拆除，同时上下层支柱应在同一垂直线上。

b.下层楼板混凝土强度达到1.2 MPa以后，才能上料具。料具要分散堆放，不得过分集中。

c.如采用悬吊模板、桁架支模方法，其支撑结构必须要有足够的强度和刚度。

④模板及其支撑系统在安装过程中，必须设置临时固定设施，严防倾覆。

⑤采用分节脱模时，底模的支点应按设计要求设置。

⑥模板的支柱纵横向水平、剪刀撑等均应按设计的规定布置，当设计无规定时，一般支柱的网距不宜大于2 m，纵横向水平的上下步距不宜大于1.5 m，纵横向的垂直剪刀撑间距不宜大于6 m。当支柱高度小于4 m时，应设上下两道水平撑和垂直剪刀撑。以后支柱每增高2

m 再增加一道水平撑,水平撑之间还需增加剪刀撑一道。当楼层高度超过 10 m 时,模板的支柱应选用长料,同一支柱的连接头不宜超过 2 个。

⑦当层间高度大于 5 m 时,若采用多层支架支模,则在两层支架立柱间应铺设垫板,且应平整,上下层支柱要垂直,并应在同一垂直线上。

⑧承重焊接钢筋骨架和模板一起安装时,应符合下列要求:

a.安装钢筋模板组合体时,吊索应按模板设计的吊点位置绑扎。

b.模板必须固定在承重焊接钢筋骨架的节点上。

⑨预拼装组合钢模板采用整体吊装方法时,应注意以下要点:

a.使用吊装机械安装大块整体模板时,必须在模板就位并连接牢靠后,方可脱钩,并严格按照吊装机械使用操作安全技术的相关要求进行操作。

b.拼装完毕的大块模板或整体模板,吊装前应按设计规定的吊点位置,先进行试吊,确认无误后,方可正式吊运安装。

c.安装整块柱模板时,不得将柱子钢筋代替临时支撑。

⑩在架空输电线路下面安装和拆除组合钢模板时,吊机起重臂、吊物、钢丝绳、外脚手架和操作人员等与架空线路的最小安全距离应符合要求。

⑪支撑应按工序进行,模板没有固定前,不得进行下道工序。

⑫用钢管和扣件搭设双排立柱支架支承梁模时,扣件应拧紧。且应检查扣件螺栓的扭力矩是否符合规定,当扭力矩不能达到规定值时,可放两个扣件与原扣件挨紧。横杆步距按设计规定,严禁随意增大。

⑬支设 4 m 以上的立柱模板和梁模板时,应搭设工作台,不足 4 m 的,可使用马凳操作,不准站在柱模板上和在梁底板上行走,更不允许利用拉杆、支撑攀登上下。

⑭平板模板安装就位时,要在支架搭设稳固、板下楞与支架连接牢固后进行。U 形卡要按设计规定安装,以增强整体性,确保模板结构安全。

⑮墙模板在未装对拉螺栓前,板面要向内倾斜一定角度并撑牢,以防倒塌。安装过程要随时拆换支撑或增加支撑,以保持墙板处于稳定状态。模板未支撑稳固前不得松动吊钩。

⑯单片柱模板吊装时,应采用卸扣(卡环)和柱模连接,严禁用钢筋钩代替,以避免柱模翻转时脱钩造成事故,待模板立稳后并拉好支撑,方可摘除吊钩。

⑰安装墙模板时,应从内、外角开始,向互相垂直的两个方向拼装,连接模板的 U 形卡当模板采用分层支模时,第一层模板拼装后,应立即将内、外钢楞,穿墙螺栓,斜撑等全部安设紧固稳定。当下层模板不能独立安设支承件时,必须采取可靠的临时固定措施,否则禁止进行上一层模板的安装。

(2)模板拆除施工安全要求

①已拆除的模板、拉杆、支撑等应及时运走或妥善堆放,严防操作人员因扶空、踏空坠落。

②工作前,应检查所使用的工具是否牢固,扳手等工具必须用绳链系挂在身上,工作时思想要集中,防止钉子扎脚和从空中滑落。

③拆除模板一般采用长撬杠,严禁操作人员站在正拆除的模板下。在拆除楼板模板时,要注意防止整块模板掉下,尤其是用定型模板做平台模板时,更要注意防止模板突然全部掉下伤人。

④拆模板时,应经施工技术人员按试块强度检查,确认混凝土已达到拆模强度时,方可

拆除。

⑤拆模间歇时,应将已活动的模板、拉杆、支撑等固定牢固,严防突然掉落、倒塌伤人。

⑥高处、复杂结构模板的拆除,应有专人指挥和切实可靠的安全措施,并在下面标出作业区,严禁非操作人员进入作业区。操作人员应配挂好安全带,禁止站在模板的横拉杆上操作,拆下的模板应集中吊运,并多点捆牢,不准向下乱扔。

⑦拆除时,应严格遵守各类模板拆除作业的安全要求。

⑧在混凝土墙体、平板上有预留洞时,应在模板拆除后,随即在墙洞上做好安全护栏,或将板的洞盖严。

2)木模板(含木夹板)安装、拆除施工安全技术

(1)木模板安装安全要求

①安装二层及以上的外围柱、梁模板,应先搭设脚手架或挂好安全网。

②安装模板应按工序进行,当模板没有固定前,不得进行下一道工序作业,禁止利用拉杆、支撑攀登上路。

③基础及地下工程模板安装时,应先检查基坑土壁边坡的稳定情况,发现有塌方危险时,必须采取安全加固措施后,方能作业。

④在现场安装模板时,所用工具应装入工具袋内,防止高处作业时,工具掉下伤人。

⑤向坑内运送模板应用吊机、溜槽或绳索,运送时要有专人指挥,上下呼应。

⑥两人抬运模板时,要互相配合,协同工作。传送模板、工具应用运输工具或绳子绑扎牢固后升降,不得乱扔。

⑦采用桁架支撑应严格检查,发现桁架严重变形、螺栓松动等应及时修复。

⑧操作人员上下基坑要设扶梯。基槽(坑)上口边缘1 m以内不允许堆放模板构件和材料。

⑨安装楼面模板遇有预留洞口的地方,应作临时封闭,以防误踏和坠物伤人。

⑩模板支撑支在土壁上时,应在支点上加垫板,以防支撑不牢或造成土壁坍塌。

⑪支模时,支撑、拉杆不准连接在门窗、脚手架或其他不稳固的物件上。在混凝土浇灌过程中,要有专人检查,发现变形、松动等现象,要及时加固和修理,防止塌模伤人。

⑫安装柱、梁模板应设临时工作台,不得站在柱模上操作和在梁底模板上行走。

⑬装楼面模板,在下班时对已铺好而来不及钉牢的定型模板或散板、钢模板等,应堆放稳妥,以防事故发生。

⑭模板支撑不得使用腐朽扭裂、劈裂的材料。顶撑要垂直、底部平整坚实,并加垫木。木楔要钉牢并用横顺拉杆和剪撑拉结牢固。

⑮在通道地段,安装模板的斜撑及横撑必须伸出通道时,应先考虑通道通过行人或车辆时所需要的高度。

(2)木模板(含木夹板)拆除安全要求

①拆除薄腹梁吊车梁桁架等预制构件模板时,应随拆随加支撑支事,顶撑要有压脚桩,防止构件倒塌事故。

②拆除模板前,应将下方一切预留洞口及建筑物周围用木板或安全网作防护围蔽,防止模板枋料坠落伤人。

③拆除模板必须经施工负责人同意,方可拆除。操作人员必须戴好安全帽。操作时应按

顺序分段进行,超过 4 m 高度,不允许模板材料自由落下。严禁猛撬、硬砸或大面积撬落和拉倒。

④完工后,不得留下松动和悬挂的模板枋料等。拆下的模板枋料应及时运送到指定地点集中堆放稳妥。

3)定型组合钢模板安装与拆除施工安全技术

(1)一般安全要求有关规定

①安装和拆除组合钢模板,当作业高度在 2 m 及以上时,尚应遵守高处作业相关规定。

②多人共同操作或扛抬组合钢模板时,要密切配合,协调一致,互相呼应;高处作业时要精神集中,不得逗闹和酒后作业。

③组合钢模板夜间施工时,要有足够的照明,行灯电压一般不超过 36 V,在满堂钢模板支架或特别潮湿的环境下,行灯电压不得超过 12 V;照明行灯及机电设备的移动线路,要采用橡套电缆。

④模板的预留孔洞电梯井口等处,应加盖或设防护栏杆。

⑤施工用临时照明及机电设备的电源线应绝缘良好,不得直接架设在组合钢模板上,应用绝缘支持物使电线与组合钢模板隔开,并严格防止线路绝缘破损漏电。

⑥高处作业支、拆模板时,不得乱堆乱放,脚手架或工作平台上临时堆放的钢模板不宜超过 3 层,堆放的钢模板、部件、机具连同操作人员的总荷载,不得超过脚手架或工作平台设计控制荷载,当设计无规定时,一般不超过 2 700 N/m²。

⑦高处作业人员应通过斜道或施工电梯上下通行,严禁攀登组合钢模板或绳索等上下。

⑧支模过程中如遇中途停歇,应将已就位的钢模板或支承件连接牢固,不得架空浮搁;拆模间歇时,应将已松扣的钢模板、支承件拆下运走,防止坠落伤人或人员扶空坠落。

⑨组合钢模板安装和拆除必须编制安全技术方案,并严格执行。

⑩安装和拆除钢模板,高度在 3 m 及以下时,可使用马凳操作;高度在 3 m 及以上时,应搭设脚手架或工作平台,并设置防护栏杆或安全网。

⑪操作人员的操作工具要随手放入工具袋,不便放入工具袋的要拴绳系在身上或放在稳妥的地方。

(2)组合钢模板拆除安全要求

①拆除现场放拼的梁、柱、墙等模板,一般应逐块拆卸,不得成片撬落或拉倒,拆除平台、楼层结构的底模应设临时支撑,防止大片模板掉落;拆下的钢模板,严禁向下抛掷,应用溜槽或绳索系下,上下传递时,要互相接应,防止伤人。

②拆除基础及地下工程模板时,应先检查基槽(坑)土壁的安全状况,发现有松软、龟裂等不安全因素时,必须在采取防范措施后方可下基槽(坑)作业。

③预拼装大块钢模板台模等整体拆除时,应先挂好吊绳或倒链,然后拆卸连接件;拆模时,要用手锤敲击板体,使之与混凝土脱离,再吊运到指定地点堆放整齐。

④模板拆除的顺序和方法,应遵照施工组织设计(方案)规定。一般应先拆除侧模,后拆底模;先拆非承重部分,后拆承重部分。

⑤拆除高处模板,作业区范围内应设有警示信号标志和警示牌,作业区及进出口,应设专人负责安全巡视,严禁非操作人员进入作业区。

（3）组合钢模板安装安全要求

①安装预拼装整体柱模板时，应边就位，边校正，边安设支撑固定。整体柱模就位安装时，要有套入柱子钢筋骨架的安全措施，以防止人身安全事故的发生。

②墙模板现场散拼支模时，钢模板排列、内外楞位置间距及各种配件的设置均应按钢模板设计进行；当采取分层分段支模时，应自下而上进行，并在下一层钢模板的内外钢楞、各种支承件等全部安装紧固稳定后，方可进行上一层钢模板的安装；当下层钢模板不能独立地安设支承件时，必须采取临时固定措施，否则不得进行上一层钢模板的安装。

③需要拼装的模板，在拼装前应做好操作平台，操作平台必须稳固、平整。

④墙模板的内外支撑必须坚固可靠，确保组合钢模板的整体稳定；高大的墙模板宜搭设排架式支承。

⑤安装基础及地下工程组合钢模板时，基槽（坑）上口的 1 m 边缘内不得堆放钢模板及支承件；向基槽（坑）内运料应用吊机、溜槽或绳索系下；高大长胫基础分层、分段支模板时，应边组装钢模板边安设支承杆件，下层钢模板就位校正并支撑牢固后，方可进行上一层钢模板的安装。

⑥柱模板现场散拼支模应逐块逐段安装足够的 U 形卡、紧固螺栓、柱箍或紧固钢楞并同时安设支撑固定。

⑦安装预拼装大片钢模板应同时安设支承或用临时支撑支稳，不得将大片模板系在柱钢筋上代替支撑，四侧模板全部就位后要随即进行校正，并坚固角模，上齐柱箍或紧固钢楞，安设支撑固定。

⑧安装组合钢模板，一般应按自下而上的顺序进行。模板就位后，要及时安装好 U 形卡和 L 形插销，连杆安装好后，应将螺栓紧固。同时，架设支撑以保证模板整体稳定。

⑨柱模的支承必须牢固可靠，确保整体稳定，高度在 4 m 及以上的柱模，应四面支承。当柱模超过 6 m 时，不宜单根柱子支模及灌注混凝土施工，宜采用群体或成列同时支模并将其支承毗连成一体，形成整体构架体系。

⑩预拼装大块墙模板安装，应边就位，边校正和插置连接件，边安设支承件或临时支撑固定，防止大块钢模板倾覆。当采用吊机安装大块钢模板时，大块钢模板必须固定可靠后方可脱钩。

⑪安装独立梁模板，一般应设操作平台，高度超过 6 m 时，应搭设排架并设防护栏杆，操作人员不得在独立梁底板或支架上操作及上下通行。

⑫安装圈梁、阳台、雨篷及挑檐等模板，这些模板的支撑应自成系统，不得交搭在施工脚手架上；多层悬挑结构模板的支柱，必须上下保持一条垂直中心线上。

4）建筑用铝合金模板安全技术

（1）建筑用铝合金模板材料要求

①当建筑模板结构或构件采用铝合金型材时，应采用纯铝加入锰、镁等合金元素构成的铝合金型材，并应符合国家现行标准《铝及铝合金型材》（YB 1703）的规定。

②铝合金型材的机械性能应符合《建筑施工模板安全技术规范》（JGJ 162—2008）的规定，也应符合表 3.3.1 中规定的机械性能要求。

表3.3.1　铝合金型材的机械性能

牌号	材料状态	壁厚(mm)	抗拉极限强度（N/mm²）	屈服强度（N/mm²）	伸长率(%)	弹性模量（N/mm²）
LD₂	C_Z	所有尺寸	≥180	—	≥14	1.83×10⁵
	C_S		≥280	≥210	≥12	
LY₁₁	C_Z	≤10.0	≥360	≥220	≥12	1.83×10⁵
	C_S	10.1～20.0	≥380	≥230	≥12	
LY₁₂	C_Z	<5.0	≥400	≥300	≥10	2.14×10⁵
		5.1～10.0	≥420	≥300	≥10	
		10.1～20.0	≥430	≥310	≥10	
LY₁₁	C_Z	≤10.0	≥510	≥440	≥6	2.14×10⁵
		10.0～20.0	≥540	≥450	≥6	

注：材料状态代号名称：C_Z—淬火（自然时效）；C_S—淬火（人工时效）。

③铝合金型材的横向、高向机械性能应符合表3.3.2的规定。

表3.3.2　铝合金型材的横向、高向机械性能

牌号	材料状态	取样部位	抗拉极限强度（N/mm²）	屈服强度（N/mm²）	伸长率(%)
LY₁₂	C_Z	横向	≥400	≥290	≥6
		高向	≥350	≥290	≥4
LC₄	C_S	横向	≥500	—	≥4
		高向	≥480	—	≥3

（2）铝合金模板安装原则

①按照铝合金模板编码图，模板应先入内模，后入外模，分房间进行，直至完毕。

②校正模板与安装穿墙螺杆同步进行，墙身宽度尺寸偏差控制在2 mm内。每层模板立面垂直度偏差控制在3 mm内。螺栓安装必须牢靠，防止松动而造成胀模。

③两个相邻构件之间连接，最少不得少于2个插销；两个插销间距不得大于300 mm；销片打入插销时，其下端长度确保超过总长的1/2。

④合模完成后，质检员应根据质量标准进行检查。经监理人员验收合格后，方可进行下道工序施工。

（3）铝合金模板拆除原则

①在铝合金模板早拆体系中，当混凝土浇筑完成后强度达到设计强度的50%时，方可拆除顶模，只留支撑。当混凝土强度达到1.2 MPa时，方可拆除侧模。

②拆模顺序为：先拆除斜支撑，后拆除穿墙螺栓。拆除螺栓时，用扳手松动螺母，取下垫片，除下背楞，轻敲螺栓的一端至螺栓完全退出混凝土。再拆除铝合金模板连接的销钉和销片，用撬棍撬动模板下口，使模板与墙体脱离。拆下来的模板要及时清理，通过传料运输至上层结构。

3.3.3　模板工程安全检查与隐患整改

模板工程安全
检查与隐患整改

1）模板支架保证项目的检查评定

（1）施工方案

出现以下问题，均可判施工现场模板支架专项检查不合格：

①未编制模板支架搭专项施工方案或结构设计未经计算。

②专项施工方案未经审核、审批。

③模板支架搭设高度 8 m 及以上；跨度 18 m 及以上，施工总荷载 15 kN/m^2 及以上；集中线荷载 20 kN/m 及以上的专项施工方案未按规定组织专家论证。

（2）支架基础

支架设在楼面结构上时，未对楼面结构的承载力进行验算或楼面结构下方未采取加固措施，可直接判施工现场模板支架专项检查不合格。

出现以下 2 个及以上问题的，可判施工现场模板支架专项检查不合格：

①基础不坚实平整，承载力不符合设计要求，不能承受支架上部全部荷载。

②支架底部未设置底座、垫板或底座、垫板的规格不符合规范要求。

③支架底部纵、横向扫地杆的设置不符合规范要求。

④基础未采取排水设施或排水不通畅。

⑤当支架设在楼面结构上时，未对楼面结构强度进行验算或应对楼面结构采取加固措施而未加固。

其中，问题①或问题②严重的，可直接判施工现场模板支架专项检查不合格。

（3）支架构造

未按规范要求设置竖向剪刀撑或专用斜杆，或未按规范要求设置水平剪刀撑或专用水平斜杆，可直接判施工现场模板支架专项检查不合格。

同时出现以下 2 个问题的，判施工现场模板支架专项检查不合格：

①水平杆未连续设置，水平杆步距不符合设计或规范要求。

②竖向、水平剪刀撑或专用斜杆、水平斜杆设置不符合规范要求。

③立杆间距不符合设计或规范要求。

（4）支架稳定

①当支架高宽比大于规定值时，未按规定设置连墙杆或采用增加架体宽度的加强措施，可判施工现场模板支架专项检查不合格。

②立杆伸出顶层水平杆中心线至支撑点的长度应符合规范要求。

③浇筑混凝土时未对架体基础沉降、架体变形进行监控，应提出严厉警告。基础沉降、架体变形应在规定允许范围内。

（5）施工荷载

施工荷载超过设计规定，可判施工现场模板支架专项检查不合格。

同时出现以下问题的，可判施工现场模板支架专项检查不合格：

①荷载堆放不均匀。

②浇筑混凝土未对混凝土堆积高度进行控制。

（6）交底与验收

支架搭设完毕未办理验收手续，可判施工现场模板支架专项检查不合格。

同时出现以下问题的,可判施工现场模板支架专项检查不合格:

①支架搭设、拆除前未进行交底或无文字记录。

②验收内容未进行量化,或未经责任人签字确认。

其中,问题①严重的可直接判施工现场模板支架专项检查不合格。

2)模板支架一般项目的检查评定的规定

(1)杆件连接

①立杆应采用对接、套接或承插式连接方式,并应符合规范要求。

②水平杆的连接应符合规范要求。

③当剪刀撑斜杆采用搭接时,搭接长度不应小于 1 m。

④杆件各连接点的紧固应符合规范要求。

(2)底座与托撑

①可调底座、托撑螺杆直径应与立杆内径匹配,配合间隙应符合规范要求。

②螺杆旋入螺母内长度不应小于 5 倍的螺距。

(3)构配件材质

①钢管壁厚应符合规范要求;

②构配件规格、型号、材质应符合规范要求;

③杆件弯曲、变形、锈蚀量应在规范允许范围内。

(4)支架拆除

①支架拆除前结构的混凝土强度应达到设计要求;

②支架拆除前应设置警戒区,并应设专人监护。

3)模板支架常见的安全隐患

(1)交底与验收资料方面的隐患

①未编制专项施工方案或结构设计未经计算。

②专项施工方案未经审核、审批。

③超过一定规模的危险性较大的分部分项工程的专项方案,未按规定组织专家论证。

④支架搭设、拆除前未进行交底或无文字记录。

⑤验收内容未进行量化,或未经责任人签字确认。

⑥支架搭设完毕未办理验收手续。

(2)构配件材质方面的隐患

①钢管和构配件的规格、型号、材质不符合规范要求。

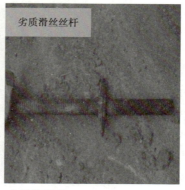

图 3.3.3　劣质构配件

②杆件弯曲、变形、锈蚀严重。

图 3.3.4　杆件变形

图 3.3.5　杆件裂缝

图 3.3.6　杆件锈蚀

（3）底座与托撑方面的隐患

①可调托撑螺杆外径与立杆钢管内径的间隙大于 3 mm。

②可调托撑旋入螺母内的长度小于 150 mm。

③把可调托撑当底座使用（图 3.3.7）。

（4）其他隐患

①扫地杆大面积缺失，未按照规范纵横向设置扫地杆（图 3.3.8）。

②后浇带模板支架违规提前拆除或未单独搭设；重新回顶后的架体封顶杆、剪刀撑缺失（图 3.3.9）。

③模板支架上堆放荷载过大，且集中堆码（图 3.3.10）。

④模板支架拆除顺序不对，未拆除模板先拆除架体（图 3.3.11）。

⑤模板支架基础不坚实平整，承载力不符合专项施工方案要求（图 3.3.12）。

⑥支架底部未设置垫板或垫板的规格不符合规范要求（图 3.3.13）。垫板应采用长度不少于 2 跨、厚度不小于 50 mm、宽度不小于 200 mm 的木垫板。

图 3.3.7　把可调托撑当底座使用

图 3.3.8　缺少扫地杆

图 3.3.9　封顶杆、剪刀撑缺失

图 3.3.10　堆放荷载过大

图 3.3.11　未拆除模板先拆除架体

图 3.3.12　基础不坚实平整

图 3.3.13　支架底部未设置垫板

⑦模板支架基础未采取排水措施(图 3.3.14)。

图 3.3.14　未采取排水措施

⑧未按规范要求设置底座。

⑨水平杆未连续设置(图 3.3.15)。

图 3.3.15　缺水平杆

⑩剪刀撑或斜杆设置不符合规范要求(图 3.3.16)。

图 3.3.16　纵、横竖向和水平三向剪刀撑缺失

⑪立杆纵、横间距大于专项施工方案设计要求(图 3.3.17)。

图 3.3.17　立杆纵、横间距大于专项施工方案设计要求

⑫水平杆步距大于专项施工方案设计要求(图3.3.18)。

图3.3.18　水平杆步距过大

⑬支架拆除前未确认混凝土强度达到设计要求。未按规定设置警戒区或未设置专人监护(图3.3.19)。

图3.3.19　无专人监督

⑭立杆连接采用搭接(图3.3.20)。

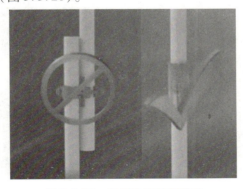

图3.3.20　立杆连接采用搭接

⑮上段钢管立柱与下段钢管立柱错开固定在水平杆上（图3.3.21）。

图 3.3.21　上段钢管立柱与下段钢管立柱错开固定在水平杆上

⑯水平杆连接不符合规范要求（图3.3.22）。

图 3.3.22　水平杆接头不符合要求

⑰可调托撑螺杆伸出长度不符合规范要求（图3.3.23）。

图 3.3.23　模板支架可调托座伸出顶层水平杆超过 650 mm

⑱剪刀撑角度不符合要求,剪刀撑底端未与地面顶紧(图3.3.24)。

图3.3.24　剪刀撑底端未与地面顶紧

⑲高支模架体未进行抱梁抱柱加固处理(图3.3.25)。

图3.3.25　高支模架体未进行抱梁抱柱加固处理

⑳架体立杆过洞口处未加垫工字钢,导致立杆悬空(图3.3.26)。

图3.3.26　高支模架体未进行抱梁抱柱加固处理

㉑高跨扫地杆未向低跨延长至少2跨(图3.3.27)。

图 3.3.27　高跨扫地杆未向低跨延长至少 2 跨

㉒模板支设作业过程中工人未佩戴安全带,无可靠立足点(图3.3.28)。

图 3.3.28　工人无立足点

3.3.4　机械伤害事故现场救护

机械伤害事故
现场救护

1)机械伤害事故的常见形式

机械伤害是指机械以强大的动能作用于人体的伤害,如施工机械对操作人员砸、撞、绞、碾、碰、割、戳等造成的伤害。当发现有人被机械伤害时,虽及时紧急停车,但因设备惯性作用,仍可造成人的伤害,乃至死亡。建筑施工现场常见导致机械伤害事故的机械有:木工机械、钢筋加工机械、混凝土搅拌机、砂浆搅拌机、打桩机、装饰工程机械、土石方机械、各种起重运输机械等。而造成死亡事故的常见机械有龙门架及井架物料提升机、各类塔式起重机、外用施工电梯、土石方机械及铲土运输机械等。机械伤害事故常见的形式有:

①机械转动部分的绞、碾和拖带造成的伤害。

②机械部件飞出造成的伤害。

③机械工作部分的钻、刨、削、砸、扎、撞、锯、戳、绞、碾造成的伤害。

④进入机械容器或运转部分导致受伤。

⑤机械失稳、倾翻造成的伤害

2）救援及处置措施

（1）轻伤事故

①立即关闭运转机械，切断电源，保护现场。

②对伤者同时消毒、止血、包扎、止痛等临时措施。

③尽快将伤者送医院进行防感染和防破伤风处理，或根据医嘱作进一步检查。

（2）重伤事故

①立即关闭运转机械，切断电源，保护现场，及时向有关部门汇报，应急指挥部门接到事故报告后，迅速赶赴事故现场，组织事故抢救。

②立即对伤者进行包扎、止血、止痛、消毒、固定等临时措施，防止伤情恶化。如有断肢等情况，及时用干净毛巾、手绢、布片包好，放在无裂纹的塑料袋或胶皮袋内，袋口扎紧，在口袋周围放置冰块、雪糕等降温物品，不得在断肢处涂酒精、碘酒及其他消毒液。

③迅速拨打 120 求救和送附近医院急救，断肢随伤员一起运送。

④遇有创伤性出血的伤员，应迅速包扎止血，使伤员保持在头低脚高的卧位，并注意保暖。

（3）正确的现场止血处理措施

①一般伤口小的止血法：先用生理盐水（0.9% NaCl 溶液）冲洗伤口，涂上红汞水，然后盖上消毒纱布，用绷带，较紧地包扎。

②加压包扎止血法：用纱布、棉花等做成软垫，放在伤口上再加包扎，增强压力而止血。

③止血带止血法：选择弹性好的橡皮管、橡皮带或三角巾、毛巾、带状布条等，上肢出血结扎在上臂上 1/2 处（靠近心脏位置），下肢出血结扎在大腿上 1/3 处（靠近心脏位置）。结扎时，在止血带与皮肤之间垫上消毒纱布棉纱。每隔 25 ~ 40 min 放松一次，每次放松 0.5 ~ 1 min。

止血的时候千万不要往伤口撒任何粉剂。切忌用一些煤灰、烟灰、消炎粉、中药粉等外敷伤口，容易造成伤口的感染。切忌用卫生纸直接覆盖伤口，伤口出血使卫生纸融成纸浆，糊在伤口内，给伤口的清理带来困难。

（4）包扎

假如伤口有污泥、木屑、水泥、石灰等污染物时，用常温、清洁的水简单冲洗干净，再包扎。

①一般伤口包扎。操作要点有包扎敷料要超出伤口边缘 5 ~ 10 cm，外露骨折或者腹部的脏器不可轻易回纳，应该用干净的器皿保护，尽量不要直接将纱布直接包扎在脱出的组织上，可衬垫一块无菌敷料。如果是眼睛需要包扎应该先用敷料保护后再包扎。

②关节部位伤口的包扎。要求牢固、舒适、节约，肢体要保持功能位，露出肢体末端以便观察血运，包扎的方向由下至上，由远心端向近心端，皮肤褶皱处用棉垫保护，结节不应打在伤口等。

伤口流血严重还需配合止血等措施，经简单包扎后应及时去医院由专业的医生进行处理，以免延误病情。

③三角巾包扎法。

a.头帽式包扎。三角巾底边折成两横指宽，折边向内置于伤病者前额齐眉处，顶角放于脑后。两底角经耳上方拉向头后部交叉并压住顶角。在绕回前额,在一侧眉弓上打结。顶角拉紧,掖入头后部交叉处内。

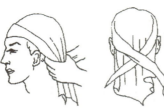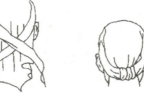

图3.3.29　头帽式包扎

　　b.肩部包扎。将三角巾一底角(A)拉向健侧腋下,顶角覆盖患肩并向后拉。用顶角上带子,在上臂上1/3处缠绕,再将底角(B)从患侧腋后拉出来,绕过肩胛与底角(A)在健侧腋下打结。

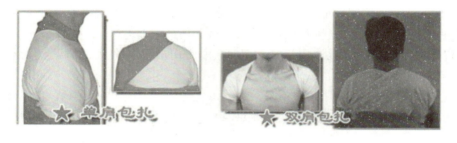

图3.3.30　肩部包扎

　　单胸包扎法。将三角巾底边横放在胸部,顶角超过伤肩,并垂向背部。两底角在背后打结,再将顶角带子与之相接。

　　双胸包扎法。将三角巾打成燕尾状,两燕尾向上,平放于胸部。两燕尾在颈前打结,将顶角带子拉向对侧腋下打结。

　　(5)救援物资装备
　　①救护车;
　　②担架;
　　③应急药品箱(止血带、常用药品及消毒剂等);
　　④应急灯和供电设备。

【技能实践】

知识拓展:
盘扣式脚手架

实训模块一:模板工程安全检查实训

　　针对实际施工现场或模拟场景中的施工方案、立杆基础、支架稳定、施工荷载、交底与验收、立杆设置、水平杆设置、支架拆除、支架材质等内容进行安全检查并评分,然后汇报相关情况。

模块三 专项安全技术与管理

1.实训目的

①掌握施工现场模板工程安全检查的主要内容。

②掌握施工现场模板工程支架的保证项目和一般项目的内容。

③能对事故现场模板工程中的危险性较大分部分项工程进行安全管理。

2.实训任务

小组成员根据老师所提供的实际施工现场或模拟场景轮流模拟模板支架安全检查。

3.实训流程

①课前分小组,设置组长,课前讨论实训重难点。

②下发实训任务书或实训作业指导书。

③每个小组展开模拟,教师指导。

④教师评价,将表现好的进行示范模拟。

4.实训资料

表3.3.3 模板工程安全检查表

序号	检查项目		扣分标准	应得分数	扣减分数	实得分数
1	保证项目	施工方案	未按规定编制专项施工方案或结构设计未经设计计算,扣15分 专项施工方案未经审核、审批,扣15分; 超过一定规模的模板支架,专项施工方案未按规定组织专家论证,扣15分; 专项施工方案未明确混凝土浇筑方式,扣10分	15		
2		立杆基础	立杆基础承载力不符合设计要求,扣10分; 基础未设排水设施,扣8分; 立杆底部未设置底座、垫板或垫板规格不符合规范要求,每处扣3分	10		
3		支架稳定	支架高宽比大于规定值时,未按规定要求设置连墙杆,扣15分; 连墙杆设置不符合规范要求,每处扣5分; 未按规定设置纵、横向及水平剪刀撑,扣15分; 纵、横向及水平剪刀撑设置不符合规范要求,扣5~10分	15		
4		施工荷载	施工均布荷载超过规定值,扣10分; 施工荷载不均匀,集中荷载超过规定值,扣10分	10		
5		交底与验收	支架搭设(拆除)前未进行交底或无交底记录,扣10分; 支架搭设完毕未办理验收手续,扣10分; 验收无量化内容,扣5分	10		
小计				60		

217

续表

6	一般项目	立杆设置	立杆间距不符合设计要求,扣10分; 立杆未采用对接连接每处,扣5分; 立杆伸出顶层水平杆中心线至支撑点的长度大于规定值,每处扣2分	10		
7		水平杆设置	未按规定设置纵、横向扫地杆或设置不符合规范要求,每处扣5分; 纵、横向水平杆间距不符合规范要求,每处扣5分; 纵、横向水平杆件连接不符合规范要求,每处扣5分	10		
8		支架拆除	混凝土强度未达到规定值,拆除模板支架,扣10分; 未按规定设置警戒区或未设置专人监护,扣8分	10		
9		支架材质	杆件弯曲、变形、锈蚀超标,扣10分; 构配件材质不符合规范要求,扣10分; 钢管壁厚不符合要求,扣10分	10		
小计				40		
检查项目合计				100		

实训项目2:双排落地扣件式钢管脚手架搭设与拆除

1.实训目的

①掌握在操作前、操作过程中及操作后的安全措施。

②掌握在登高操作过程中,个人防护用品的佩戴和使用。

③熟悉登高架设作业的安全技术操作。

2.实训任务

①在已搭设的双排落地扣件式钢管脚手架上,按指定的位置搭设和拆除脚手板(对接)、纵向水平杆、横向水平杆、剪刀撑。

②操作顺序为:按指定的位置实施先拆除后搭设的操作顺序,在搭设时3人共同完成,拆除由另外3名考生完成(考生分工抽签决定)。

③考生是否按要求正确穿戴好个人防护用品。

④检查已搭设的双排落地扣件式钢管脚手架各部分是否存在安全隐患或不符合规范之处。

⑤检查脚手架警戒区内是否存在安全隐患(人为设置),并能排除所存在的安全隐患。

⑥考生的操作是否符合安全操作规范及安全措施。

⑦操作完毕,作业现场安全检查。

3.实训流程

①课前分小组,设置组长,课前讨论实训重难点。

②下发实训任务书或实训作业指导书。

③每个小组展开实训,教师指导。

④教师评价,将表现好的进行示范模拟。

【阅读与思考】

江西丰城发电厂"11·24"坍塌特别重大事故造成73人死亡、2人受伤,直接经济损失10 197.2万元。事故原因是为赶工期,施工单位依据经验拆除冷却塔外围的模板支架,但由于天气原因,混凝土内部尚未完全凝结,不足以支撑自身重量,模板支架拆除混凝土和模架体系连续倾塌坠落,最后坍塌。

在丰城电厂三期工程动员大会上,相关三方负责人签订了《丰城电厂三期扩建工程总承包项目地基处理工程"大干一百天"目标责任书》,尽管大会强调要牢固树立安全生产意识,进一步强化安全生产责任制,加强安全监管力度,加大安全设施投入,确保安全施工,但该项目负责人在采访中承认有赶工期现象。显然,在"大干一百天"的狂热氛围里,安全生产意识也只能被搁置一边,项目施工讲究的科学性以及"生命高于一切"的安全生产理念则被抛在了脑后。

【安全小测试】

1.模板支架检查评定保证项目包括:施工方案、(　　)。

A.立杆基础　　　　　　　　　　　B.支架构造

C.支架稳定　　　　　　　　　　　D.施工荷载

E.交底与验收

2.属于高大模板支撑系统的是(　　)。

A.模板支撑高度超过8 m　　　　　B.搭设跨度超过18 m

C.施工总荷载大于15 kN/m²　　　 D.集中线荷载大于20 kN/m

E.集中线荷载大于18 kN/m

3.模板支架立柱接长必须采用对接扣件连接,相邻两立柱的对接扣件不得在同步内,且对接接头沿竖向错开的距离不宜小于(　　)。

A.300 mm　　　　B.400 mm　　　　C.500 mm　　　　D.600 mm

4.模板结构构件的受压构件长细比:支架立柱及桁架不应大于(　　)。

A.135　　　　　　B.140　　　　　　C.145　　　　　　D.150

5.现浇钢筋混凝土梁、板,当设计无具体要求时,起拱高度宜为全跨长度的(　　)。

A.1/1 000～1/1 000　　　　　　　B.1/1 000～2/1 000

C.1/1 000～3/1 000　　　　　　　D.1/1 000～4/1 000

6.拆除(　　)模板时,为避免突然整块塌落,必要时应先设置临时支撑,然后进行拆除。

A.墙　　　　　　B.楼板　　　　　　C.承重结构　　　　D.柱

7.《建筑施工模板安全技术规范》规定:承重结构采用的钢材应具有(　　)的合格保证,对焊接机构应具有碳含量的合格保证。

A.抗拉强度　　　　　　　　　　　B.伸长率

C.屈服强度和硫含量　　　　　　　D.磷含量

E.氢含量

8.模板应具有足够的(　　),保证承受住新浇混凝土的自重和侧压力,以及施工过程中产生的荷载。

A.承载能力　　　　　　　　　　　B.光洁度

C.刚度　　　　　　　　　　　　　D.稳定性

E. 厚度

9.《建设工程安全生产管理条例》规定,安装、拆卸施工起重机械和整体提升脚手架、模板等自升式架设设施,应当编制拆装方案、制定安全施工措施,并由项目负责人现场监督。

A. 正确 B. 错误

10. 按照住建部的有关规定,下列哪些模板工程必须编制安全专项施工方案?(　　　)

A. 滑模 B. 爬模

C. 大模板 D. 水平混凝土构件模板支撑系统

E. 特殊结构模板工程

11. 按照住建部的有关规定,下列哪些工程须经专家论证审查专项施工方案?(　　　)

A. 开挖深度超过 5 m(含 5 m)的深基坑工程

B. 地质条件和周围环境及地下管线极其复杂的深基坑工程

C. 地下暗挖及遇有溶洞、暗河、瓦斯、岩爆、涌泥、断层等地质复杂的隧道工程

D. 水平混凝土构件模板支撑系统高度超过 8 m,或跨度超过 18 m,施工总荷载大于 10 kN/m² 的高大模板工程

E. 24 m 及以上高空作业的工程

12. 安装模板前,工程技术人员应以(　　　)形式向作业班组进行施工操作安全技术交底。

A. 口头 B. 口头或书面

C. 书面 D. 电话或短信

13. 拆除(　　　)模板时,为避免突然整块塌落,必要时应先设置临时支撑,然后进行拆除。

A. 墙 B. 楼板 C. 承重结构 D. 柱

项目 3.4　起重吊装安全技术与管理

【导入】

2021 年 12 月 20 日 9 时 40 分许,抚顺市××特殊钢股份有限公司第三炼钢厂内的中国××建设集团东北电力第三工程有限公司在项目厂房及附属建筑工程施工中,在塔式起重机拆卸塔顶作业过程中发生一起 1 人死亡的物体打击一般事故,直接经济损失约 150 万元。

2021 年 12 月 20 日,天气晴,风向风力:西风 3~4 级,能见度良好,可进行塔式起重机拆卸作业。8 时左右,双山租赁处郑××、汽车起重机司机王××、货车司机赵××、佟××、拆卸工郑××通过特钢公司门卫登记后驾驶汽车式起重机及货车进入作业现场,司索信号工(指挥)任××和另一名拆卸工人范××未经特钢公司门卫登记擅自从厂区围挡空隙钻入工程项目现场。双山租赁处郑××在作业前让作业人员在安全交底上签字、简单交代后离去。王××等在没有东电项目部、永联建设公司、华盛监理公司、特钢公司等人员在场情况下开始作业,作业期间没有安全生产管理人员进行监督和检查。王××操作汽车式起重机、任××在地面指挥。郑××和范××在塔式起重机上拆卸,先后拆卸、吊运了塔式起重机配重、大臂、配重和后臂。

9 时 40 分许,王××将塔顶吊放至地面,塔顶底部落地,整体未放倒,呈 60°~70°倾斜。为了防止塔顶整体放落到地面过程中左右摇摆碰到汽车起重机,王××将塔顶整体加速放落到地面上。这个过程中,王××怕车绳掉道,一边看汽车起重机上方一边将塔顶放落,没有观察塔顶

放落位置,当王××将塔顶整体放落到地面后发现有人被砸倒。

　　事故发生时,汽车起重机车头朝北,塔顶位于汽车起重机西侧、汽车起重机左前方,塔顶距离汽车起重机 1~2 m,指挥任××位于汽车起重机左侧,王××能清晰看到塔顶和任××,没有发现作业现场有其他人。在塔顶吊放过程中,任××发现速度较快并大声提醒王××,任××也没有发现作业现场有其他人。拆卸工郑××,范××,另一个货车司机佟××均未看到现场情况。

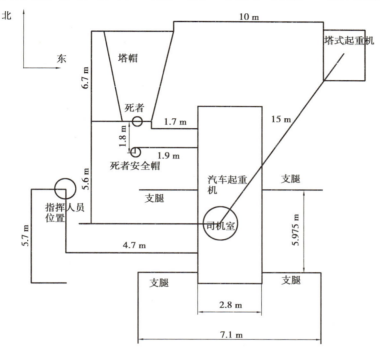

图 3.4.1　事故现场示意图

图 3.4.2　事发现场实景图

起重吊装
施工安全准备

【理论基础】

3.4.1 起重吊装工程施工安全准备

1）起重吊装作业基本准备

①作业前准备流程：作业内容→确定作业人员→资质审核→编制作业方案→机具选择→个人防护用品选择→吊具场地布置→现场防护与应急措施→安全技术交底与安全教育→机具、场地及人员状态检查。

②吊装质量>10 t 的重物应办理《吊装安全作业证》，严禁涂改、转借《吊装安全作业证》，变更作业内容，扩大作业范围或转移作业部位，没有《吊装安全作业证》严禁吊装作业。

③特种作业人员应持证上岗，吊装作业人员（指挥人员、起重工及起重机械操作人员）应持有有效的《特种作业操作证》，方可从事吊装作业指挥和操作。

2）吊装作业机械及其他准备工作

（1）吊装作业器具准备工作

①根据作业内容，配备完善的个人防护用品，包括安全帽、工作服、工作鞋和手套。高处作业还必须配置安全带和工具包。

②对使用的起重机和吊装工具、辅件进行安全检查。吊装机具应有完善的日检、月检、年检记录。对检查中发现问题的吊装机具，应进行检修处理，并保存检修档案，已达到报废标准的，应及时销毁，严禁使用，不留安全隐患。

③熟悉被吊物品的种类、数量、包装状况以及周围联系，根据有关技术数据（如质量、几何尺寸、精密程度、变形要求），进行最大受力计算，确定吊点位置和捆绑方式。

（2）吊装作业场地准备工作

①检查清理作业场地，确定搬运路线，清除工作区域内的障碍物，并在警戒区域及吊装现场设置安全警戒标志。

②室外作业要了解当天的天气情况，遇到大雪、暴雨、大雾或 6 级及以上大风时，不应安排吊装作业，当场地照明不足时，要停止起重作业。

③流动式起重机地基需垫实垫平，防止作业中地基沉陷。

3）吊装作业人员准备工作

（1）起重指挥人员作业前的安全准备工作

①技术准备：

a.掌握起重、吊运任务的技术要求，包括学习审查图纸，调查了解吊装物的情况。

b.参与编制吊装吊运方案，确定吊装作业人员的构成。

c.对作业班组进行明确的岗位分工和职责交底，认真交代指挥信号的运用。

d.选择和确定吊点及吊运器具。

②吊装设备、工具的准备。

a.组织司机进行起重机检查、注油、空转和必要时的试吊。

b.检查、落实吊运工具的种类、规格、件数及完好程度，检查索具的完好程度。

③现场准备。

对作业现场进行地貌踏勘，排除起重吊运的障碍物，检查高压线路是否对作业影响，是否须迁移;检验地面平整程度及耐压程度;确定起重机在作业时的位置;实地看吊物,校核重量,以及是否有牵制物影响吊升。

（2）起重司索人员作业前的安全准备工作

①技术准备。在起重指挥组织下,学习和掌握作业方案及安全技术要求,听取安全技术交底安全教育,了解掌握吊点位置和吊件的捆绑方法。

②工具与索具的准备。认真检查并落实作业所需工具和索具的种类、规格、件数及完好程度。

③现场准备。对作业现场进行地貌踏勘,排除作业的障碍物。检验地面平整及耐压程度。查看吊物,了解重量。实地检查有无影响吊件吊升的因素。

（3）起重机司机作业前的安全准备工作

①技术准备。在起重指挥组织下,学习和掌握作业方案及安全技术要求,听取安全技术交底与安全教育,了解掌握起重作业的重点、起吊方法和指挥信号。

②吊装设备的准备。

a.认真检查起重吊装设备技术状况,检查安全保护装置是否齐全、灵敏可靠。

b.进行必要时的试吊。

③现场准备。

a.对作业现场环境、行驶道路、架空线路、建筑物以及构件重量和分布情况进行全面了解。

b.实地检查有无影响吊件吊升的因素,清除或避开起重臂起落及回转半径内的障碍物。

c.指挥进行信号交流,保证指挥信号畅通。

4）方案准备

（1）起重吊装及起重机械安装拆卸工程有以下情况应编制专项安全施工方案。

①采用非常规起重设备、方法,且单件起吊重量在 10 kN 及以上的起重吊装工程。

②采用起重机械进行安装的工程。

③起重机械安装和拆卸工程。

④起重机械的基础和附着工程。

（2）起重吊装及起重机械安装拆卸工程有以下情况应编制专项施工方案,并通过专家论证后方可实施

①采用非常规起重设备、方法,且单件起吊重量在 100 kN 及以上的起重吊装工程。

②起重量 300 kN 及以上,或搭设总高度 200 m 及以上,或搭设基础标高在 200 m 及以上的起重机械安装和拆卸工程。

3.4.2 塔式起重机安全技术

1）塔式起重机常见事故隐患

塔机事故主要有五大类:整机倾覆、起重臂折断或碰坏、塔身折断或底架碰坏、塔机出轨、机构损坏,其中塔机的倾覆和断臂等事故占了 70%。引起这些事故发生的隐患主要有以下内容:

①塔机安拆人员未经过培训、安拆企业无塔机装拆资质或无相应的资质。

②高塔基础不符合设计要求。

起重吊装工程
安全技术措施

③行走式起重机路基不坚实不平整、轨道铺设不符合要求。

④无力矩限制器或失效。

⑤无超高变幅行走限位或失效。

⑥吊钩无保险或吊钩磨损超标。

⑦轨道无极限位置阻挡器或设置不合理。

⑧两台以上起重机作业无防碰撞措施。

⑨升降作业无良好的照明。

⑩塔吊升降时仍进行回转。

⑪顶升撑脚就位后未插上安全销。

⑫轨道无接地接零或不符合要求。

⑬塔吊、卷扬机滚筒无保险装置。

⑭起重机的接地电阻大于 4 Ω。

⑮塔吊高度超过规定不安装附墙。

⑯起重机与架空线路小于安全距离无防护。

⑰行走式起重机作业完不使用夹轨钳固定。

⑱塔吊起重作业时吊点附近有人员站立和行走。

⑲塔身支承梁未稳固仍进行顶升作业。

⑳内爬后遗留下的开孔位未做好封闭措施。

㉑自升塔吊爬升套架未固定牢或顶升撑脚未固定就顶升。

㉒固定内爬框架的楼层楼板未达到承载要求仍作为固定点。

㉓附墙距离和附墙间距超过使用标准未经许可仍使用。

㉔附墙构件和附墙点的受力未满足起重机附墙要求。

㉕塔吊悬臂自由端超过使用标准仍使用。

㉖作业中遇停电或电压下降时未及时将控制器回到零位。

㉗动臂式起重机吊运载荷达到额定起重量 90% 以上仍进行变幅运行。

㉘塔吊内爬升降过程仍进行起升、回转、变幅等作业。

㉙作业时未清除或避开回转半径内的障碍物。

㉚动臂式起重机变幅与起升或回转行走等同时进行。

㉛塔吊升降时标准节和顶升套架间隙超过标准不调整继续升降。

㉜塔吊升降时起重臂和平衡臂未处于平衡状态下进行顶升。

㉝起重指挥失误或与司机配合不当。

㉞超载起吊或违章斜吊。

㉟没有正确地挂钩,盛放或捆绑吊物不妥。

㊱恶劣天气下进行起重机拆装和升降工作。

㊲设备缺乏定期检修保养,安全装置失灵、违章修理。

2)塔式起重机安装、使用、拆卸的基本规定

①塔式起重机安装、拆卸单位必须在资质许可范围内,从事塔式起重机的安装、拆卸业务。

一级企业可承担各类起重设备的安装与拆卸;二级企业可承担单项合同额不超过企业注

册资本金 5 倍的 1 000 kN·m 及以下塔式起重机等起重设备,120 t 及以下起重机和龙门吊的安装与拆卸;三级企业可承担单项合同额不超过企业注册资本金 5 倍的 800 kN·m 及以下塔式起重机等起重设备、60 t 及以下起重机和龙门吊的安装与拆卸。

②塔式起重机安装、拆卸单位应具备安全管理保证体系,有健全的安全管理制度。

③塔式起重机安装、拆卸作业应配备下列人员:

a. 持有安全生产考核合格证书的项目和安全负责人、机械管理人员。

b. 具有建筑施工特种作业操作资格证书的建筑起重机械安装拆卸工、起重信号工、起重司机、司索工等特种作业操作人员。

④塔式起重机应具有特种设备制造许可证、产品合格证、制造监督检验证明,并已在建设行政主管部门备案登记。

⑤塔式起重机应符合现行国家标准《塔式起重机安全规程》(GB 5144—2006)及《塔式起重机》(GB/T 5031—2008)的相关规定。

⑥塔机启用前应检查下列项目:

a. 塔式起重机的备案登记证明等文件。

b. 建筑施工特种作业人员的操作资格证书。

c. 专项施工方案。

d. 辅助起重机械的合格证及操作人员资格证。

⑦应对塔式起重机建立技术档案,其技术档案应包括下列内容:

a. 购销合同、制造许可证、产品合格证、制造监督检验证明、安装使用说明书、备案证明等原始资料。

b. 定期检验报告、定期自行检查记录、定期维护保养记录、维修和技术改造记录、运行故障和生产安全事故记录、累计运转记录等运行资料。

c. 历次安装验收资料。

⑧有下列情况的塔式起重机严禁使用:

a. 国家明令淘汰的产品。

b. 超过规定使用年限经评估不合格的产品。

c. 不符合国家或行业标准的产品。

d. 没有完整安全技术档案的产品。

⑨塔式起重机的选型和布置应满足工程施工要求,便于安装和拆卸,并不得损害周边其他建(构)筑物。

⑩塔式起重机安装、拆卸前,应编制专项施工方案,指导作业人员实施安装、拆卸作业。专项施工方案应根据塔式起重机产品说明书和作业场地的实际情况编制,并应符合相关法规、规程、标准的要求。专项施工方案应由本单位技术、安全、设备等部门审核、技术负责人审批后,经监理单位批准实施。

⑪当多台塔式起重机在同一施工现场交叉作业时,应编制专项方案,并应采取防碰撞的安全措施。任意两台塔式起重机之间的最小架设距离应符合下列规定:

a. 低位塔式起重机的起重臂端部与另一台塔式起重机的塔身之间的距离不得小于 2 m。

b. 高位塔式起重机的最低位置的部件(吊钩升至最高点或平衡重的最低部位)与低位塔式起重机中处于最高位置部件之间的垂直距离不得小于 2 m。

⑫塔式起重机在安装前和使用过程中,应按相关规定进行检查,发现有下列情况之一的,不得安装和使用:

　　a.结构件上有可见裂纹和严重锈蚀的。

　　b.主要受力构件存在塑性变形的。

　　c.连接件存在严重磨损和塑性变形的。

　　d.钢丝绳达到报废标准的。

　　e.安全装置不齐全或失效的。

⑬在塔式起重机的安装、使用及拆卸阶段,进入现场的作业人员必须佩戴安全帽、防滑鞋、安全带等防护用品,无关人员严禁进入作业区域内。在安装、拆卸作业期间,应设立警戒区。

⑭塔式起重机使用时,起重臂和吊物下方严禁有人员停留;物件吊运时,严禁从人员上方通过。

⑮严禁用塔式起重机载运人员。

3)塔式起重机安装安全技术

①塔式起重机安装条件:

　　a.塔式起重机安装前,必须经维修保养,并应进行全面的检查,确认合格后方可安装。

　　b.塔式起重机的基础及其地基承载力应符合产品说明书和设计图纸的要求。安装前应对基础进行验收,合格后方能安装。基础周围应有排水设施。

　　c.行走式塔式起重机的轨道及基础应按产品说明书的要求进行设置,且应符合现行国家标准《塔式起重机安全规程》(GB5144—2006)及《塔式起重机》(GB/T 5031—2008)的规定。

　　d.内爬式塔式起重机的基础、锚固、爬升支承结构等应根据产品说明书提供的荷载进行设计计算,并应对内爬式塔式起重机的建筑承载结构进行验算。

②安装作业,应根据专项施工方案要求实施。安装作业人员应分工明确、职责清楚。安装前应对安装作业人员进行安全技术交底,交底人和被交底人双方应在交底书上签字,专职安全员应监督整个交底过程。

③安装辅助设备就位后,应对其机械和安全性能进行检验,合格后方可作业。

④安装所使用的钢丝绳、卡环、吊钩和辅助支架等起重机具均应符合《建筑施工塔式起重机安装、使用、拆卸安全技术规程》(JGJ 196—2010)的规定,并应经检查合格后方可使用。

⑤安装作业中应统一指挥,明确指挥信号。当视线受阻、距离过远时,应采用对讲机或多级指挥。

⑥自升式塔式起重机的顶升加节,应符合下列要求:

　　a.顶升系统必须完好。

　　b.结构件必须完好。

　　c.顶升前,塔式起重机下支座与顶升套架应可靠连接。

　　d.顶升前,应确保顶升横梁搁置正确。

　　e.顶升前,应将塔式起重机配平;顶升过程中,应确保塔式起重机的平衡。

　　f.顶升加节的顺序,应符合产品说明书的规定。

　　g.顶升过程中,不应进行起升、回转、变幅等操作。

　　h.顶升结束后,应将标准节与回转下支座可靠连接。

i.塔式起重机加节后需进行附着的,应按照先装附着装置、后顶升加节的顺序进行,附着装置的位置和支撑点的强度应符合要求。

⑦塔式起重机的独立高度、悬臂高度应符合产品说明书的要求。

⑧雨雪、浓雾天严禁进行安装作业。安装时塔式起重机最大高度处的风速应符合产品说明书的要求,且风速不得超过 12 m/s。

⑨塔式起重机不宜在夜间进行安装作业。特殊情况下,必须在夜间进行塔式起重机安装和拆卸作业时,应保证提供足够的照明。

⑩特殊情况,当安装作业不能连续进行时,必须将已安装的部位固定牢靠并达到安全状态,经检查确认无隐患后,方可停止作业。

⑪电气设备应按产品说明书的要求进行安装,安装所用的电源线路应符合现行行业标准《施工现场临时用电安全技术规范》(JGJ 46—2005)的要求。

⑫塔式起重机的安全装置必须齐全,并应按程序进行调试合格。

塔式起重机的安全装置主要包括以下内容:

a.载荷限制装置。其中包括起重量限制器、力矩限制器。

b.行程限位装置。其中包括起升高度限位器、幅度限位器、回转限位器、行走限位器。

c.保护装置。其中包括断绳保护及断轴保护装置、安装缓冲器及止挡装置、风速仪、障碍指示灯、钢丝绳防脱钩装置等。

⑬连接件及其防松防脱件应符合规定要求,严禁用其他代用品代用。连接件及其防松防脱件应使用力矩扳手或专用工具紧固连接螺栓,使预紧力矩达到规定要求。

⑭安装完毕后,应及时清理施工现场的辅助用具和杂物。

⑮安装单位应对安装质量进行自检,并填写自检报告书。

⑯安装单位自检合格后,应委托有相应资质的检验检测机构进行检测。检验检测机构应出具检测报告书。

⑰安装质量的自检报告书和检测报告书应存入设备档案。

⑱经自检、检测合格后,应由总承包单位组织出租、安装、使用、监理等单位进行验收,合格后方可使用。

⑲塔式起重机停用 6 个月以上的,在复工前,应由总承包单位组织有关单位重新进行验收,合格后方可使用。

4)塔式起重机使用安全技术

①塔式起重机起重司机、起重信号工、司索工等操作人员应取得特种作业人员资格证书,严禁无证上岗。

②塔式起重机使用前,应对起重司机、起重信号工、司索工等作业人员进行安全技术交底。

③塔式起重机的力矩限制器、重量限制器、变幅限位器、行走限位器、高度限位器等安全保护装置不得随意调整和拆除,严禁用限位装置代替操纵机构。

④塔式起重机回转、变幅、行走、起吊动作前应示意警示。起吊时应统一指挥,明确指挥信号;当指挥信号不清楚时,不得起吊。

⑤塔式起重机起吊前,当吊物与地面或其他物件之间存在吸附力或摩擦力而未采取处理措施时,不得起吊。

⑥塔式起重机起吊前,应对安全装置进行检查,确认合格后方可起吊;安全装置失灵时,

不得起吊。

⑦塔式起重机起吊前,应对吊具与索具进行检查,确认合格后方可起吊;吊具与索具不符合相关规定的,不得用于起吊作业。

⑧作业中遇突发故障,应采取措施将吊物降落到安全地点,严禁吊物长时间悬挂在空中。

⑨遇有风速在 12 m/s 及以上的大风或大雨、大雪、大雾等恶劣天气时,应停止作业。雨雪过后,应先经过试吊,确认制动器灵敏可靠后方可进行作业。夜间施工应有足够照明,照明的安装应符合现行国家标准《施工现场临时用电安全技术规范》(JGJ 46—2005)的要求。

⑩塔式起重机不得起吊重量超过额定载荷的吊物,并不得起吊重量不明的吊物。

⑪在吊物荷载达到额定载荷的 90% 时,应先将吊物吊离地面 200~500 mm 后,检查机械状况、制动性能、物件绑扎情况等,确认无误后方可起吊。对有晃动的物件,必须拴拉溜绳使之稳固。

⑫物件起吊时应绑扎牢固,不得在吊物上堆放或悬挂其他物件;零星材料起吊时,必须用吊笼或钢丝绳绑扎牢固。当吊物上站人时不得起吊。

⑬标有绑扎位置或记号的物件,应按标明位置绑扎。钢丝绳与物件的夹角宜为 45°~60°,且不得小于 30°。吊索与吊物棱角之间应有防护措施;未采取防护措施的,不得起吊。

⑭作业完毕后,应松开回转制动器,各部件应置于非工作状态,控制开关应置于零位,并应切断总电源。

⑮行走式塔式起重机停止作业时,应锁紧夹轨器。

⑯塔式起重机使用高度超过 30 m 时应配置障碍灯,起重臂根部铰点高度超过 50 m 时应配备风速仪。

⑰严禁在塔式起重机塔身上附加广告牌或其他标语牌。

⑱每班作业应做好例行保养,并应做好记录。记录的主要内容应包括:结构件外观、安全装置、传动机构、连接件、制动器、索具、夹具、吊钩、滑轮、钢丝绳、液位、油位、油压、电源、电压等。

⑲实行多班作业的设备,应执行交接班制度,认真填写交接班记录,接班司机经检查确认无误后,方可开机作业。

⑳塔式起重机应实施各级保养。转场时,应做转场保养,并有记录。

㉑塔式起重机的主要部件和安全装置等应进行经常性检查,每月不得少于一次,并应留有记录,发现有安全隐患时应及时进行整改。

㉒当塔式起重机使用周期超过一年时,应进行一次全面检查,合格后方可继续使用。

㉓使用过程中塔式起重机发生故障时,应及时维修,维修期间应停止作业。

5)塔式起重机拆卸安全技术

①塔式起重机拆卸作业宜连续进行;当遇特殊情况,拆卸作业不能继续时,应采取措施保证塔式起重机处于安全状态。

②当用于拆卸作业的辅助起重设备设置在建筑物上时,应明确设置位置、锚固方法,并应对辅助起重设备的安全性及建筑物的承载能力等进行验算。

③拆卸前应检查下列项目:主要结构件、连接件、电气系统、起升机构、回转机构、变幅机构、顶升机构等。发现隐患应采取措施,解决后方可进行拆卸作业。

④附着式塔式起重机应明确附着装置的拆卸顺序和方法。

⑤自升式塔式起重机每次降节前,应检查顶升系统和附着装置的连接等,确认完好后方

可进行作业。

⑥拆卸时应先降节、后拆除附着装置。塔式起重机的自由端高度应符合规定要求。

⑦拆卸完毕后,为塔式起重机拆卸作业而设置的所有设施应拆除,清理场地上作业时所用的吊索具、工具等各种零配件和杂物。

6)吊索具使用安全技术

(1)一般规定

①塔式起重机安装、使用、拆卸时,所使用的起重机具应符合相关规定。起重吊具、索具应符合下列要求:

a.吊具与索具产品应符合现行行业标准《起重机械吊具与索具安全规程》(LD48—93)的规定。

b.吊具与索具应与吊运种类、吊运具体要求以及环境条件相适应。

c.作业前应对吊具与索具进行检查,当确认完好时方可投入使用。

d.吊具承载时不得超过额定起重量,吊索(含各分支)不得超过安全工作载荷。

e.塔式起重机吊钩的吊点,应与吊重重心在同一条铅垂线上,使吊重处于稳定平衡状态。

②新购置或修复的吊具、索具,应进行检查,确认合格后,方可使用。

③吊具、索具在每次使用前应进行检查,经检查确认符合要求的,方可继续使用。当发现有缺陷时,应停止使用。

④吊具与索具每半年应进行定期检查,并应做好记录。检验记录应作为继续使用、维修或报废的依据。

(2)钢丝绳

①钢丝绳作吊索时,其安全系数不得小于6倍。

②钢丝绳的报废应符合现行国家标准《起重机用钢丝绳检验和报废实用规范》(GB/T 5972—2009)的规定。

③当钢丝绳的端部采用编结固接时,编结部分的长度不得小于钢丝绳直径的20倍,并不应小于300 mm,插接绳股应拉紧,凸出部分应光滑平整,且应在插接末尾留出适当长度,用金属丝扎牢。

④绳夹压板应在钢丝绳受力绳一边,绳夹间距A不应小于钢丝绳直径的6倍(图3.4.3)。

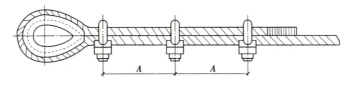

图3.4.3　钢丝绳夹的正确布置方法

⑤吊索必须由整根钢丝绳制成,中间不得有接头。环形吊索只允许有一处接头。

⑥采用二点吊或多点吊时,吊索数宜与吊点数相符,且各根吊索的材质、结构尺寸、索眼端部固定连接、端部配件等性能应相同。

⑦钢丝绳严禁采用打结方式系结吊物。

⑧当吊索弯折曲率半径小于钢丝绳公称直径的2倍时,应采用卸扣将吊索与吊点拴接。

⑨卸扣应无明显变形、可见裂纹和弧焊痕迹。销轴螺纹应无损伤现象。

（3）吊钩与滑轮

①吊钩应符合现行行业标准《起重机械吊具与索具安全规程》（LD 48—93）中的相关规定。

②吊钩禁止补焊，有下列情况之一的应予以报废：

a. 表面有裂纹。

b. 挂绳处截面磨损量超过原高度的 10%。

c. 钩尾和螺纹部分等危险截面及钩筋有永久性变形。

d. 开口度比原尺寸增加 15%。

e. 钩身的扭转角超过 10°。

③滑轮的最小绕卷直径，应符合现行国家标准《塔式起重机设计规范》（GB/T 13752—2017）的相关规定。

④滑轮有下列情况之一的应予以报废：

a. 裂纹或轮缘破损。

b. 轮槽不均匀磨损达 3 mm。

c. 滑轮绳槽壁厚磨损量达原壁厚的 20%。

d. 铸造滑轮槽底磨损达钢丝绳原直径的 30%，焊接滑轮槽底磨损达钢丝绳原直径的 15%。

e. 滑轮、卷筒均应设有钢丝绳防脱装置，吊钩应设有钢丝绳防脱钩装置。

起重吊装工程安全
检查与隐患整改

3.4.3　起重吊装工程安全检查与隐患整改

1）塔式起重机安全检查评定

塔式起重机检查评定应符合国家现行标准《塔式起重机安全规程》和《建筑施工塔式起重机安装、使用、拆卸安全技术规程》的规定。塔式起重机检查评定保证项目应包括：载荷限制装置、行程限位装置、保护装置、吊钩、滑轮、卷筒与钢丝绳、多塔作业、安拆、验收与使用。一般项目应包括：附着、基础与轨道、结构设施、电气安全。

（1）保证项目

①载荷限制装置。

a. 应安装起重量限制器并应灵敏可靠。当起重量大于相应档位的额定值并小于该额定值的 110% 时，应切断上升方向上的电源，但机构可作下降方向的运动。

b. 应安装起重力矩限制器并应灵敏可靠。当起重力矩大于相应工况下的额定值并小于该额定值的 110% 应切断上升和幅度增大方向的电源，但机构可作下降和减小幅度方向的运动。

②行程限位装置。

a. 应安装起升高度限位器，起升高度限位器的安全越程应符合规范要求，并应灵敏可靠；

b. 小车变幅的塔式起重机应安装小车行程开关，动臂变幅的塔式起重机应安装臂架幅度限制开关，并应灵敏可靠；

c. 回转部分不设集电器的塔式起重机应安装回转限位器，并应灵敏可靠；

d. 行走式塔式起重机应安装行走限位器，并应灵敏可靠。

③保护装置。

a. 小车变幅的塔式起重机应安装断绳保护及断轴保护装置，并应符合规范要求；

b. 行走及小车变幅的轨道行程末端应安装缓冲器及止挡装置,并应符合规范要求;

c. 起重臂根部铰点高度大于 50 m 的塔式起重机应安装风速仪,并应灵敏可靠;

d. 当塔式起重机顶部高度大于 30 m 且高于周围建筑物时,应安装障碍指示灯。

④吊钩、滑轮、卷筒与钢丝绳:

a. 吊钩应安装钢丝绳防脱钩装置并应完整可靠,吊钩的磨损、变形应在规定允许范围内;

b. 滑轮、卷筒应安装钢丝绳防脱装置并应完整可靠,滑轮、卷筒的磨损应在规定允许范围内;

c. 钢丝绳的磨损、变形、锈蚀应在规定允许范围内,钢丝绳的规格、固定、缠绕应符合说明书及规范要求。

⑤多塔作业:

a. 多塔作业应制定专项施工方案并经过审批;

b. 任意两台塔式起重机之间的最小架设距离应符合规范要求。

⑥安拆、验收与使用:

a. 安装、拆卸单位应具有起重设备安装工程专业承包资质和安全生产许可证;

b. 安装、拆卸应制定专项施工方案,并经过审核、审批;

c. 安装完毕应履行验收程序,验收表格应由责任人签字确认;

d. 安装、拆卸作业人员及司机、指挥应持证上岗;

e. 塔式起重机作业前应按规定进行例行检查,并应填写检查记录;

f. 实行多班作业、应按规定填写交接班记录。

(2)一般项目

①附着:

a. 当塔式起重机高度超过产品说明书规定时,应安装附着装置,附着装置安装应符合产品说明书及规范要求;

b. 当附着装置的水平距离不能满足产品说明书要求时,应进行设计计算和审批;

c. 安装内爬式塔式起重机的建筑承载结构应进行受力计算;

d. 附着前和附着后塔身垂直度应符合规范要求。

②基础与轨道:

a. 塔式起重机基础应按产品说明书及有关规定进行设计、检测和验收;

b. 基础应设置排水措施;

c. 路基箱或枕木铺设应符合产品说明书及规范要求;

d. 轨道铺设应符合产品说明书及规范要求。

③结构设施:

a. 主要结构件的变形、锈蚀应在规范允许范围内;

b. 平台、走道、梯子、护栏的设置应符合规范要求;

c. 高强螺栓、销轴、紧固件的紧固、连接应符合规范要求,高强螺栓应使用力矩扳手或专用工具紧固。

④电气安全:

a. 塔式起重机应采用 TN-S 接零保护系统供电;

b. 塔式起重机与架空线路的安全距离和防护措施应符合规范要求;

c. 塔式起重机应安装避雷接地装置,并应符合规范要求。

（3）电缆的使用及固定应符合规范要求

塔式起重机安全检查评分表见表3.4.1。

表3.4.1　塔式起重机安全检查表

序号	检查项目		扣分标准	应得分数	扣减分数	实得分数
1	保证项目	载荷限制装置	未安装起重量限制器或不灵敏,扣10分; 未安装力矩限制器或不灵敏,扣10分	10		
2		行程限位装置	未安装起升高度限位器或不灵敏,扣10分; 起升高度限位器的安全越程不符合规范要求,扣6分; 未安装幅度限位器或不灵敏,扣10分; 回转不设集电器的塔式起重机未安装回转限位器或不灵敏,扣6分; 行走式塔式起重机未安装行走限位器或不灵敏,扣10分	10		
3		保护装置	小车变幅的塔式起重机未安装断绳保护及断轴保护装置,扣8分; 行走及小车变幅的轨道行程末端未安装缓冲器及止挡装置或不符合规范要求,扣4~8分; 起重臂根部绞点高度大于50 m的塔式起重机未安装风速仪或不灵敏,扣4分; 塔式起重机顶部高度大于30 m且高于周围建筑物未安装障碍指示灯,扣4分	10		
4		吊钩、滑轮、卷筒与钢丝绳	吊钩未安装钢丝绳防脱钩装置或不符合规范要求,扣10分; 吊钩磨损、变形达到报废标准,扣10分; 滑轮、卷筒未安装钢丝绳防脱装置或不符合规范要求,扣4分; 滑轮及卷筒磨损达到报废标准,扣10分; 钢丝绳磨损、变形、锈蚀达到报废标准,扣10分; 钢丝绳的规格、固定、缠绕不符合产品说明书及规范要求,扣5~10分	10		
5		多塔作业	多塔作业未制定专项施工方案扣或施工方案未经审批,扣10分; 任意两台塔式起重机之间的最小架设距离不符合规范要求,扣10分	10		
6		安拆、验收与使用	安装、拆卸单位未取得专业承包资质和安全生产许可证,扣10分; 未制定安装、拆卸专项方案,扣10分; 方案未经审核、审批,扣10分; 未履行验收程序或验收表未经责任人签字,扣5~10分; 安装、拆除人员及司机、指挥未持证上岗,扣10分; 塔式起重机作业前未按规定进行例行检查,未填写检查记录,扣4分; 实行多班作业未按规定填写交接班记录,扣3分	10		
小计				60		

续表

序号	检查项目		扣分标准	应得分数	扣减分数	实得分数
7	一般项目	附着	塔式起重机高度超过规定未安装附着装置,扣10分; 附着装置水平距离不满足产品说明书要求,未进行设计计算和审批,扣8分; 安装内爬式塔式起重机的建筑承载结构未进行承载力验算,扣8分; 附着装置安装不符合产品说明书及规范要求,扣5~10分; 附着前和附着后塔身垂直度不符合规范要求,扣10分	10		
8		基础与轨道	塔式起重机基础未按产品说明书及有关规定设计、检测、验收,扣5~10分; 基础未设置排水措施,扣4分; 路基箱或枕木铺设不符合产品说明书及规范要求,扣6分; 轨道铺设不符合产品说明书及规范要求,扣6分	10		
9		结构设施	主要结构件的变形、锈蚀不符合规范要求,扣10分; 平台、走道、梯子、栏杆的设置不符合规范要求,扣4~8分; 高强螺栓、销轴、紧固件的紧固、连接不符合规范要求,扣5~10分	10		
10		电气安全	未采用TN-S接零保护系统供电,扣10分; 塔式起重机与架空线路安全距离不符合规范要求,未采取防护措施,扣10分; 防护措施不符合要求,扣5分; 未安装避雷接地装置,扣10分; 避雷接地装置不符合规范要求,扣5分; 电缆使用及固定不符合规范要求,扣5分	10		
小计				40		
检查项目合计				100		

2)塔式起重机常见安全隐患及整改
(1)作业环境与外观类隐患

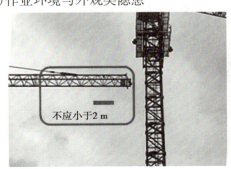

图 3.4.4 两台塔机之间的最小架设距离不符合要求

①隐患:左图为处于低位的塔机的臂架端部与另一台塔机的塔身之间的距离不足2 m,右图为两塔机运行干涉,垂直距离不足2 m。

违反条款:《塔式起重机安全规程》(GB 5144—2006)

10.5 两台塔机之间的最小架设距离应保证处于低位塔机的起重臂端部与另一台塔机的塔身之间至少有2 m的距离;处于高位塔机的最低位置的部件(吊钩升至最高点或平衡重的最低部位)与低位塔机中处于最高位置部件之间的垂直距离不应小于2 m。

②隐患:未设置休息平台。

违反条款:《塔式起重机安全规程》(GB 5144—2006)

4.4.6 除快装式塔机外,当梯子高度超过10 m时应设置休息小平台。

图3.4.5 未设置休息平台

解析:当梯子高度超过10 m时,应设置休息平台,第一个平台应设置在不超过12.5 m高度处,以后每隔10 m内设置一个休息平台,以保证作业人员有安全的休息条件。

③隐患:垂直度超标。

违反条款:《塔式起重机》(GB/T 5031—2019)

5.2.4 空载、风速不大于3 m/s状态下,独立状态塔身(或附着状态下最高附着点以上塔身)轴心线的侧向垂直度误差不大于0.4%,最高附着点以下塔身轴心线的垂直度误差不大于0.2%。

图3.4.6 垂直度超标

解析:塔身垂直度偏差过大,导致塔身标准节承受附加弯矩,结构件应力显著增加,造成结构失效塔机倾覆事故。日常使用过程中应加强对于塔吊垂直度情况的观测,及时发现并调整垂直度偏差问题。

④隐患:塔机与输电线安全距离不足,且未做有效防护。

违反条款:《塔式起重机安全规程》(GB 5144—2006)

10.4 有架空输电线的场合,塔机的任何部位与输电线的安全距离,应符合附表的规定。

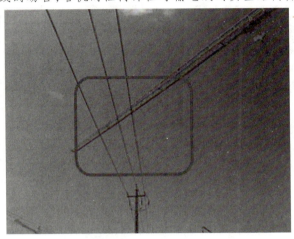

图 3.4.7　塔机与输电线安全距离不足

解析:塔机在安装前,应采取技术手段、措施,避免塔机任何部位与架空输电线路存在立体交叉。若因各方条件限制确实无法避免,必须保证塔机任何部位或被吊物边缘与输电线的安全距离,并应符合表 3.4.2 规定,以避免塔机结构进入输电线的危险区。

表 3.4.2　塔机/被吊物边缘与输电线的安全距离

安全距离/m	<1	1~15	20~40	60~110	220
沿垂直方向电压/kV	1.5	3.0	4.0	5.0	6.0
沿水平方向电压/kV	1.0	1.5	2.0	4.0	6.0

(2)金属结构及防护类隐患

①隐患:起重臂斜腹杆出现可见焊缝裂纹。

违反条款:《建筑施工塔式起重机安装、使用、拆卸安全技术规程》(JGJ 196—2010)

2.0.15 塔式起重机在安装前和使用过程中,应按相关规定进行检查,发现有下列情况之一的,不得安装和使用:

1 结构件上有可见裂纹和严重锈蚀的;

2 主要受力构件存在塑性变形的;

3 连接件存在严重磨损和塑性变形的,……。

图3.4.8　起重臂斜腹杆出现可见焊缝裂纹

解析:安装后的塔机主要结构件不应出现目视可见的结构裂纹、焊缝裂纹及母材严重锈蚀,起重臂斜腹杆焊缝裂纹及锈蚀会导致局部钢结构强度明显降低,严重时会出现折臂事故。

图3.4.9　防脱槽装置缺失或失效致钢丝绳脱槽导致滑轮轴局部严重磨损

②隐患:防脱槽装置缺失或失效致钢丝绳脱槽导致滑轮轴局部严重磨损。

违反条款:《塔式起重机安全规程》(GB 5144—2006)

5.4.5 卷筒和滑轮有下列情况之一的应予以报废:

a)裂纹或轮缘破损;

b)卷筒壁磨损量达原壁厚的10%;

c)滑轮绳槽壁厚磨损量达原壁厚的20%;

d)滑轮槽底的磨损量超过相应钢丝绳直径的25%。

解析:安装后的塔机主要结构件不得出现连接件轴、孔严重磨损,图中滑轮轴磨损的出现,与日常检查不到位、滑轮钢丝绳脱槽后持续运行,造成钢丝绳磨损轮轴有关。严重时会出现轮轴断开、突然卸载,可能由此发生塔机的倾覆。

③隐患:塔顶主肢局部严重锈蚀。

违反条款:《建筑施工塔式起重机安装、使用、拆卸安全技术规程》(JGJ196—2010)

2.0.15塔式起重机在安装前和使用过程中,应按相关规定进行检查,发现有下列情况之一的,不得安装和使用:1结构件上有可见裂纹和严重锈蚀的,……。

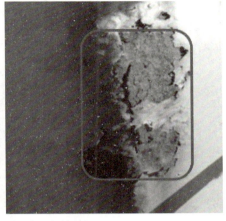

图3.4.10　塔顶主肢局部严重锈蚀

解析:安装后的塔机不得出现结构件母材严重锈蚀。生锈腐蚀将会引起构件截面减小,承载力下降。另外,锈蚀在影响安全性的同时,也将严重影响钢结构的耐久性。

④隐患:塔身内部直梯边梁、踏杆开裂。

违反条款:《建筑施工现场塔式起重机安装质量检验技术规程》(DBJ/T 14—098—2013)

3.4.5防护装置:1.直梯:塔身内部和塔顶应设置直梯,直梯边梁、踏杆应完好,不得有明显的塑性变形,连接应牢固、可靠。……

图3.4.11　塔身内部直梯踏杆开裂

解析:塔身内部和塔顶应设置直梯应完好、连接牢靠,便于操作人员、维保人员上下攀爬,保证其安全。

(3)起升机构类隐患

①隐患:吊钩无钢丝绳防脱装置。

违反条款:《建筑施工塔式起重机安装、使用、拆卸安全技术规程》(JGJ 196—2010)

图 3.4.12　吊钩无钢丝绳防脱装置

3.5 滑轮、卷筒均应设有钢丝绳防脱装置;吊钩应设有钢丝绳防脱钩装置。

解析:吊钩应有标记和防钢丝绳脱钩装置,不允许使用铸造吊钩。防脱装置不起作用可能造成吊钩在高档启动过程中出现急停时,钢丝绳易从吊钩中滑出,引起吊载坠落,严重时会发生塔机倾覆事故。

②隐患:图 3.4.13 左为起升钢丝绳局部压扁;图 3.4.13 右为起升钢丝绳波浪形。

违反条款:《建筑施工现场塔式起重机安装质量检验技术规程》(DBJ/T 14—098—2013)

3.5.2 钢丝绳:……,5. 钢丝绳不应有扭结、压扁、弯折、断股、笼状畸变、断芯等变形现象。

图 3.4.13　钢丝绳变形

解析:钢丝绳不应有扭结、压扁、弯折、断股、笼状畸变、断芯等变形现象。钢丝绳的扁平、波浪区段经过滑轮时,会加速钢丝绳劣化并出现断丝,应对钢丝绳做报废处理。

③隐患:滑轮轮缘破损。

违反条款:《建筑施工塔式起重机安装、使用、拆卸安全技术规程》(JGJ 196—2010)

3.4 滑轮有下列情况之一的应予以报废：

1 裂纹或轮缘破损；

2 轮槽不均匀磨损达 3 mm；

3 滑轮绳槽壁厚磨损量达原壁厚的 20%；

4 铸造滑轮槽底磨损达钢丝绳原直径的 30%；焊接滑轮槽底磨损达钢丝绳原直径的 15%。

图 3.4.14 滑轮轮缘破损

解析：滑轮应转动良好，不应出现裂纹、轮缘破损等损伤钢丝绳的缺陷。轮缘破损可能会造成钢丝绳的磨损，以及轮缘距离钢丝绳防脱装置的间隙增加，造成钢丝绳脱槽。

3.4.4 物体打击事故急救措施

物体打击
事故现场救护

1）物体打击事故预防措施

①对作业人员进行岗前安全培训，现场施工中应安排专职安全员进行监督警戒，要求作业人员按相关安全技术规程进行作业，严禁违章指违章操作，上传下递物件应有应答机制，禁止抛投。使每个作业人员在思想上、行动上做好安全防范。

②现场设立安全警示标识，危险区必须悬挂"必须戴安全帽""必须挂安全带""小心坠落"和"当心落石"等标志，高处作业平台周围应设置坚固、醒目的安全围栏，栏杆杆件的规格及连接要求等应遵守有关规定。

③应在规定的安全通道内出入和上下，不得在非规定通道位置行走。必须进行交叉作业时要做好安全预防措施。临时设施的不得使用石棉瓦作盖顶。

④施工作业的常用工具必须放在工具袋内，物料传递不准往下或向上乱抛材料和工具等物件。所有物料应堆放平稳，不得放在临边及洞口附近，并不可妨碍通行。

⑤拆除或拆卸作业要在设置警戒区域、有人监护的条件下进行。

⑥高处拆除作业时，对拆卸下的物料、建筑垃圾要及时清理和运走，不得在走道上任意乱放或向下丢弃。

2）物体打击事故急救措施

当发生物体打击事故后，抢救的重点放在对颅脑损伤、胸部骨折和出血上进行处理。

①发生物体打击事故,应马上组织抢救伤者脱离危险现场,以免再发生损伤。

②在移动昏迷的颅脑损伤伤员时,应保持头、颈、胸在一直线上,不能任意旋曲。若伴颈椎骨折,更应避免头颈的摆动,以防引起颈部血管神经及脊髓的附加损伤。

③观察伤者的受伤情况、受伤部位、伤害性质,如伤员发生休克,应先处理休克。遇呼吸、心跳停止者,应立即进行人工呼吸,胸外心脏按压。处于休克状态的伤员要让其安静、保暖、平卧、少动,并将下肢抬高约20°,尽快送医院进行抢救治疗。

④出现颅脑损伤,必须维持呼吸道通畅。昏迷者应平卧,面部转向一侧,以防舌根下坠或分泌物、呕吐物吸入,发生喉阻塞。有骨折者,应初步固定后再搬运。

遇有凹陷骨折、严重的颅底骨折及严重的脑损伤症状出现,创伤处用消毒的纱布或清洁布等覆盖伤口,用绷带或布条包扎后,及时送就近有条件的医院治疗。

⑤防止伤口污染。在现场,相对清洁的伤口,可用浸有双氧水的敷料包扎;污染较重的伤口,可简单清除伤口表面异物,剪除伤口周围的毛发,但切勿拔出创口内的毛发及异物、凝血块或碎骨片等,再用浸有双氧水或抗生素的敷料覆盖包扎创口。

⑥在运送伤员到医院就医时,昏迷伤员应侧卧位或仰卧偏头,以防止呕吐后误吸。对烦躁不安者可因地制宜地予以手足约束,以防伤及开放伤口。脊柱有骨折者应用硬板担架运送,勿使脊柱扭曲,以防途中颠簸使脊柱骨折或脱位加重,造成或加重脊髓损伤。

【技能实践】

知识拓展:
项目3.4

实训项目:塔式起重机安全检查

1. 实训目标

掌握塔式起重机的安全检查要点、完成塔式起重机的安全检查。

2. 实训准备

①将班级学生有效分成若干小组,考虑优秀学生集中和差生集中的现象,兼顾男女协作,设置组长一名,并按照案例需要进行分工。

②找寻实际施工现场或模拟实际施工现场场景的塔吊,对现场安全文明施工进行安全检查评分。

③评价标准突出学生的实际表现、专业技能、团结协作和应急问题处理等方面的能力。

3. 实训内容

①针对实际施工现场或模拟场景中的塔式起重机进行安全检查并评分,然后汇报相关情况。

②每位学生均应根据塔式起重机的现场情况进行安全检查,完成安全检查表相应的评分。塔式起重机安全检查表如表3.4.1所示。

【阅读与思考】

神山医院10天建成,看中国速度背后的工程机械

2020年初,一场突袭的新型冠状病毒感染疫情牵动着所有人的心,任务发布以来,武汉火神山和雷神山两座医院就投入了紧锣密鼓的建设当中。2月2日,火神山医院正式交付。

两座专科医院的建设，自然是离不开众多的工程机械。根据官方的数据，参与到两座医院建设当中的机械车辆不下数百台。而"云监工"们在关注医院建设进度的同时，也给这些工程机械起了不少形象而又生动的昵称。比如像叉酱、铲酱、呕泥酱、蓝忘机、大黄、小黄、小小黄等等。

10天建成一座医院的"中国速度"，体现的是我们强大的组织动员能力、强大的工程能力。对抗疫情、对抗天灾、对抗恶劣的自然环境，"基建狂魔"不会向任何困难低头，因为我们有最卓越的工程技术人员，也有越来越强大的中国机械力量。今天就带大家看一下中国速度背后的工程机械。

（1）起重机

起重机是指在一定范围内垂直提升和水平搬运重物的多动作起重机械。又称天车，航吊，吊车。

在火神山医院建设施工的过程中，起重机的作用不言而喻。各种重物或材料的提升、搬运、取料，没有起重机是难以完成的。

（2）叉车

叉车在火神山医院的建设中，主要用途是水平搬运、堆垛/取货、装货/卸货。在施工现场，有很多材料需要转移、搬运，如板房的墙板、水泥、钢材等。利用叉车来搬运或是装货、卸货，就大大提高了施工效率。

（3）压路机、挖掘机

压路机和挖掘机，大家都知道这两种机械的重要性和必要性。要去开垦一片空地来修筑医院，挖掘机首先上场，其次，再派出压路机平整地面，一块可以开始进行施工的土地才算处理好。所以压路机和挖掘机是施工必不可少的基础设备。

除了上述的各种用于火神医院建设的工程机械外，还有许多其他机械也起着举足轻重的作用。例如，电焊工作组、混凝土搅拌机、推土机等，如图3.4.15所示。

图3.4.15　机械施工现场

在"两山"医院等建设项目中，许多来自中国自己的机械设备开足马力，穿梭于抗疫一线，为全国抗击疫情扩建生命救援通道。作为中国工程机械行业的排头兵，徐工集团自疫情发生以来，共有300多台工程机械设备参与其中。这些成果很大程度上得益于汉云工业互联网的"云监工"的作用，以及智能化生产线带来的效率增长。

随着"中国智造"概念的出现，不只徐工集团，其他的中国工程机械制造企业也走上了智能化升级之路，在研发设计、生产制造、物流仓储、产品服务等多个环节采用了更多的智能化新科技。

【安全小测试】

1. 在吊物荷载达到额定载荷的90%时，应先将吊物吊离地面（　　）mm，检查机械状况、制动性能、物件绑扎情况等，确认无误后方可起吊。对有晃动的物件，必须拴拉溜绳使之稳固。

A. 200～500　　　　　　B. 300～600　　　　　C. 200～300　　　　　D. 900～1 000

2. 塔式起重机拆卸前应检查的项目：主要（　　）、回转机构、变幅机构、顶升机构等。发现隐患应采取措施，解决后方可进行拆卸作业。

  A.结构件　　　　B.连接件　　　　C.电气系统　　　　D.起升机构

3.当多台塔式起重机在同一施工现场交叉作业时,低位塔式起重机的起重臂端部与另一台塔式起重机的塔身之间的距离不得小于( )m

  A.2　　　　B.3　　　　C.4　　　　D.5

4.在塔式起重机的安装、使用及拆卸阶段,进入现场的作业人员必须( )等防护用品,无关人员严禁进入作业区域内。在安装、拆卸作业期间,应设立警戒区。

  A.佩戴安全帽　　B.防滑鞋　　　　C.安全带　　　　D.手套

项目 3.5　施工升降机安全技术与管理

【导入】

2012年9月13日,武汉"东湖景区"项目一台升降机在上升过程中突然失控,升降机自由落体直坠地面,导致19人死亡。

2013年8月16日,江苏常州某工程10#楼施工升降机北侧吊笼在上升过程中发生坠落,导致吊笼内5名工人受伤,送医院抢救无效死亡。

2019年4月25日,河北衡水翡翠华庭模块一号楼建筑工地,发生一起施工升降机轿厢坠落的重大事故,造成11人死亡、2人受伤,直接经济损失约1800万元。

2020年5月16日,玉林市凤凰城五期A1标段5号楼施工升降机发生高空坠落较大事故,导致施工升降机吊笼内的6名工人死亡。

2020年5月19日,包头市中海河山郡施工二标段2号楼项目发生施工升降机吊笼坠落事故,造成3人死亡。

施工升降机频频出现高空坠落较大甚至重大事故,为现场安全管理敲响警钟。那么,作为现场安全员,我们应该采取哪些措施去防范事故的发生呢?

【理论基础】

施工升降机,又叫建筑用施工电梯,是建筑中经常使用的载人载货施工机械,主要用于高层、超高层建筑中,是经常使用的载人载货施工机械,在工地上通常与塔吊配合使用。由于其箱体结构独特,施工人员感到安全舒适。工作原理是液压油由叶片泵形成压力,经过其他组成部分进入液缸下端,使液缸的活塞向上运动,以此提升重物。

3.5.1　施工升降机使用安全准备

1)方案准备

施工升降机安装作业前,安装单位应编制施工升降机安装、拆卸工程专项施工方案,由安装单位技术负责人批准后,报送施工总承包单位或使用单位、监理单位审核,并告知工程所在地县级以上建设行政主管部门。

施工升降机安装、拆卸工程专项施工方案应根据使用说明书的要求、作业场地及周边环境的实际情况、施工升降机使用要求等编制。

当安装、拆卸过程中专项施工方案发生变更时,应按程序重新对方案进行审批,未经审批不得继续进行安装、拆卸作业。

施工升降机安装、拆卸工程专项施工方案包括以下内容：

①工程概况。

②编制依据。

③作业人员组织和职责。

④施工升降机安装位置平面、立面图和安装作业范围平面图。

⑤施工升降机技术参数、主要零部件外形尺寸和重量。

⑥辅助起重设备的种类、型号、性能及位置安排。

⑦吊索具的配置、安装与拆卸工具及仪器。

⑧安装、拆卸步骤与方法。

⑨安全技术措施。

⑩安全应急预案。

2）人员准备

施工升降机安装、拆卸项目应配备与承担项目相适应的专业安装作业人员以及技术人员。施工升降机的安装拆卸工、电工、司机等应具有建筑施工特种作业操作资格证书，不得无证操作。做到"人员有证，证件有效，人证合一"。

3）机械准备

施工升降机应具有特种设备制造许可证、产品合格证、使用说明书、起重机械制造监督检验证书，并已在产权单位工商注册所在地县级以上建设行政主管部门备案登记。

施工升降机的类型、型号和数量应能满足施工现场货物尺寸、运载重量、运载频率和使用高度等方面的要求。

4）管理要求

（1）签订合同、明确责任

施工升降机使用单位应与安装单位签订施工升降机安装、拆卸合同，明确双方的安全生产责任。实行施工总承包的，施工总承包单位应与安装单位签订施工升降机安装、拆卸工程安全协议书。

（2）严格审核、规范管理

①施工总承包单位在施工升降机安装、使用前应做好以下工作：

a. 向安装单位提供拟安装设备位置的基础施工资料，确保施工升降机进场安装所需的施工条件；

b. 审核施工升降机的特种设备制造许可证、产品合格证、起重机械制造监督检验证书、备案证明等文件；

c. 审核施工升降机安装单位、使用单位的资质证书、安全生产许可证和特种作业人员的特种作业操作资格证书；

d. 审核安装单位制定的施工升降机安装、拆卸工程专项施工方案；

e. 审核使用单位制定的施工升降机安全应急预案；

f. 指定专职安全生产管理人员监督检查施工升降机安装、使用、拆卸情况。

②监理单位进行的工作应包括下列内容：

a. 审核施工升降机特种设备制造许可证、产品合格证、起重机械制造监督检验证书、备案证明等文件；

b. 审核施工升降机安装单位、使用单位的资质证书、安全生产许可证和特种作业人员的特种作业操作资格证书；

c. 审核施工升降机安装、拆卸工程专项施工方案；

d. 监督安装单位对施工升降机安装、拆卸工程专项施工方案的执行情况；

e. 监督检查施工升降机的使用情况；

f. 发现存在生产安全事故隐患的，应要求安装单位、使用单位限期整改；对安装单位、使用单位拒不整改的，应及时向建设单位报告。

（3）技术交底，资料备查

使用单位应对施工升降机司机进行书面安全技术交底，交底资料应留存备查。

3.5.2　施工升降机安全技术措施

施工升降机
安全技术措施

1）施工升降机常见事故隐患

由于施工升降机是一种危险性较大的设备，易导致重大伤亡事故。常见的事故隐患及其产生的原因如下：

①施工升降机的装拆方面。

a. 将施工升降机的装拆作业发包给无相应资质的队伍或个人，或者装拆单位虽有相应资质，但由于业务量多、人手不足，盲目装拆，造成施工升降机的装拆质量和安全运行存在很大的安全隐患。

b. 不按施工升降机装拆方案施工或根本无装拆方案，或虽有方案但无针对性，装拆过程中无专人指挥，拆装作业无序进行，危险性大。

c. 施工升降机完成安装作业后即投入使用，不履行相关的验收手续和必经的试验程序，甚至不向当地建设行政主管部门指定的专业检测机构申报检测。

d. 装拆人员未经专业培训即上岗作业。

e. 装拆作业前未进行详细的、有针对性的安全技术交底，作业时又缺乏必要的监护措施，现场违章作业随处可见，极易发生高处坠落、落物伤人等重大事故。

②安全装置装设不当甚至不装，吊笼在运行过程中一旦发生故障，安全装置无法发挥作用。

③楼层门设置不符合要求，层门净高偏低，造成运料人员把头伸出门外观察吊笼运行情况时发生恶性伤亡事故。

④施工升降机司机未持证上岗，遇到意外情况不能妥善处理，酿成事故。

⑤不按升降机额定荷载控制人员数量和物料重量，升降机长期处于超载运行状态，导致吊笼及其他受力部件变形。

⑥限速器未按规定进行每3个月1次的坠落试验，一旦吊笼下坠失速，限速器失灵。

⑦金属结构和电气金属外壳不接地或接地不符合安全要求，悬挂配重的钢丝绳安全系数不够，电气装置不设置相序和断电保护器等都是施工升降机使用过程中常见的事故通病。

2）施工升降机安装与拆卸技术规范

①每次安装与拆卸作业之前,施工单位均应根据施工现场工作环境及辅助设备情况编制安装拆卸方案,经技术负责人审批同意后方能实施。

②每次安装或拆除作业之前,作业人员应持相应的资格证书上岗,对作业人员按不同的工种和作业内容进行详细的技术、安全交底。

③升降机的装拆作业必须由具有起重设备安装专业承包资质的施工企业实施。

④每次安装升降机后,施工企业应当组织有关职能部门和专业人员对升降机进行必要的试验和验收。确认合格后向当地建设行政主管部门认定的检测机构申报,经专业检测机构检测合格后,才能正式投入使用。

⑤施工升降机在安装作业前,应对升降机的各部件进行如下检查:

a.导轨架、吊笼等金属结构的成套性和完好性。

b.传动系统的齿轮、限速器的安装质量。

c.电气设备主电路和控制电路是否符合国家规定的产品标准。

d.基础位置和做法是否符合该产品的设计要求。

e.附墙架设置处的混凝土强度和螺栓孔是否符合安装条件。

f.各安全装置是否齐全,安装位置是否正确牢固,各限位开关动作是否灵敏、可靠。

g.升降机安装作业环境有无影响作业安全的因素。

⑥安装作业应严格按照预先制定的安装方案和施工工艺要求实施,安装过程中有专人统一指挥,划出警戒区域,并有专人监控。

⑦安装与拆卸作业宜在白天进行,遇恶劣天气时应停止作业。

⑧作业人员施工时应按高处作业的要求,系好安全带。

⑨拆卸时,物件严禁从高处向下抛掷。

3）施工升降机安全使用要求

①升降机安装后,应经企业技术负责人会同有关部门对基础和附壁支架,以及升降机架设安装的质量、精度等进行全面检查,并应按规定程序进行技术试验(包括坠落试验),经试验合格签证后,方可投入运行。

②升降机的防坠安全器在使用中不得随意拆检调整,需要拆检调整时或每用满1年后,均应由生产厂家或指定的认可单位进行调整、检修或鉴定。

③新安装或转移工地重新安装及经过大修后的升降机,在投入使用前,必须经过坠落试验。升降机在使用中每隔3个月均应进行一次坠落试验。试验程序应按说明书规定进行,当试验中梯笼坠落超过1.2 m制动距离时,应查明原因,并应调整防坠安全器。试验后及正常操作中每发生一次防坠动作,均必须对防坠安全器进行复位。

④作业前重点检查项目应符合下列要求:

a.各部结构无变形,连接螺栓无松动。

b.齿条与齿轮、导向轮与导轨均接合正常。

c.各部钢丝绳固定良好,无异常磨损。

d.运行范围内无障碍物。

⑤启动前,应检查并确认电缆、接地线完整无损,控制开关在零位。电源接通后,应检查并确认电压正常,应测试无漏电现象。试验并确认各限位装置、梯笼、围护门等处的电器联锁

装置良好可靠,电器仪表灵敏有效。启动后,应进行空载升降试验,测定各传动机构制动器的效能,确认正常后,方可开始作业。

⑥升降机在每班首次载重运行时,当梯笼升离地面 1~2 m 时,应停机试验制动器的可靠性;当发现制动效果不良时,调整或修复后方可运行。

⑦梯笼内乘人或载物时,应使载荷均匀分布,不得偏重,严禁超载运行。

⑧操作人员应根据指挥信号操作。作业前鸣声示意。在升降机未切断总电源开关前,操作人员不得离开操作岗位。

⑨当升降机运行中发现有异常情况时,应立即停机并采取有效措施将梯笼降到底层,排除故障后方可继续运行。在运行中发现电气失控时,应立即按下急停按钮;在未排除故障前,不得打开急停按钮。

⑩升降机在大雨、大雾、六级及以上大风,以及导轨架、电缆等结冰时,必须停止运行,并将梯笼降到底层,切断电源。暴风雨后,应对升降机各有关安全装置进行一次检查,确认正常后,方可运行。

⑪升降机运行到最上层或最下层时,严禁用行程限位开关作为停止运行的控制开关。

⑫当升降机在运行中由于断电或其他原因中途停止时,可进行手动下降:将电动机尾端制动电磁铁手动释放拉手缓缓向外拉出,使梯笼缓慢地向下滑行。梯笼下滑时,不得超过额定运行速度,手动下降必须由专业维修人员进行操纵。

⑬作业后,应将梯笼降到底层,各控制开关拨到零位,切断电源,锁好开关箱,闭锁梯笼门和围护门。

3.5.3 施工升降机安全检查与隐患整改

1)施工升降机日常检查

在每天开工前和每次换班前,施工升降机司机应按使用说明书及《施工升降机每日使用前检查表》的要求对施工升降机进行检查。对检查结果应进行记录,发现问题应向使用单位报告。

表 3.5.1 施工升降机每日使用前检查表

工程名称		工程地址	
使用单位		设备型号	
租赁单位		备案登记号	
检查日期	年 月 日		
检查结果代号说明	√=合格　○=整改后合格　×=不合格　无=无此项		

序号	检查项目	检查结果	备注
1	外电源箱总开关、总接触器正常		
2	地面防护围栏门及机电联锁正常		
3	吊笼、吊笼门和机电联锁操作正常		
4	吊笼顶紧急逃离门正常		
5	吊笼及对重通道无障碍物		

续表

6	钢丝绳连接、固定情况正常,各曳引钢丝绳松紧一致		
7	导轨架连接螺栓无松动、缺失		
8	导轨架及附墙架无异常移动		
9	齿轮、齿条啮合正常		
10	上、下限位开关正常		
11	极限限位开关正常		
12	电缆导向架正常		
13	制动器正常		
14	电机和变速箱无异常发热及噪声		
15	急停开关正常		
16	润滑油无泄漏		
17	警报系统正常		
18	地面防护围栏内及吊笼顶无杂物		
发现问题:		维修情况:	
司机签名:			

在使用期间,使用单位应每月组织专业技术人员按《施工升降机每月检查表》对施工升降机进行检查,并对检查结果进行记录。

表3.5.2 施工升降机每月检查表

设备型号				备案登记号		
工程名称				工程地址		
设备生产厂				出厂编号		
出厂日期				安装高度		
安装负责人				安装日期		
检查结果代号说明		√=合格　○=整改后合格　×=不合格　无=无此项				
名称	序号	检查项目	要求	检查结果	备注
标志	1	统一编号牌	应设置在规定位置		
	2	警示标志	吊笼内应有安全操作规程,操纵按钮及其他危险处应有醒目的警示标志,施工升降机应设限载和楼层标志		

续表

名称	序号	检查项目	要求		检查结果	备注
基础和维护设施	3	地面防护围栏门机电联锁保护装置	应装机电联锁装置,吊笼位于底部规定位置地面防护围栏门才能打开,地面防护围栏门开启后吊笼不能启动			
	4	地面防护围栏	基础上吊笼和对重升降通道周围应设置防护围栏,地面防护围栏高≥1.8 m			
	5	安全防护区	当施工升降机基础下方有施工作业区时,应加设对重坠落伤人的安全防护区及其安全防护措施			
	6	电缆收集筒	固定可靠,电缆能正确导入			
	7	缓冲弹簧	应完好			
金属结构件	8	金属结构件外观	无明显变形、脱焊、开裂和锈蚀			
	9	螺栓连接	紧固件安装准确,紧固可靠			
	10	销轴连接	销轴连接定位可靠			
	11	导轨架垂直度	架设高度 h(m)	垂直度偏差(mm)		
			$h \leqslant 70$	$\leqslant (1/1\,000)h$		
			$70 < h \leqslant 100$	$\leqslant 70$		
			$100 < h \leqslant 150$	$\leqslant 90$		
			$150 < h \leqslant 200$	$\leqslant 110$		
			$h > 200$	$\leqslant 130$		
			对钢丝绳式施工升降机,垂直度偏差应 $\leqslant (1.5/1\,000)h$			
吊笼及层门	12	紧急逃离门	应完好			
	13	吊笼顶部护栏	应完好			
	14	吊笼门	开启正常,机电联锁有效			
	15	层门	应完好			
传动及导向	16	防护装置	转动零部件的外露部分应有防护罩等防护装置			
	17	制动器	制动性能良好、手动松闸功能正常			
	18	齿轮齿条啮合	齿条应有90%以上的计算宽度参与啮合,且与齿轮的啮合侧隙应为0.2～0.5 mm			
	19	导向轮及背轮	连接及润滑应良好、导向灵活、无明显倾侧现象			
	20	润滑	无漏油现象			

名称	序号	检查项目	要求	检查结果	备注
附着装置	21	附墙架	应采用配套标准产品		
	22	附着间距	应符合使用说明书要求		
	23	自由端高度	应符合使用说明书要求		
	24	与构筑物连接	应牢固可靠		
安全装置	25	防坠安全器	应在有效标定期限内使用		
	26	防松绳开关	应有效		
	27	安全钩	应完好有效		
	28	上限位	安装位置:提升速度 $v<0.8$ m/s 时,留有上部安全距离应 ≥1.8(m);$v\geq0.8$ m/s 时,留有上部安全距离应 $\geq1.8+0.1v^2$(m)		
	29	上极限开关	极限开关应为非自动复位型,动作时能切断总电源,动作后须手动复位才能使吊笼启动		
	30	下限位	应完好有效		
	31	越程距离	上限位和上极限开关之间的越程距离应 ≥0.15 m		
	32	下极限开关	应完好有效		
	33	紧急逃离门安全开关	应有效		
	34	急停开关	应有效		
电气系统	35	绝缘电阻	电动机及电气元件(电子元器件部分除外)的对地绝缘电阻应 ≥0.5 MΩ;电气线路的对地绝缘电阻应 ≥1 MΩ		
	36	接地保护	电动机和电气设备金属外壳均应接地,接地电阻应 ≤4 Ω		
	37	失压、零位保护	应有效		
	38	电气线路	排列整齐,接地、零线分开		
	39	相序保护装置	应有效		
	40	通信联络装置	应有效		
	41	电缆与电缆导向	电缆完好无破损,电缆导向架按规定设置		

续表

名称	序号	检查项目	要求	检查结果	备注
对重和钢丝绳	42	钢丝绳	规格正确,且未达到报废标准		
	43	对重导轨	接缝平整、导向良好		
	44	钢丝绳端部固结	应固结可靠。绳卡规格应与绳径匹配,其数量不得少于 3 个,间距不小于绳径的 6 倍,滑鞍应放在受力一侧		
检查结论:					
			租赁单位检查人签字: 使用单位检查人签字: 日期: 年 月 日		

注意:当遇到可能影响施工升降机安全技术性能的自然灾害、发生设备事故或停工 6 个月以上时,应对施工升降机重新组织检查验收。

2)施工升降机全面检查评定

常规检查周期:

人货两用升降机,至少 6 个月一次全面检查;货用升降机,至少 12 个月一次全面检查;必须由专业人员进行检查,每次检查后还应确认下一次全面检查的时间。遇到以下异常情况需要及时进行全面检查:

①升降机更改或重要维修,包括承载部件的更换;

②使用过程中发生超载;

③出现结构性损伤;

④发生事故或险情。

根据《建筑施工安全检查标准》,施工升降机检查评定保证项目包括:安全装置、限位装置、防护设施、附墙架、钢丝绳、滑轮与对重、安拆、验收与使用 6 项内容。一般项目包括:导轨架、基础、电气安全、通信装置 4 项内容。

(1)保证项目的检查评定

①安全装置:

a.应安装起重量限制器,并应灵敏可靠;

b.应安装渐进式防坠安全器并应灵敏可靠,防坠安全器应在有效的标定期内使用;

c.对重钢丝绳应安装防松绳装置,并应灵敏可靠;

d.吊笼的控制装置应安装非自动复位型的急停开关,任何时候均可切断控制电路停止吊笼运行;

e.底架应安装吊笼和对重缓冲器,缓冲器应符合规范要求;

f.SC 型施工升降机应安装一对以上安全钩。

②限位装置：

a. 应安装非自动复位型极限开关并应灵敏可靠；

b. 应安装自动复位型上、下限位开关并应灵敏可靠，上、下限位开关安装位置应符合规范要求；

c. 上极限开关与上限位开关之间的安全越程不应小于 0.15 m；

d. 极限开关、限位开关应设置独立的触发元件；

e. 吊笼门应安装机电连锁装置，并应灵敏可靠；

f. 吊笼顶窗应安装电气安全开关，并应灵敏可靠。

③防护设施：

a. 吊笼和对重升降通道周围应安装地面防护围栏，防护围栏的安装高度、强度应符合规范要求，围栏门应安装机电连锁装置并应灵敏可靠；

b. 地面出入通道防护棚的搭设应符合规范要求；

c. 停层平台两侧应设置防护栏杆、挡脚板，平台脚手板应铺满、铺平；

d. 层门安装高度、强度应符合规范要求，并应定型化。

④附墙架：

a. 附墙架应采用配套标准产品，当附墙架不能满足施工现场要求时，应对附墙架另行设计，附墙架的设计应满足构件刚度、强度、稳定性等要求，制作应满足设计要求；

b. 附墙架与建筑结构连接方式、角度应符合产品说明书要求；

c. 附墙架间距、最高附着点以上导轨架的自由高度应符合产品说明书要求。

⑤钢丝绳、滑轮与对重：

a. 对重钢丝绳绳数不得少于 2 根且应相互独立；

b. 钢丝绳磨损、变形、锈蚀应在规范允许范围内；

c. 钢丝绳的规格、固定应符合产品说明书及规范要求；

d. 滑轮应安装钢丝绳防脱装置，并应符合规范要求；

e. 对重重量、固定应符合产品说明书要求；

f. 对重除导向轮或滑靴外应设有防脱轨保护装置。

⑥安拆、验收与使用：

a. 安装、拆卸单位应具有起重设备安装工程专业承包资质和安全生产许可证；

b. 安装、拆卸应制定专项施工方案，并经过审核、审批；

c. 安装完毕应履行验收程序，验收表格应由责任人签字确认；

d. 安装、拆卸作业人员及司机应持证上岗；

e. 施工升降机作业前应按规定进行例行检查，并填写检查记录；

f. 实行多班作业，应按规定填写交接班记录。

（2）一般项目的检查评定

①导轨架：

a. 导轨架垂直度应符合规范要求；

b. 标准节的质量应符合产品说明书及规范要求；

c. 对重导轨应符合规范要求；

d. 标准节连接螺栓使用应符合产品说明书及规范要求。

②基础：

a. 基础制作、验收应符合说明书及规范要求；

b. 基础设置在地下室顶板或楼面结构上时，应对其支承结构进行承载力验算；

c. 基础应设有排水设施。

③电气安全：

a. 施工升降机与架空线路的安全距离或防护措施应符合规范要求；

b. 电缆导向架设置应符合说明书及规范要求；

c. 施工升降机在其他避雷装置保护范围外应设置避雷装置，并应符合规范要求。

④通信装置：

施工升降机应安装楼层信号联络装置，并应清晰有效。

3）施工升降机使用中常见的事故隐患及整改要求

（1）地面通道上方无防护棚。

①事故隐患：在地面通道上方无防护棚（安全通道）的施工升降机现场，升降机司乘人员以及其他有关人员易遭受高空坠物的物体打击伤害。

②整改要求：按规定在施工升降机地面通道上方搭设防护棚。

③依据《施工升降机安全使用规程》（GB/T 34023—2017）

12.7.2 缺陷有即将导致严重伤人风险时的报告

如果缺陷有即将严重伤人的风险，应立即停止升降机的作业。专业人员应将此情况通报监管机构、使用单位和升降机供应单位，即使马上修复了缺陷也应这么做，否则将掩盖潜在的危险情况。收到报告的使用单位在缺陷修复之前不应使用该升降机。修复工作的记录应附于全面检查报告。

能导致上述风险的故障包括：

——吊笼/运载装置门或层门的门锁装置失效；

——安全装置失效；

——围栏或门不完善；

——电线电缆导体暴露；

——零部件严重磨损或偏移；

——结构件严重腐蚀或损伤；

——升降通道防护装置或层站入口保护装置缺失。

依据《施工升降机安装、使用、拆卸安全技术规程》（JGJ 215—2010）：

5.2.6 当建筑物超过 2 层时，施工升降机地面通道上方应搭设防护棚；当建筑物高度超过 24 m 时，应设置双层防护棚。

依据《建筑施工高处作业安全技术规范》（JGJ 80—2016）：

7.1.4 施工现场人员进出的通道口，应搭设安全防护棚。

（2）防护围栏门无机电联锁装置或失效

①事故隐患：防护围栏门无机电联锁装置（机械锁钩及电气联锁的限位开关）或机电联锁装置失效，易发生在吊笼运行过程中有人员或异物意外侵入吊笼下方（危险区域），导致人员受到物体打击或机械伤害等。

②整改要求：施工升降机围栏门应设置机械锁钩、电气联锁的限位开关，并保持持续有效。当吊笼位于底部或运行至规定的位置时才能打开，同时地面防护围栏门开启后吊笼不能

启动。

③依据《施工升降机安全使用规程》(GB/T 34023—2017)中12.7.2的规定。

(3)吊笼门及双开门电气联锁装置失效

①事故隐患:施工升降机的吊笼门、吊笼双开门电气联锁的限位开关损坏(限位开关杠杆滚轮缺失),易发生吊笼门、吊笼双开门未关闭,施工升降机就启动运行,造成司乘人员高处坠落或吊笼内坠物的意外事故。

②整改要求:若吊笼门、吊笼双开门电气联锁的限位开关损坏,应及时更换或修复,以保证吊笼在吊笼门、吊笼双开门关闭的状态下运行。

③依据《施工升降机安全使用规程》(GB/T 34023—2017)中12.7.2的规定。

(4)吊笼活动顶门电气联锁装置失效

①事故隐患:吊笼活动顶门(天窗)电气联锁的限位开关失效,会造成活动顶门(天窗)开启状态下吊笼运行,在吊笼顶部维修、保养作业的人员发生易高处坠落事故,吊笼内司乘人员易遭受高空坠物的物体打击伤害。

②整改要求:若吊笼活动顶门(天窗)电器联锁装置(限位开关)失效,应及时更换或修复,以保证吊笼在活动顶门(天窗)关闭状态下运行。

③依据《施工升降机安全使用规程》(GB/T 34023—2017)中12.7.2的规定。

(5)无层站门或层站门设置不规范

①事故隐患:无层站门或层站门设置不规范(未在吊笼停靠时随便可以启闭)或层站门损坏,升降机司乘人员易遭受高空坠物的物体打击伤害,层站门附近作业人员易发生高处坠落事故。

②整改要求:按规定设置层站门,确保层站门完好,且只能由升降机司机打开。

③依据《建筑施工升降机安装、使用、拆卸安全技术规程》(JGJ 215—2010):

5.2.25 层门门栓宜设置在靠施工升降机一侧,且层门应处于常闭状态;未经施工升降机司机许可,不得启闭层门。

《施工升降机安全使用规程》(GB/T 34023—2017)中12.7.2的规定。

《建筑施工高处作业安全技术规范》(JGJ 80—2016):

4.1.5 停层平台口应设置高度不低于1.80 m的楼层防护门,并应设置防外开装置。

(6)极限限位开关手柄的内伸长度不足

①事故隐患:极限限位开关手柄的内伸长度不足,在限位开关失效时,不足以触碰到标准节上的上/下限位挡板,无法及时切断电源而导致事故的发生。

②整改要求:极限限位开关作为施工升降机上行和下行的最后一道限位保护装置,手柄伸出梯笼的长度必须能触碰到标准节上的上/下限位挡板,确保能够及时断电。否则,应及时调整或更换手柄。

③依据《施工升降机安全使用规程》(GB/T 34023—2017)中12.7.2的规定。

(7)防坠安全器未按规定进行检测、标定

①事故隐患:未按规定检测、标定的防坠安全器,可能超过有效期或功能失效,一旦发生吊笼下坠失速,必将产生严重事故后果。

②整改要求:防坠安全器使用寿命为5年,必须每年检测标定一次。防坠安全器只能在有效的标定期限内使用,有效标定期限不应超过一年,每季度必须应进行1次1.25倍额定重量的超载试验,确保制动器性能安全可靠。使用中不得任意拆检调整。

③依据《施工升降机安装、使用、拆卸安全技术规程》(JGJ 215—2010)的规定。

(8)联墙附着杆件螺栓松动、脱落

①事故隐患:升降机联墙附着杆件螺栓松动、脱落,会导致导轨标准节连接失效,抵抗吊笼倾覆力矩和扭矩能力降低,甚至发生导轨整体倾覆、坍塌的严重事故。

②整改要求:每天开工前和每次换班前,施工升降机司机应按使用说明书及规程的要求检查施工升降机导轨架连接螺栓无松动、缺失,导轨架及附墙件无异常移动;发现松动,及时紧固,避免螺栓松动、脱落。

③依据《施工升降机安装、使用、拆卸安全技术规程》(JGJ 215—2010):

4.2.21 连接件和连接件之间的防松防脱件应符合使用说明书的规定,不得用其他物件代替。对有预紧力要求的连接螺栓,应使用扭力扳手或专用工具,按规定的拧紧次序将螺栓准确地紧固到规定的扭矩值。安装标准节连接螺栓时,宜螺杆在下,螺母在上。

(9)齿轮齿条啮合间隙过大或磨损严重

①事故隐患:齿轮齿条啮合间隙过大或磨损严重,都会使啮合面积减小而造成齿轮齿条强度降低,不仅吊笼在运行过程中噪声大、震动大,而且易发生断齿事故。

②整改要求:每天开工前和每次换班前,应按使用说明书要求,对齿轮齿条进行维护保养,齿条与齿轮、导向轮与导轨均接合正常,不应有冲击、振动、异响。若齿轮齿条间隙超过规定标准,应及时调整(齿轮齿条间隙一般为 0.2 ~ 0.5 mm),更换磨损严重的齿轮齿条。

③依据《施工升降机安全使用规程》(GB/T 34023—2017)中 12.7.2 的规定。

(10)导轨架垂直度偏差值超标准

①事故隐患:导轨架垂直度偏差值超标准,吊笼在运行过程中发生振动,吊笼对导轨架倾覆力矩和扭矩增大,严重时会导致导轨整体倾覆、坍塌的严重事故。

②整改要求:每次加节完毕后,应对施工升降机导轨架的垂直度进行校正;每月应对导轨架垂直度进行一次检查。

导轨架垂直度偏差(H 为导轨架高度、h 为规定偏差值):

$H \leqslant 70$ m 时,$h \leqslant (1/1\ 000)h(\text{mm})$;

70 m$<H \leqslant 100$ m 时,$h<70$ mm;

100 m$<H \leqslant 150$ m 时,$h<90$ mm;

150 m$<H \leqslant 200$ m 时,$h<110$ mm;

$H>200$ m 时,$h<130$ mm

③依据《施工升降机安装、使用、拆卸安全技术规程》(JGJ 215—2010):

4.2.18 导轨架安装时,应对施工升降机导轨架的垂直度进行测量校准。施工升降机导轨架安装垂直度偏差应符合使用说明书和表 4.2.18 的规定。

(11)未设置缓冲器或设置不符合要求

①事故隐患:底架上未设置缓冲器,或设置的缓冲器不符合要求,当吊笼发生"溜车"时,无法保证吊笼着地时柔性接触,易对司乘人员造成严重伤害。

②整改要求:缓冲器应齐全有效,每天开工前和每次换班前,应按使用说明书要求,对缓冲弹簧进行维护保养。每个吊笼对应的底架上有两个或三个圆锥卷弹簧或四个圆柱螺旋弹簧。

③依据《施工升降机安全使用规程》(GB/T 34023—2017)中 12.7.2 的规定。

（12）吊笼顶部护栏缺失

①事故隐患：吊笼顶部护栏缺失，当检修、保养人员在上边工作时易发生高处坠落事故。

②整改要求：吊笼顶部设有天窗和作为安装、拆卸、维修的平台及围栏，护栏上扶手应不低于 1.05 m，中间增设横杆，应完好无损。

③依据《建筑施工高处作业安全技术规范》（JGJ 80—2016）：

4.1.1 坠落高度基准面 2 m 及以上进行临边作业时，应在临空一侧设置防护栏杆。

依据《施工升降机安全使用规程》（GB/T 34023—2017）中 12.7.2 的规定。

高处坠落
现场应急救护

3.5.4 高处坠落事故现场救护

本节重点讲解高处坠落事故现场的伤员搬运急救措施，前面章节已经详细介绍的心肺复苏、止血包扎等，此处不再赘述。

1）搬运的原则及注意事项

①搬运伤员之前要检查伤员的生命体征和受伤部位、胸部有无外伤，特别是颈椎是否受到损伤。对疑有脊柱骨折的伤者，均应按脊柱骨折处理。脊柱受伤后，不要随意翻身、扭曲，否则将增加受伤脊柱的弯曲，使失去脊柱保护的脊髓受到挤压、伸拉的损伤，轻者造成截瘫，重者可因高位颈髓损伤呼吸功能丧失而立即死亡。

②必须妥善处理好伤员。首先要保持伤员的呼吸道的通畅，然后对伤员的受伤部位按技术操作规范进行止血、包扎、固定。处理得当后，方能搬动。

③在人员、担架等未准备妥当时，切忌搬运。搬运体重过重和神志不清的伤员时，要考虑全面，防止搬运途中发生坠落、摔伤等意外。

④在搬运过程中要随时观察伤员的病情变化。重点观察呼吸、神志等，注意保暖，但不要将头面部包盖太严，以免影响呼吸。一旦在途中发生紧急情况，如窒息、呼吸停止、抽搐时，应停止搬运，立即进行急救处理。

2）徒手搬运方法

（1）单人搬运法

①扶持法：

a.适于病情较轻、清醒、无骨折，能够站立行走的病人。

b.救护者站在伤者一侧，使病员一侧上肢绕过自己的颈部；用手抓住伤员的手，另一只手绕到伤员背后，搀扶行走。

②抱持法：

a.适于年幼、体轻无骨折、伤势不重者，是短距离搬运的最佳方法，如有脊柱或大腿骨折禁用此法。

b.救护者蹲在伤员的一侧，面向伤员，一只手放在伤员的大腿下，另一只手绕到伤员的背后，然后将其轻轻抱起。

③背负法：

a.适用老幼、体轻、清醒的伤者，更适用搬运溺水病人，如有胸部损伤，四肢、脊柱骨折不能用此法。

b.救护者背朝向伤员蹲下，让伤员将双臂从自己肩上伸到胸前，两手紧握；救护者抱其腿，慢慢站起。若病人卧于地，不能站立，救护员可躺在病员一侧，一手紧握伤员手，一手抱其腿，慢慢站起。

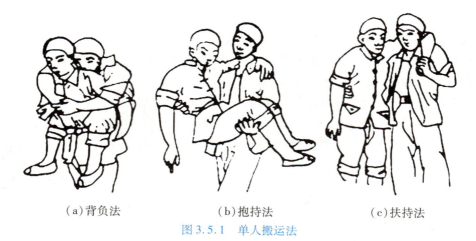

(a)背负法　　　　　　　(b)抱持法　　　　　　　(c)扶持法

图3.5.1　单人搬运法

(2)双人搬运法

①轿杠式：

a.适用于清醒的伤者。

b.两名救护者面对面各自用右手握住自己的左手腕,再用左手握住对方的右手腕,然后蹲下,将伤者两上肢分别放到两名救护者的颈后,再坐到相互握紧的手上。两名救护者同时站起,行走时同时迈出外侧的腿,保持步调一致。

②双人拉车式：

a.适用于意识不清的伤者。

b.两名救护者,一人站在伤者的背后将两手从伤者腋下插入,交叉于伤者胸前,把伤者抱在怀里,另一人反身站在伤者两腿中间将伤者两腿抬起,两名救护者一前一后地行走。

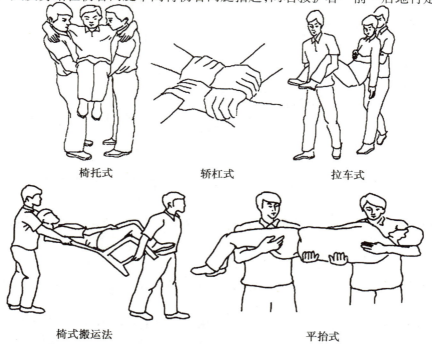

椅托式　　　　　　　轿杠式　　　　　　　拉车式

椅式搬运法　　　　　　　　　　　平抬式

图3.5.2　双人搬运法

（3）三人或多人搬运法

①适用于脊柱骨折的伤者。

②（同侧搬运）3～4名救护者站在伤员未受伤的一侧，同时单膝跪地，分别抱住伤员的头、颈、肩、背、臀、膝、踝部。同时站立，抬起伤员，齐步前进，以保持伤员躯干不被扭转或弯曲。

③（异侧搬运）4～6名救护者分别在伤员两侧，面对伤员，同时单膝跪地，分别抱住伤员的头、颈、肩、背、臀、膝、踝部，同时站立，抬起伤员。

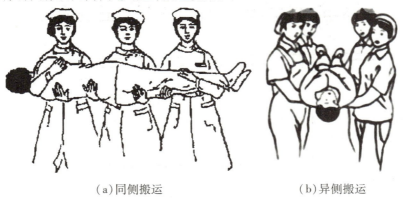

（a）同侧搬运　　　　　　　　（b）异侧搬运

图3.5.3　多人搬运法

3）担架搬运法

当伤员伤情重，如大腿、脊柱骨折，大出血或休克等情况时，就不能用徒手搬运法，要用担架搬运法。搬运伤员的担架可用专门准备的医用担架，也可就地取材，如用竹竿、绳子、衣服、毯子、木棍等绑扎成简易担架。把准备好的担架平放在底板上，两名抢救人员站在伤员的一侧，其中一个抱住伤员的颈部和背部，另一个抱住伤员的臀部和大腿，平稳地把伤员托起放在担架上。

当伤员的伤情很重或伤员身高体重较大时，三名抢救人员站在伤员同一位或两侧，一人抱住伤员的颈部和上背部，另一人抱住臀部和大腿，第三人托住腰和后背，动作一致而平稳地把伤员托起，放在担架上。对脊柱骨折的伤员搬运要特别小心，不可随便地搬动和翻运伤员，绝对不能用徒手法搬运伤员，一定要用木板担架抬运伤员，将伤员平稳地托起放在担架上，使伤员平卧，在腰部用衣服、棉花等垫好，然后用三四根细带或布带把伤员固定在木板担架上，以免在搬运过程中滚动或跌落，造成脊柱移位或扭转，刺伤血管和神经，使伤员下肢瘫痪。

4）搬运伤者的体位选择

①搬运意识不清或呕吐伤者时，宜采取平卧位或侧卧位，但头必须偏向一侧，以防止呕吐物窒息。

②搬运休克伤者时，要头低位，脚高位，严禁将伤者头部高高抬起。

③搬运上下肢骨折的伤者时，动作必须轻缓，禁止以粗鲁动作拉、抬患肢，以减轻伤者疼痛为原则。搬运途中禁止颠起伤者。保持伤者平稳、安全。

④搬运颈椎骨折的伤者时，必须在颈部可靠、固定下才能搬运。

⑤搬运腰椎骨折的伤者时，必须应用铲式担架，伤者采取平卧位。行进途中不可过快，绝对禁止颠起伤者。

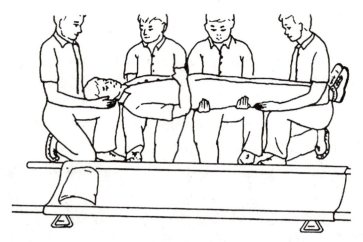

图 3.5.4　担架搬运法

⑥搬运腹壁缺损的开放伤的伤者,当伤者喊叫屏气时,肠管会脱出,让伤者采取仰卧屈曲下肢体位,防止腹腔脏器脱出。

⑦在排除颈部损伤后,对有意识障碍的伤者,可采用侧卧位。防止伤者在呕吐时,呕吐物吸入气管。伤者侧卧时,可在其颈部垫一枕头,保持中立位。

⑧对不能平卧位搬运的心衰伤者和仅有胸部损伤的伤者,可采用半卧位,以利于伤者呼吸。

⑨对胸壁广泛损伤,出现反常呼吸而严重缺氧的伤者,可以采用俯卧位,以压迫、限制反常呼吸。

⑩搬运左心衰、哮喘、呼吸困难、胸腔积液伤者时,必须采用坐位,严禁强行平放伤者。

【技能实践】

知识拓展:中联重科SC200

1. 实训目标

①掌握施工升降机的安全检查要点。

②会对施工升降机进行安全检查。

2. 实训准备

①小组准备。将班级学生有效分成若干小组,兼顾男女协作,设置组长一名,并按照案例需要进行分工。

②实训条件准备。根据虚拟的施工升降机施工现场场景,对照《施工升降机安全检查表》检查评分。

③实训任务书准备。评价标准突出学生的实际表现、专业技能、团结协作和应急问题处理等方面的能力。

3. 实训内容

根据虚拟的施工升降机施工现场场景,对照《施工升降机安全检查表》检查评分,然后汇报相关情况。

每位学生均应根据施工升降机的现场情况进行安全检查,完成安全检查表相应的评分。

表 3.5.3　施工升降机安全检查表

序号	检查项目		扣分标准	应得分数	扣减分数	实得分数
1	保证项目	安全装置	未安装起重量限制器或起重量限制器不灵敏,扣10分; 未安装渐进式防坠安全器或防坠安全器不灵敏,扣10分; 防坠安全器超过有效标定期限,扣10分; 对重钢丝绳未安装防松绳装置或防松绳装置不灵敏,扣5分; 未安装急停开关或急停开关不符合规范要求,扣5分; 未安装吊笼和对重缓冲器或对重缓冲器不符合规范要求,扣5分; SC型施工升降机未安装安全钩,扣10分	10		
2		限位装置	未安装极限开关或极限开关不灵敏,扣10分; 未安装上限位开关或上限位开关不灵敏,扣10分; 未安装下限位开关或下限位开关不灵敏,扣5分; 极限开关与上限位开关安全越程不符合规范要求,扣5分; 极限开关与上、下限位开关共用一个触发元件,扣5分; 未安装吊笼门机电连锁装置或不灵敏,扣10分; 未安装吊笼顶窗电气安全开关或不灵敏,扣5分	10		
3		防护设施	未设置地面防护围栏或设置不符合规范要求,扣5～10分; 未安装地面防护围栏门连锁保护装置或连锁保护装置不灵敏,扣5～8分; 未设置出入口防护棚或设置不符合规范要求,扣5～10分; 停层平台搭设不符合规范要求,扣5～8分; 未安装层门或层门不起作用,扣5～10分; 层门不符合规范要求、未达到定型化,每处扣2分	10		
4		附墙架	附墙架采用非配套标准产品未进行设计计算,扣10分; 附墙架与建筑结构连接方式、角度不符合产品说明书要求,扣5～10分; 附墙架间距、最高附着点以上导轨架的自由高度超过产品说明书要求,扣10分	10		
5		钢丝绳滑轮与对重	对重钢丝绳绳数少于2根或未相对独立,扣5分; 钢丝绳磨损、变形、锈蚀达到报废标准,扣10分; 钢丝绳的规格、固定不符合产品说明书及规范要求,扣10分; 滑轮未安装钢丝绳防脱装置或不符合规范要求,扣4分; 对重量、固定不符合产品说明书及规范要求,扣10分; 对重未安装防脱轨保护装置,扣5分	10		
6		安拆、验收与使用	安装、拆卸单位未取得专业承包资质和安全生产许可证,扣10分; 未编制安装、拆卸专项方案或专项方案未经审核、审批,扣10分; 未履行验收程序或验收表未经责任人签字,扣5～10分; 安装、拆除人员及司机未持证上岗,扣10分; 施工升降机作业前未按规定进行例行检查,未填写检查记录,扣4分; 实行多班作业未按规定填写交接班记录,扣3分	10		
小计				60		

259

续表

序号	检查项目		扣分标准	应得分数	扣减分数	实得分数
7	一般项目	导轨架	导轨架垂直度不符合规范要求,扣10分; 标准节质量不符合产品说明书及规范要求,扣10分; 对重导轨不符合规范要求,扣5分; 标准节连接螺栓使用不符合产品说明书及规范要求,扣5~8分	10		
8		基础	基础制作、验收不符合产品说明书及规范要求,扣5~10分; 基础设置在地下室顶板或楼面结构上,未对其支承结构进行承载力验算,扣10分; 基础未设置排水设施,扣4分	10		
9		电气安全	施工升降机与架空线路安全距离不符合规范要求,未采取防护措施,扣10分; 防护措施不符合规范要求,扣5分; 未设置电缆导向架或设置不符合规范要求,扣5分; 施工升降机在防雷保护范围以外未设置避雷装置,扣10分; 避雷装置不符合规范要求,扣5分	10		
10		通信装置	未安装楼层信号联络装置,扣10分; 楼层联络信号不清晰,扣5分	10		
小计				40		
检查项目合计				100		

4.实训评价

①小组互评。学生小组互评并提问点评。

②教师总结评价。教师就模拟的内容进行点评并总结重点内容。

【阅读与思考】

"大国工匠"百尺高空"穿针引线"　练就绝活创世界纪录

从事桥吊操作20多年来,竺士杰能在49 m高空中"穿针引线",创下每小时起吊185个自然箱的世界纪录;他敢为人先、开拓创新,自创"竺士杰桥吊操作法",显著提升了传统桥吊操作效率,帮助司机在40多米的高空"稳、准、快"地完成集装箱装卸作业;他言传身教,成立创新工作室,带领着一大批职工奋勇向前。由于出色的工作表现,竺士杰先后获得全国劳动模范、全国五一劳动奖章、全国技术能手、2019年度大国工匠年度人物等荣誉。

1)练就绝活　开拓创新操作法

1998年,竺士杰成为宁波港的一名码头机械操作工人,踏上了爱港敬业的新征程。2000年,操作了一年多龙门吊的竺士杰,已是这一行的"高手",并且开始带徒弟了。可当公司要从龙门吊司机中挑选一批尖子参加桥吊培训时,竺士杰毫不犹豫地报了名,按他的话说:"我要去做更有挑战性的工作。"转学桥吊操作技术后,竺士杰学习和钻研的劲头并未松懈,针对传统桥吊操作方法中存在的不合理情况,他用力学理论进行分析,用实际操作进行探索,经过一年半的摸索总结,一套"稳、准、快"的桥吊操作法诞生了:原来4个过程的操作法,他只要2个过程,省时省力之外,驾驶室也不再像以前那样"急刹车",吊具故障基本归零。作为宁波港首个以工人名字命名的操作法,"竺士杰桥吊操作法"一经推出,便立即在宁波港得到广泛应用。由于"竺士杰桥吊操作法"操作过程的减少,作业效率大大提高,船公司"在泊效率"也随之缩短,企业节省了大量开支。经过测算与对比,采用"竺士杰桥吊操作法"可为船公司和码头节省4.145万元/艘次(进出作业量为2 000自然箱的集装箱船舶)的经济成本。2013年,公司接卸作业量2 000自然箱的集装箱船约350艘,相当于每年可为船公司节支1 400多万元。除此之外,在除去桥吊保养、技改等因素造成故障减少的前提下,"竺士杰桥吊操作法"通过减少手柄回零的次数来实现稳定效果,机电设备的大电流冲击小,使得桥吊设备故障率大幅降低,每年可节省维修成本约16万元。由于操作命中率的提高,作业中多余的操作动作随之减少,桥吊所使用的电能也跟着降低,每年可节约能耗近60万元。

2)传授技艺　培养百余徒弟

在个人技能提升的同时,竺士杰也不忘帮助同事们提高技能水平。竺士杰已经带出了120多名徒弟,不少"徒子徒孙"成为了操作骨干和精英。如今,他将"竺士杰桥吊操作法"传到了第四代徒弟手中。对一些"笨鸟"徒弟,他"放手"不"放眼",为了能更好地指导徒弟们操作,身高1.8 m、体重90 kg的竺士杰总是缩着身子蹲在驾驶台右侧半平方米的狭小空间里,右手一直搭在"紧停"按钮上,随时应对可能出现的紧急情况,有时为了彻底纠正一个不规范的动作一蹲就是两三天,手、腿、脚全部发麻,直到帮徒弟彻底纠正动作为止。

3)研发项目　创下行业之最

2011年,宁波港吉码头经营有限公司成立了"竺士杰操作法推进研究室",这是一个以"创新"为主题的研究室,研究室由40余名生产、技术、管理等方面的优秀员工组成,竺士杰成为这个创新团队的"总指导",这也是在公司支持下竺士杰由"个体创新"到引领"团队创新"的一个巨大转变。研究室成立至今,开展了多项技术攻关和管理创新研究,组织实施了20多个研发项目,推进了新技术的应用,促进了生产的发展,产生直接经济效益近700万元,其中不少项目创下了行业之最。

【安全小测试】

1.施工升降机是一种使用工作笼(吊笼)沿(　　　)作垂直(或倾斜)运动用来运送人员和物料的机械。

A.标准节　　　　　　　B.导轨架　　　　　　　C.导管　　　　　　　D.通道

2.施工升降机操作按钮中,(　　　)必须采用非自动复位型。

A.上升按钮　　　　B.下降按钮　　　　C.停止按钮　　　　D.急停按钮

3.移动式操作平台的面积不应超过(　　　)

A.20 m^2　　　　B.15 m^2　　　　C.8 m^2　　　　D.10 m^2

4.施工升降机主要由下列哪些部分组成?(　　　)

A.金属结构　　　　B.驱动机构　　　　C.附着　　　　D.安全保护装置

E.电气控制系统

5.钢丝绳当不能保证安全使用时,应予以(　　　),以防发生危险。

A.涂抹无水防锈油　　　　　　　B.涂抹油脂

C.报废　　　　　　　　　　　　D.降低强度使用

参考文献

[1] 中华人民共和国住房和城乡建设部.JGJ 59—2011 建筑施工安全检查标准[S].北京:中国建筑工业出版社,2012.

[2] 中华人民共和国建设部.JGJ 46—2005 施工现场临时用电安全技术规范[S].北京:中国建筑工业出版社,2005.

[3] 中华人民共和国住房和城乡建设部,中华人民共和国国家质量监督检验检疫总局.GB 50194—2014 建设工程施工现场供用电安全规范[S].北京:中国计划出版社,2012.

[4] 中华人民共和国住房和城乡建设部,中华人民共和国国家质量监督检验检疫总局.GB 50140—2005 建筑灭火器配置设计规范[S].北京:中国计划出版社,2005.

[5] 中华人民共和国住房和城乡建设部,中华人民共和国国家质量监督检验检疫总局.GB 50720—2011 建设工程施工现场消防安全技术规范[S].北京:中国计划出版社,2011.

[6] 中华人民共和国国家卫生和计划生育委员会.GBZ 188—2014 职业健康监护技术规范[S].北京:中国质检出版社,2014.

[7] 中华人民共和国住房和城乡建设部.JGJ 80—2016 建筑施工高处作业安全技术规范[S].北京:中国建筑工业出版社,2016.

[8] 中华人民共和国住房和城乡建设部.JGJ 120—2012 建筑基坑支护技术规程[S].北京:中国建筑工业出版社,2012.

[9] 中华人民共和国住房和城乡建设部.JGJ 111—2016 建筑与市政工程地下水控制技术规范[S].北京:中国建筑工业出版社,2016.

[10] 中华人民共和国住房和城乡建设部.GB 50497—2019 建筑基坑工程监测技术标准[S].北京:中国计划出版社,2019.

[11] 中华人民共和国住房和城乡建设部.JGJ 180—2009 建筑施工土石方工程安全技术规范[S].北京:中国建筑工业出版社,2009.

[12] 中华人民共和国住房和城乡建设部,中华人民共和国国家质量监督检验检疫总局.GB 51210—2016 建筑施工脚手架安全技术统一标准[S].北京:中国建筑工业出版社,2016.

[13] 中华人民共和国住房和城乡建设部.JGJ 130—2011 建筑施工扣件式钢管脚手架安全技术规范[S].北京:中国建筑工业出版社,2011.

[14] 中华人民共和国住房和城乡建设部.JGJ 254—2011 建筑施工竹脚手架安全技术规范[S].北京:中国建筑工业出版社,2011.

[15] 中华人民共和国住房和城乡建设部.JGJ 128—2010 建筑施工门式钢管脚手架安全技术规范[S].北京:中国建筑工业出版社,2010.

[16] 中华人民共和国住房和城乡建设部.JGJ 202—2010 建筑施工工具式脚手架安全技术规范[S].北京:中国建筑工业出版社,2010.

[17] 中华人民共和国住房和城乡建设部.JGJ 164—2008 建筑施工木脚手架安全技术规范

［S］.北京:中国建筑工业出版社,2008.

[18] 中华人民共和国住房和城乡建设部.JGJ 166—2016 建筑施工碗扣式钢管脚手架安全技术规范［S］.北京:中国建筑工业出版社,2016.

[19] 中华人民共和国住房和城乡建设部.JGJ 130—2011 建筑施工悬挑式钢管脚手架安全技术规程［S］.北京:中国建筑工业出版社,2016.

[20] 中华人民共和国住房和城乡建设部,中华人民共和国国家质量监督检验检疫总局.GB 50202—2018 建筑地基基础工程施工质量验收规范［S］.北京:中国计划出版社,2018.

[21] 中华人民共和国住房和城乡建设部.JGJ 162—2008 建筑施工模板安全技术规范［S］.北京:中国建筑工业出版社,2008.

[22] 国家市场监管总局,国家标准化管理委员会.GB/T 5972—2023 起重机 钢丝绳 保养、维护、检验和报废［S］.北京:中国标准出版社,2023.

[23] 中华人民共和国国家质量监督检验检疫总局,中国国家标准化管理委员会.GB 5144—2006 塔式起重机安全规程［S］.北京:中国标准出版社,2006.

[24] 中华人民共和国国家质量监督检验检疫总局,中国国家标准化管理委员会.GB/T 5031—2008 塔式起重机［S］.北京:中国标准出版社,2008.

[25] 中华人民共和国住房和城乡建设部.JGJ 196—2010 建筑施工塔式起重机安装、使用、拆卸安全技术规程［S］.北京:中国建筑工业出版社,2010.

[26] 中华人民共和国住房和城乡建设部.JGJ 215—2010 建筑施工升降机安装、使用、拆卸安全技术规程［S］.北京:中国建筑工业出版社,2010.

[27] 中华人民共和国国家质量监督检验检疫总局,中国国家标准化管理委员会.GB/T 34023—2017 施工升降机安全使用规程［S］.北京:中国建筑工业出版社,2017.

[28] 李冕,马联华.建筑工程安全技术与管理［M］.北京:科学出版社,2021.

[29] 孙红伟,黄敏,王小辉.建筑施工安全技术与管理［M］.广州:广东教育出版社,2022.

[30] 杨剑,赵晓东.建筑业安全管理必读［M］.北京:化学工业出版社,2018.